建筑机械安全使用培训教材

塔式起重机安全技术

喻乐康　孙在鲁　黄时伟　编著

中国建材工业出版社

图书在版编目（CIP）数据

塔式起重机安全技术／喻乐康，孙在鲁，黄时伟编
著．—北京：中国建材工业出版社，2014.10
 ISBN 978-7-80227-553-9

Ⅰ．①塔⋯ Ⅱ．①喻⋯ ②孙⋯ ③黄⋯ Ⅲ．①建筑机
械－起重机械－安全技术 Ⅳ．①TH210.8

中国版本图书馆 CIP 数据核字（2014）第 204758 号

内 容 简 介

针对我国建筑工地从业人员普遍文化程度不高、流动性大以及塔机技术日臻完
善的特点，我们特组织行业内的专家，以通俗易懂的语言，以塔机安全操作相关技
术为切入点，由浅入深地对塔机相关安全知识进行了系统阐述。

本书主要内容包括：塔机的分类和构造、塔机的主要危险因素和安全保护装
置、建筑起重机械使用维护要求与安全知识、塔机事故分析及经验教训、施工升降
机的安全使用、电气设备和安全用电知识。

本书适合施工现场操作人员的安全培训，同时适合维修、保养、监管相关人员
阅读。本书对加强塔机操作人员安全技术培训，遏制安全事故的发生，强化安全监
管将起到积极作用。

塔式起重机安全技术

喻乐康　孙在鲁　黄时伟　编著

出版发行：中国建材工业出版社
地　　　址：北京市海淀区三里河路 1 号
邮　　　编：100044
经　　　销：全国各地新华书店
印　　　刷：北京雁林吉兆印刷有限公司
开　　　本：787mm×1092mm　1/16
印　　　张：15
字　　　数：368 千字
版　　　次：2014 年 10 月第 1 版
印　　　次：2014 年 10 月第 1 次
定　　　价：49.80 元

本社网址：www.jccbs.com.cn　　微信公众号：zgjcgycbs
本书如出现印装质量问题，由我社发行部负责调换。联系电话：（010）88386906

前　言

　　塔式起重机（简称塔机）是建筑工地重要的施工设备，对加快施工进度、提高工地劳动效率、减轻工人劳动强度有着不可替代的作用。随着我国现代化建设不断向纵深发展，中国共产党十八大提出的"中国梦"蓝图逐步付诸实施，塔机像雨后春笋一样在我国城乡建设工地上不断涌现。由于安全管理和人员培训方面还存在一些问题，近年来建筑工地塔机事故造成人员伤亡情况时有发生，并有逐年上升的趋势。为此我国将塔机列为特种设备，颁布了一系列规章制度，有指定的国家行政主管部门专职管理。塔机操作使用需要通过严格的培训考核，获得国家行政主管部门颁发的"建筑施工特种作业操作资格证"才能上岗。

　　我国建筑工地一个重要的特点是从业人员普遍文化程度不高，流动性大，缺少塔机安全技术方面的培训。另一方面我国的塔机技术日臻完善，结构、机构、电气、液压等很多方面已经达到世界先进水平，操作人员没有经过很好的培训是不能正确使用这些设备的。因此编写一本适合大众通俗易懂的塔机培训教材，加强操作人员安全技术培训，遏制安全事故的发生，是摆在我们面前一个十分迫切的任务。

　　中联重科前身建设部长沙建筑机械研究院研究员孙在鲁先生于2005年出版的"建筑施工特种设备安全使用知识"一书，填补了当时塔机安全使用教材的空白，深受广大读者欢迎。九年来，塔机有了长足发展，国家标准有所更新，我国的塔机技术飞速进步，原书已经不能反映塔机技术全貌，不能完全满足广大读者的要求。为了更加全面系统、与时俱进地介绍我国塔机技术，宣传普及塔机安全使用知识，受中国建材工业出版社委托，中联重科起重机械公司组织有关人员在原书基础上进行了认真修订、补充、完善，突出介绍了安全操作塔机的相关知识、技术和措施。建筑起重机械研究院付英雄、钱建军、涂幼新、刘圣平、何首文、郭彬、朱守寨、郑昌明、刘毅等专家参加了有关章节的修订编写。培训中心高级培训师黄时伟负责全书修订以及其余章节的编写，喻乐康负责全书策划、审定。

　　本书涉及的塔机内容较多，但没有过多的理论探讨，重点放在实际操作方面，深入浅出，实用性较强，是一本适合操作人员阅读的塔机安全使用科普教材。

　　由于本书作者都是我国从事塔机研究设计的资深专家或学术带头人，很多世界第一的塔机产品比如世界上起重臂最长的塔机、起重量最大的水平臂塔机、全球最大的平头塔机均出自他们之手，所以他们对国内外塔机新技术的介绍、对安全使用最合理的方法、对实际操作的一些宝贵经验、窍门、点子能够娓娓道来、如数家珍。目前国内外大专院校使用的塔机教材，一般存在着偏重理论探讨，缺少实际操作等问题，所以本书也可以作为大专院校相关专业学生以及从事塔机工作相关人员的学习补充读物。

中国工程机械工业协会建筑起重机械分会理事长

中国工程机械工业协会建筑起重机械分会秘书长

中国建材工业出版社
China Building Materials Press

我们提供

图书出版、图书广告宣传、企业/个人定向出版、设计业务、企业内刊等外包、代选代购图书、团体用书、会议、培训，其他深度合作等优质高效服务。

编 辑 部	宣传推广	出版咨询	图书销售	设计业务
010-88386119	010-68361706	010-68343948	010-88386906	010-68343948

邮箱：jccbs-zbs@163.com　　　网址：www.jccbs.com.cn

发展出版传媒　　服务经济建设

传播科技进步　　满足社会需求

目　　录

第一章　塔机的分类和构造

第一节　塔机的分类和型号编制方法

塔机的品种很多，每个品种又按主参数的不同划分很多规格，为了很快识别出塔机的类别和主参数，就必须了解塔机的分类和型号编制规则。

一、塔机的分类

1. 按回转部位，分为上回转塔机和下回转塔机

1）上回转塔机。它的回转支承在塔身之上，起重臂、平衡臂、塔帽、起升机构、回转机构、变幅机构、电控系统、驾驶室、平衡重在回转支承以上，其主要构造示意如图 1-1-1 所示。上回转塔机的突出优点是塔身可以加节升高，与建筑物附着后升得更高。所以中、高层建筑主要依靠上回转塔机，这是目前我国建筑工地上用得最多的塔机。

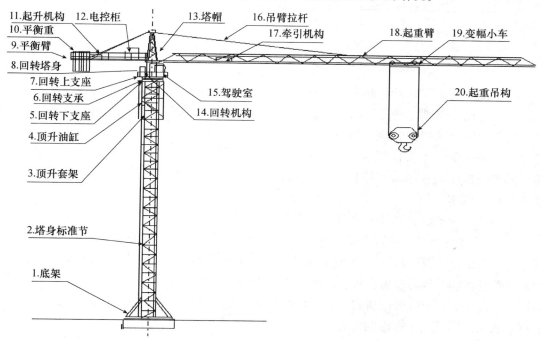

图 1-1-1　上回转塔机

2）下回转塔机，它的回转支承在塔身之下底架之上，工作时塔身也回转。其构造示意图如图 1-1-2 所示。

1

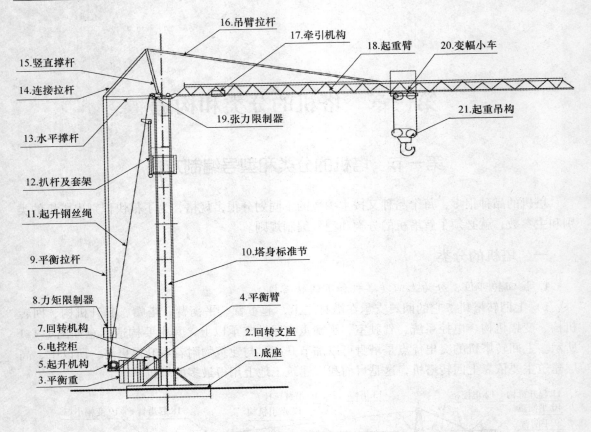

16.吊臂拉杆
17.牵引机构
18.起重臂
20.变幅小车
15.竖直撑杆
14.连接拉杆
19.张力限制器
21.起重吊构
13.水平撑杆
12.扒杆及套架
11.起升钢丝绳
10.塔身标准节
9.平衡拉杆
8.力矩限制器
4.平衡臂
7.回转机构
2.回转支座
6.电控柜
1.底座
5.起升机构
3.平衡重

图 1-1-2　下回转塔机

　　下回转塔机的顶部只有起重臂、撑杆和拉杆、变幅机构，如认为必要也可挂一个副驾驶室。而它的平衡臂、平衡重、起升机构、回转机构、电控系统、主驾驶室都在下面，重心低，所以它的维护管理、维修都比较方便。下回转塔机的缺点是不能自升和附着，它的工作高度要低于上回转自升式塔机。下回转塔机只适合低层建筑施工。在欧洲快装式下回转塔机使用较多，其原因是欧洲低层建筑多，同时快速安装的下回转塔机可以大量减少装拆成本。

　　2. 按变幅方式，分为小车变幅塔机和动臂变幅塔机

　　1）小车变幅塔机。就是平常我们到处可见的水平臂塔机，起重臂通常为三角形截面，其上有一小车，下面两根主弦作为小车的导轨。臂架内有一变幅机构，为小车移动提供动力。这种塔机的臂架可以做得很长，国产水平臂塔机起重臂最长已达110m，目前小车变幅塔机占压倒优势，上回转塔机和下回转塔机都可以用。有了小车变幅的长起重臂，塔机可以不行走就能够满足大工作面的需要。

　　2）动臂变幅塔机。其臂架是一根桁架式的受压柱，一般为矩形截面，下端铰接在回转塔身顶部，上端用拉索连接塔帽或撑杆。它的变幅靠改变臂架仰角实现，如图1-1-3所示。当动臂变幅时，臂架和重物都要上下移动，所以动臂变幅的变幅机构功率较大，而且要求制动相当可靠，变幅钢丝绳要绝对保险，否则臂架有掉下的危险。工作幅度不能太大以及难以

保障变幅钢丝绳断裂时的安全，这些均是动臂变幅塔机推广应用的最大障碍。在我国，动臂变幅用得不多，但在欧美、东南亚、香港还用得不少，原因之一是根据当地法律，塔机回转时不许侵犯邻居的"领空"，由于动臂式塔机可以仰起臂架来减小回转半径，这样就可以避免一些不必要的麻烦。

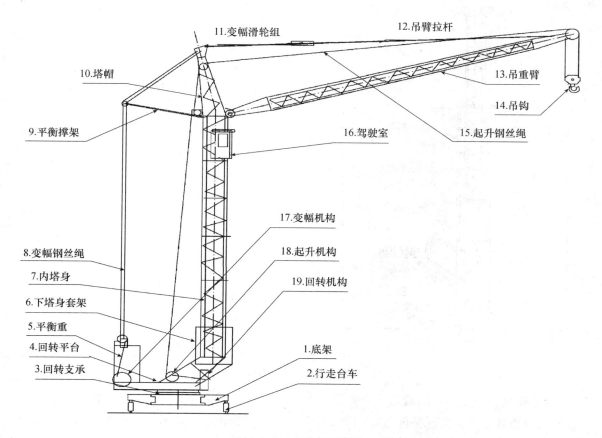

图 1-1-3　动臂变幅塔机

3. **按安装形式，可分为自升式、快装式和拼装式三种。**

1）自升式塔机以零、部件形式出厂，运到工地后由其他起重机（一般为汽车吊）辅助安装至安装高度后，通过塔机自身的顶升系统顶升加高。自升式塔机又分为外爬和内爬两种，外爬塔机利用自身的顶升系统顶升加节升高，超过塔机独立高度后可以与建筑物附着升得很高，因而特别适用于中高层建筑和桥梁建筑施工，是我国现有塔机中最主要的形式。当建筑物高度较高时，需要安装很多塔身标准节，使用成本增加。

内爬塔机的塔身只需要少量标准节，它安装在建筑物中间电梯井或者其他特定的开间内，在其底部有一套专用的井道爬升装置，可以根据施工进度沿井道爬得很高，而且它处于建筑物中间，故工作覆盖面很大。图 1-1-4 为内爬塔机示意图。内爬塔机的缺点是对建筑物的承载能力有特别的要求以及爬升和拆塔操作都比较困难，因此不像外爬塔机用得那么多。

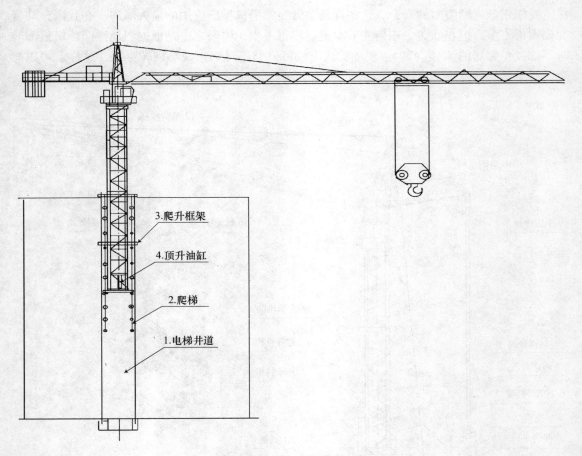

图 1-1-4　内爬塔机

2）快装式塔机出厂时就是一台完整的塔机，本身带有专用拖行和架设装置，可以把臂架和塔身折叠起来，实现整体拖运。到工地后，又可很快把它立起来，所以更准确地说应该叫整体拖运快速安装塔机，见图 1-1-5。这种塔机最大的优点是转移工地方便，安装快捷，几个小时就可实现转移工地重新安装。但整体拖运塔机会受到拖运长度限制，若其体积过长、过高、过宽，马路上不准走，进场地也有困难，所以起吊高度和工作幅度都不会很大。快装式塔机都是下回转形式，没有爬升套架，安装到位后不能像自升式塔机一样用顶升加节来增加高度。为了实现快速安装，必然要有一套专用的折叠和拖运装置，结构复杂这、成本高、价格贵是快装式塔机的最大缺点。目前我国快装式塔机很少，但在欧洲发达国家用得较多，主要是他们的经济基础好，而且高层建筑相对不多，人力成本高，所以比较适合用快装式塔机。

3）拼装式塔机是指以零、部件形式出厂，运到工地后依靠自带的设备和人力来完成安装的塔机。其主要特点是没有顶升机构，塔身由许多标准节或者杆件拼装起来，达到独立式工作高度后不能继续增高。这种塔机安装比较麻烦，但经济实惠，因为它不必租用其他起重机安装，也节省了顶升机构。它只能以独立式工作高度来工作，不能升得很高，所以只适用于低层建筑。

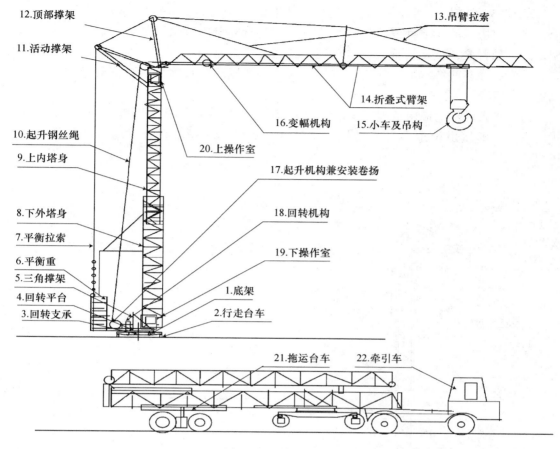

12.顶部撑架
13.吊臂拉索
11.活动撑架
14.折叠式臂架
16.变幅机构
15.小车及吊构
10.起升钢丝绳
20.上操作室
9.上内塔身
17.起升机构兼安装卷扬
8.下外塔身
18.回转机构
7.平衡拉索
19.下操作室
6.平衡重
5.三角撑架
1.底架
4.回转平台
2.行走台车
3.回转支承
21.拖运台车
22.牵引车

图 1-1-5　快装式塔机

4. 按底架是否移动分为固定式塔机和行走式塔机

1）固定式塔机的底架固定在一个混凝土基础上，这个基础埋于地下，只要基础施工正确、地基可靠，一般抗倾翻稳定性较好，安装使用比较方便。

2）行走式塔机是指可以前后移动的塔机，一般指在钢轨上前后移动的塔机。这需要在固定式塔机上增加一套行走系统，行走系统包括底架、轨道、行走机构等。通过行走轮在轨道上行走，其工作覆盖面可以大大增加，但它只能以独立式工作高度工作。为了防止倾翻，底架上必须加很大的压重，底梁必须足够结实，否则容易变形使塔机倾斜。行走系统使成本增加，铺设轨道要占用很大的场地，而且电缆要有专用装置收放，所以如果能有长臂架覆盖工作面的塔机可选，最好不要使用行走式塔机。这样有利于节约成本，而且对保障安全也有好处。

5. 按塔顶形式，分为锤头式塔机和平头式塔机

1）锤头式塔机是指带有塔帽的水平臂上回转自升式塔机（图 1-1-6），起重臂通过拉杆与塔帽相连，起重臂的力学模型是一个变形的简支梁，重量较轻、成本较低。其主要缺点是起重臂需要在地面拼成整体后，一次安装到位，拆卸时只能整体拆下来，在某些特殊工地上使用不太方便。目前此类型塔机应用最为广泛。

　　2）平头式塔机在回转支承以下与锤头式塔机完全相同，区别只是在回转支承以上部分，平头式塔机的起重臂没有拉杆，上下弦杆直接安装在回转塔架上。起重臂的力学模型是一个悬臂梁，重量较重、成本较高。其主要优点是起重臂可以在空中一节一节地安装、拆卸，在某些特殊工地使用很方便。目前在我国应用最多的是上回转小车变幅自升式锤头塔机。

　　为了扩大塔机的应用范围，满足各种工程施工的要求，自升式塔机一般设计成一机四用的形式，即轨道行走自升式塔机、固定自升式塔机、附着自升式塔机和内爬自升式塔机。

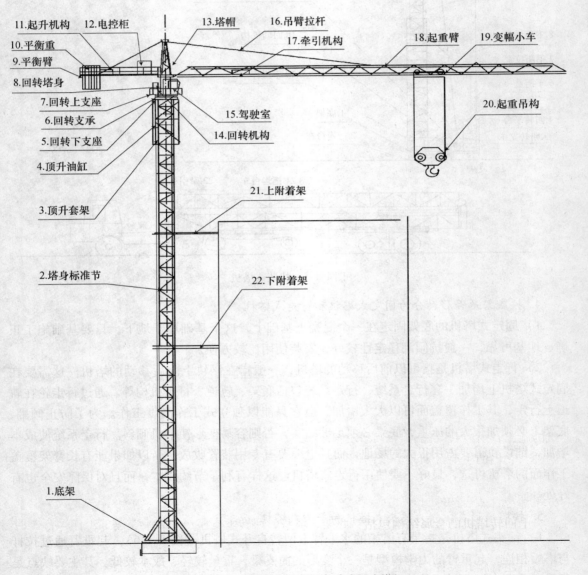

图 1-1-6　上回转小车变幅自升式锤头塔机

二、塔式起重机型号编制方法

为了快速有效地区别各种塔机的品种规格，我们应当了解我国塔机的型号编制方法。

根据专业标准《建筑机械与设备产品分类及型号》（JG/T5093－1997）的规定，我国塔式起重机的型号编制方法如下：

塔式起重机属于起（Q）重机大类的塔（T）式起重机组，故前两个字母固定为QT；特征代号看强调什么特征，如快装式用 K，自升式用 Z，下回转用 X 等等。例如：

QTK400—代表公称起重力矩 400kN·m 的快装式塔机。

QTZ800B—代表公称起重力矩 800kN·m 的自升式塔机，第二次改型设计。

但是，以上型号编制方法只表明公称起重力矩，并不能清楚表示一台塔机到底最大工作幅度是多大，在最大幅度处能吊多重。而这个数据往往更能明确表达一台塔机的工作能力，用户更为关心这些内容。所以现在行业内又有一种新的型号标识方法，它的编制如下：

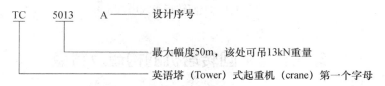

这个型号标记方法不是标准规定的表示方法，但很受欢迎，传播应用较广，我们也应该知道。

第二节　上回转塔式起重机的构造及特点

上回转塔式起重机是回转支承在塔身顶部的起重机，由于它能够升得很高，适合高层建筑的施工，所以在我国有着广泛的应用。上回转塔式起重机设计形式主要有锤头式、平头式两种，它们的主要区别是塔顶结构形式不同，是我国应用最广的塔式起重机。上回转塔机由金属结构、工作机构、液压顶升系统、电气控制系统及安全保护装置五大部分组成，每一部分又都包含多个部件。

上回转塔机的金属结构包括：底架、塔身、回转下支座、回转上支座、工作平台、回转塔身、起重臂、平衡臂、塔顶、驾驶室、变幅小车等部件。自升式塔机还有爬升套架，内爬式塔机还有爬升装置，行走式塔机要有行走台车，附着式塔机还有附着架。图 1-2-1 为一台既有顶升又有行走台车的上回转塔机，可以作为典型的构造示意图。

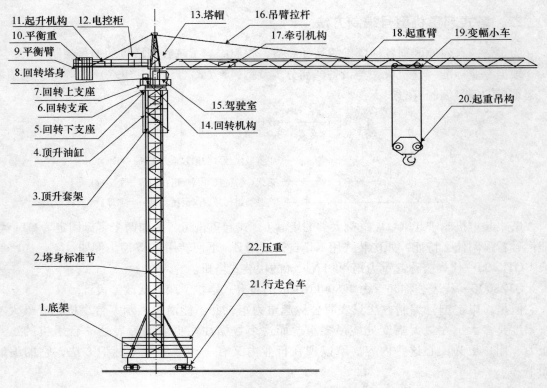

11.起升机构　12.电控柜
10.平衡重
9.平衡臂
8.回转塔身
7.回转上支座
6.回转支承
5.回转下支座
4.顶升油缸
3.顶升套架
2.塔身标准节
1.底架
13.塔帽
16.吊臂拉杆
17.牵引机构
15.驾驶室
14.回转机构
18.起重臂　19.变幅小车
20.起重吊构
22.压重
21.行走台车

图 1-2-1　上回转行走式塔机

第三节　下回转塔机的构造及特点

下回转塔机的回转总成在塔身下边，回转机构、平衡臂、平衡重、起升机构、电控柜都随之移到下边，只有小车变幅机构仍然在起重臂上，没有下移。下回转塔机的这一突出特点使它便于检查、维护、管理和更换零部件，而且重心下移，稳定性好。下回转塔机又分为下回转快装式、下回转拼装式等，按照臂架形式又有下回转水平臂式和下回转动臂式等品种。下回转塔机主要由金属结构、工作机构、电控系统和安全装置组成。某些快装式塔机还有液压起扳系统，整体拖运的还有拖运台车，行走式塔机还有驱动台车。下回转塔机与上回转塔机的主要区别在于整机的布局和金属结构不一样，工作机构、电控系统和安全装置基本相同。

下回转塔机的金属结构主要包括：底座、回转下支座、回转支承、回转上支座、平衡臂、平衡拉杆（或拉索）、塔身、顶架、起重臂、竖直撑架、水平撑架、连接拉杆、起重臂拉杆、变幅小车等部件。为便于对照，我们还是用图 1-1-2 所示的固定拼装式下回转塔机作为典型样机，对金属结构部件分别进行介绍。

1. 底座

固定式底座由十字底梁、支架及四根撑杆组成。与上回转塔机类似，十字底梁同样由一根整梁和两根半梁用螺栓连接而成。这样的构造可以使塔机倾翻线外移，增加稳定性。要加

8

行走台车也方便。与上回转所不同的是，下回转底座很低，不需要再加节。其四根撑杆直接撑在支架主弦与底梁之间，形成一个刚性很好的支承基础。底座用地脚螺栓固定在混凝土基础上，不必再加压重。

整体拖运快装式下回转塔机是活动式底座，也叫水母式底座。它有四条悬臂伸出式的活动支腿。整体拖运快装式下回转塔机的优点是可以实现快速安装，缺点是制造复杂、成本高。

2. 回转下支座

固定拼装式下回转塔机的回转下支座直接装在底座顶面，用连接螺栓与底座支架的四根主弦杆相连。它是一个由钢板焊接而成的复杂结构件，外方内圆。上下盖板之间布置有筋板，上盖板与回转支承外圈处有加强环，以保证贴合紧密。

3. 回转上支座

下回转塔机的回转上支座顶面连接塔身，后边有回转机构，并有伸出耳板直接与平衡臂相连，是一个由钢板焊接而成的复杂结构件。由平衡臂上传来的力矩，有两种方式传到回转上支座：一种是通过平衡撑杆，把力传到塔身底节，再传到回转上支座顶面，平衡臂与回转上支座之间是销轴铰接方式。靠主弦杆传递弯矩。另一种是平衡臂与回转上支座之间是双销轴固定端连接，平衡臂实际上成了悬臂梁。没有平衡撑杆，根部有一个很大弯矩从侧面传给回转上支座。

4. 平衡臂

与上回转塔机不同，下回转塔机的平衡臂很短，只有一节。其上要放置平衡重、起升机构和电控柜，布置相当紧张。整个下回转塔机的起重力矩，是通过平衡拉杆传到平衡臂尾部，由平衡重等抵消一部分力矩后，再传递到回转上支座。所以下回转塔机平衡臂受弯矩较大，刚性要好，主梁一般用桁架式结构。带平衡撑杆的平衡臂也可用槽钢组焊主梁。

5. 平衡臂拉杆

由圆钢用耳板和销轴连接起来的结构件，单纯受拉，受力简单。

6. 塔身

下回转塔机的塔身，外形与上回转塔机相似，都由主弦杆、腹杆组焊成空间桁架结构式的标准节，再用连接螺栓连起来。但是二者受力性质有很大差别：上回转塔机塔身，以受弯为主，受压为辅，因此塔身的强度、刚度必须要有较大外形和较大的型钢才能保证，否则顶端水平位移超标，不能平稳工作。下回转塔机的塔身以受压为主，受弯为辅，起重力矩是由平衡拉杆的拉力与塔身的压力形成力偶来平衡的，这就不仅使塔身的外形可以减少，而且主弦内力也大大减小，顶部变位很小，仅仅塔身底节有较小弯曲变形，这是下回转塔机结构上的突出优点。

7. 顶架系统

顶架系统包括顶架、竖直撑架、水平撑架和连接拉杆。其作用是把吊臂拉杆力传到平衡拉杆上。这些构件都是销轴连接，所有撑杆和拉杆都是二力构件，只传递拉压力，不传递弯矩，所要控制的只是拉杆的强度和压杆的稳定性。依靠这样一个活动的顶架系统，在安装时可以起扳臂架，而且在必要时可以缩短平衡拉杆，以实现30°仰臂工作，增加塔机的工作高度。

8. 起重臂、起重臂拉杆和变幅小车

拼装式下回转塔机，其起重臂、起重臂拉杆和变幅小车与上回转塔机没什么区别。整体拖运快速安装下回转塔机，其臂节要折叠，结构比较复杂，维修比较麻烦。

第四节　锤头式塔机的构造及特点

锤头式塔机是指带有塔顶的水平臂塔机，目前此类型塔机应用最为广泛。锤头式塔机主要由钢结构、工作机构、液压顶升系统、电气控制系统及安全保护装置五大部分组成，其中工作机构、液压顶升系统、电气控制系统及安全保护装置与其他塔机大同小异。我们在后面的章节里专门给予介绍，这里先介绍锤头式塔机的钢结构和主要特点。

一、锤头式塔机钢结构

锤头式塔机的钢结构主要包括：底架、塔身、爬升架、回转下支座、回转上支座、回转塔身、塔顶、起重臂、起重臂拉杆、平衡臂、平衡臂拉杆、司机室、载重小车、吊钩等部件。图 1-4-1 为典型锤头式塔机的构造示意图。

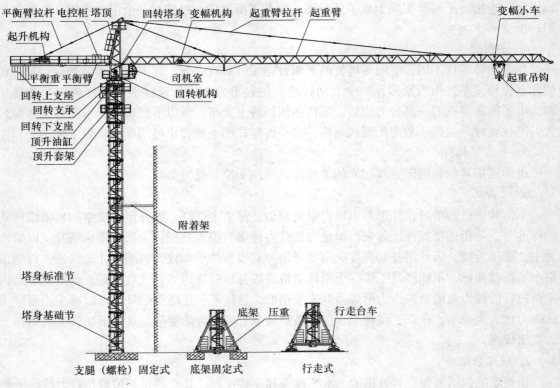

图 1-4-1　锤头式塔机构造示意图

1. 底架（图 1-4-2）

底架一般由十字底梁、下基础节、上基础节、四根撑杆及四根水平拉杆组成。十字底梁由一根整梁和两根半梁用销轴连接而成。这样的构造可以使塔机的倾翻线外移，增加稳定性，减少压重，也便于增加行走台车。下基础节位于十字底梁的中心位置，用高强螺栓或者销轴与十字底梁连接。下基础节上可装电源总开关，其外侧可放置压重。上基础节位于下基础节上，用高强螺栓或者销轴与基础节相连，其四角主弦杆上布置有撑杆耳座。四根撑杆通常为无缝钢管、方钢管或其他型材，在两端焊有连接耳板，上、下连接耳板用销轴分别与上基础节和十字底梁四角的耳板相连。当塔身传来的弯矩到达上基础节时，撑杆可以分担相当一部分力矩，可以减少上基础节的倾斜变位。这种底架构造合理，装拆和运输都很方便。固定式塔机的十字底梁用地脚螺栓固定在地基上；而行走式塔机的十字底梁下部安装有行走台车，可在铺设好的行走轨道上行走。

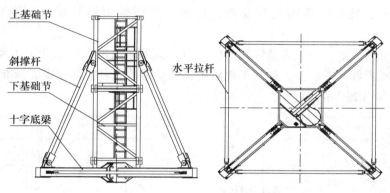

图 1-4-2　底架构造简图

一般底架固定式塔机和行走式塔机都需在底梁上部配置压重，塔机压重需根据厂家的要求进行制作和安装。压重配置过轻，塔机稳定性不够，易造成塔机倾翻；压重配置过重会使十字底梁受力大于设计值，造成十字底梁破坏。

2. 塔身标准节（图 1-4-3）

塔身是塔机主要受力构件，由多个标准节组成，标准节之间通过高强度螺栓或销轴连接。由于塔身上、下受力不一样，为了节省钢材，一台塔机可能有几种塔身标准节，上塔身标准节轻、下塔身标准节重，有时也把下塔身标准节叫加强节，在塔身最下部有一节基础节。安装时塔身标准节的位置绝对不能搞错，如果把上塔身标准节装到下面来，塔机就有倾倒的危险。

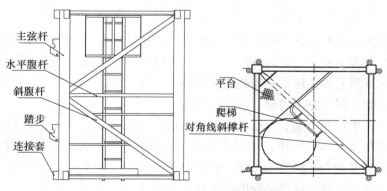

图 1-4-3　塔身标准节构造简图

标准节主要由四根主弦杆、腹杆、上下连接件等组成一空间结构，中间有爬梯。标准节合成力矩来自平衡起重力矩和附加力矩，主弦杆承受由合成力矩产生的压力和拉力。斜腹杆用于传递扭矩和水平剪力。有的标准节有水平腹杆，一般为 0 杆，理论上不受力，用来减小主弦杆受压时的计算长度，从而达到减小主弦杆重量的目的。连接螺栓传递各节之间的拉力。上回转塔机的塔身整体以受弯为主，受压为辅，这是其突出的结构特点。因此塔身必须结实，有足够的强度、刚度和局部稳定性。因为塔身很长，压弯联合作用，对弯矩有放大效应，弄得不好，塔身顶部水平变位会超标，上回转塔机独立式高度主要受这个变位值的限制。变位过大，摇摇晃晃，缺乏安全感。塔身截面过小，主弦内力过大，会局部失稳，或者连接螺栓容易断，连接套的焊缝容易开裂，这些都会导致倒塔事故。

中小型塔机的标准节一般为整体式的标准节，大型塔机的标准节为了方便运输、安装，大多采用片式或者杆式标准节，运到工地后用高强度螺栓或者销轴连接成标准节。

3. 顶升套架（图 1-4-4）

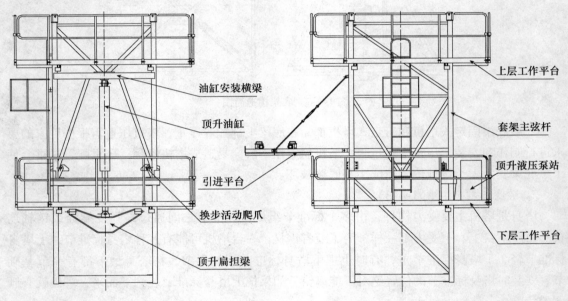

图 1-4-4　顶升套架

当建筑物的高度较高时，必须采用上回转自升式塔机。上回转自升式塔机有一个顶升套架。顶升套架分外套架和内套架两种形式。一般整体标准节都用外套架，片式塔身顶升用内套架。但有的片式塔身到工地后，先装成整体标准节后，再顶升加节，也用外套架。故我们这里只介绍外套架，因为它最典型、最有代表性。

顶升系统主要由顶升套架、作业平台和液压顶升装置组成，用来完成塔机加高的顶升加节工作。能顶升加节是自升式塔机的最大特点，这就是它能适应不同高度建筑物的主要原因。外套架式就是套架套在塔身的外部。套架是一个空间桁架结构，其内侧布置有 16 个滚轮或滑板，顶升时滚轮或滑板沿塔身的主弦杆外侧移动，起导向支承作用。

套架的上端用销轴或者螺栓与回转下支座的外伸腿相连接。其前方的上半部没有腹杆，而是引入门框，因此其主弦必须做特殊的加强，以防止侧向局部失稳。门框内装有两根引入导轨，以便于塔身标准节的引入。顶升油缸安装于套架后方的横梁上，下端活塞杆端有顶升扁担梁，通过扁担梁把压力传到塔身的踏步上，实现顶升作业。液压泵站固定在套架的工作平台上。操作人员在平台上操作顶升液压系统，进行作业，引入标准节和紧固塔身的连接螺栓或者销轴。

顶升作业时，通常通过调整小车位置或吊起一个标准节做配重的方法，尽量做到上部顶升部分的重心落在靠近油缸中心线位置，这样上面的附加力矩小，作业最安全。臂架一定要回转制动，不许风力使其回转。最忌讳的是套架前主弦压力过大，可能产生侧向局部失稳，这是很危险的，易于引发倒塔事故。顶升系统设计时还有一个重要注意事项，如果活塞杆端用球铰，一定要设置防止扁担梁外翻的装置。因为外翻可使扁担梁受到很大侧向弯矩，促使扁担梁变形过大而脱出塔身标准节的踏步槽，这也同样会引发倒塔事故。扁担梁上需要安装防脱装置，保证顶升时扁担梁与踏步连接可靠。

4. 回转总成（图1-4-5）

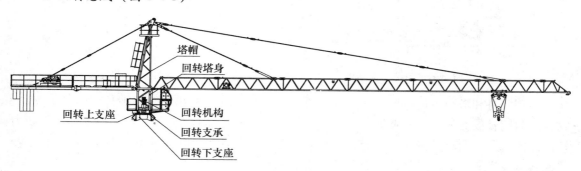

图1-4-5　回转总成

塔机的回转是借助回转机构驱动回转上支座相对于回转下支座旋转。上、下回转支座之间有回转支承，回转支承实际上是一个大型平面轴承，能承受压力和弯矩，把滑动摩擦变为滚动摩擦，使转动灵活。回转下支座与回转支承外圈连接，它的四个角又与塔身和顶升套架连接；回转上支座与回转支承的内圈连接，其上有回转塔身、工作平台、驾驶室等；回转塔身上面接塔顶，前面是起重臂，后面是平衡臂。只要回转上支座一转，就带动上面所有部件同时回转。由于回转机构上的小齿轮与回转支承上的大齿轮啮合有严格的要求，需要在工厂调试完成，所以塔机出厂时，回转上、下支座、回转支承、回转机构已经安装在一起，称为回转总成，转移工地时，这四个部分也不要拆开。

上、下回转支座为板结构，都属于由钢板焊接成的复杂结构件，大体上外方内圆。来自回转塔身的不平衡力矩，通过主弦杆传到回转上支座（图1-4-6），再通过内圈连接螺栓传到回转支承，又通过外圈连接螺栓传到回转下支座（图1-4-7），最后通过主弦杆的连接螺栓传到塔身，再由塔身传到塔机基础。所以上、下回转支座要求刚性好，变位小，否则难以保持连接面的形状，增加回转阻力，而且会使回转塔身和塔顶的腹杆产生额外的受力，回转塔身主弦杆会产生局部弯曲，在交变状态下可能发生疲劳破坏，这也是很危险的倒塔因素，要引起高度注意。

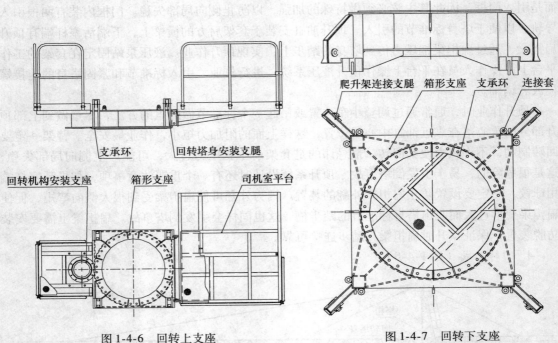

图 1-4-6　回转上支座　　　　　　　图 1-4-7　回转下支座

　　回转塔身和塔顶，都是桁架式构件，通过它们把起重力矩和平衡力矩传到回转上支座。这两个力矩合成后的差叫不平衡力矩。空车状态，不平衡力矩向后倾，满载状态，不平衡力矩向前倾，所以回转塔身和塔顶受着经常交变的不平衡力矩。但回转塔身的主弦杆内力不会受回转角度影响，这一点是与塔身受力性质不相同的。

　　5. 起重臂（见图 1-4-8）

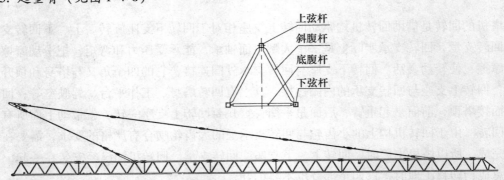

图 1-4-8　起重臂及拉杆

　　塔式起重机的起重臂，简称为吊臂或臂架，有小车变幅式和动臂变幅式两种，锤头式塔式起重机的起重臂为小车变幅式。

　　小车变幅式起重臂由多节组成，横截面一般为等腰三角形。为便于安装，各节臂外形相近，两端连接尺寸相同。去掉若干节就可组成不同的臂长。但由于起重臂受力的复杂性，各节臂钢材壁厚不同，重量不一样，是不容许任意交换位置的，必须按规定的顺序排列。节与节之间用销轴连接，装拆运输都很方便。为了提高起重性能，减轻起重臂重量，锤头式塔机

14

起重臂多采用双吊点、变截面空间桁架结构。通常起重臂根部用销轴与回转塔身连接，起重臂拉杆通过销轴与塔顶相连。

起重臂拉杆的结构形式主要有软性拉杆和刚性拉杆两种，目前使用的多数为多节拼装的刚性拉杆。刚性拉杆是由圆钢和耳板焊接而成，各节拉杆间通过销轴相连，销轴的防松脱措施采用轴端安装开口销。开口销在装入销轴后一定要张开，张开角度应大于90°。开口销如果不张开，销轴脱落，将引起起重臂折断，造成重大安全事故。刚性拉杆是重要的受力杆件，安装、运输及堆放过程中切勿损伤，每次使用前必须严格检查。

6. 平衡臂（图1-4-9）

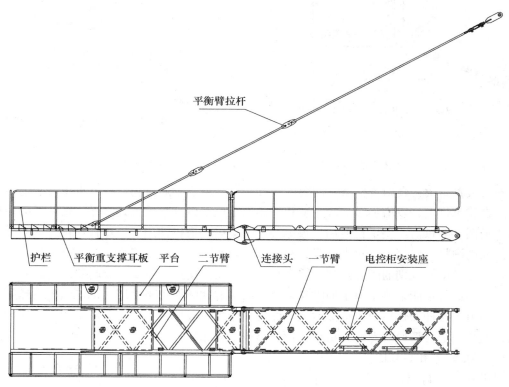

图1-4-9 平衡臂及拉杆

平衡臂是用来搁置平衡重、起升机构、电控柜等设施用的，它是由工字钢、槽钢、方钢管或角钢组焊而成的平面框架。其上设有走道和防护栏杆，便于人员在上面进行安装和检修作业。上回转塔机平衡臂的长度约为起重臂长的1/4左右。全臂分为前后两节，节间用销轴连接。其根部用销轴与回转塔身相连，尾部通过平衡拉杆与塔顶相连接。平衡重搁置在尾部，起升机构也靠后方布置，电控柜靠前方。这样布置平衡效果好，便于检查、维护和管理。

平衡臂的载荷是固定不变的，故其结构计算容易掌握。但是起升机构的运转是一个动载荷激振源，如果其激振频率与平衡臂的自身固有频率相接近，会产生共振，使塔机工作不平稳。当遇到这样的情况时，可以加大平衡臂大梁，增加刚性，改变其固有频率。缩短平衡臂长度，也可改变固有频率，但这时平衡重要重新计算。

7. 附着装置（图 1-4-10 ~ 图 1-4-11）

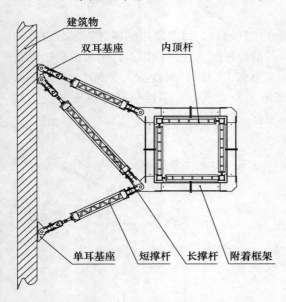

图 1-4-10　三根撑杆的附着装置　　　　图 1-4-11　四根撑杆的附着装置

附着装置是由一套附着框架、四套内顶杆和撑杆组成，通过它们将起重机塔身的中间节段锚固在建筑物上，以增加塔身的刚度和整体稳定性。撑杆布置形式多样，最常见的撑杆布置形式见图 1-4-11。小型塔机使用三根撑杆，中型以上塔机使用四根撑杆。撑杆的长度可以在小范围内调整，以满足塔身中心线到建筑物的距离。设计时这个距离一般为 5m 左右，但在很多工地受裙楼或别的障碍限制，这个距离有时无法使用，就要加大附着距离，有的达到十几米远。这时不能采取将原来的附着架撑杆简单地截断加长来使用，不可以想当然随意制作，否则由于撑杆加长后受力情况改变，撑杆可能失稳破坏，从而引起塔机倒塌。遇到这种情况，用户一定要请原厂专业人员重新设计制造附着架撑杆。

8. 司机室（图 1-4-12）

司机室是一封闭式构件，独立侧置在上支座平台上，其宽敞、舒适、安全，操作方便，视野开阔。内部安装的联动控制台充分运用了人机工程学的原理，司机可通过联动控制台对各机构进行操纵控制，控制台手柄操作灵活、可靠、定位明显准确，并设有零位自锁装置，以防止误动作。控制台上座椅的高低、前后倾斜都可以调整，并可折叠，便于司机运行畅通。司机室的内板铺设了橡胶板，起绝缘、防滑作用。为了提高舒适度，根据需要可安装冷暖空调或加热炉等。可配备监控系统，使司机随时了解起升吊钩的工作状况。

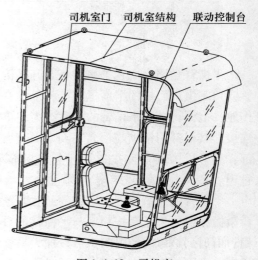

图 1-4-12　司机室

二、锤头式塔机的特点

锤头式塔机的主要特点就是它有一个高耸的塔顶。塔顶的作用是为起重臂拉杆和平衡臂拉杆提供一个支点，从而改善起重臂和平衡臂的受力状况，使起重臂和平衡臂可以相对做得较轻，节省制造成本，提高起重性能。但是锤头式塔机有一个重要的缺点，就是起重臂必须在地面一次拼装好后，由其他起重机辅助整体吊装。这就需要安装场地足够平整、宽大，拆卸时也是如此。所以，对于某些有特殊用途的场合，比如上下大、中间小的热电厂冷却塔施工，崎岖不平山上的建筑物施工、水中建桥墩等等，由于受到场地限制，锤头式塔机的起重臂安装拆卸就比较麻烦，不如平头式塔机装拆方便，但锤头式塔机制造成本比平头式塔机低，价格相对便宜。

第五节　平头式塔机的构造及特点

一、平头式塔机的构造

平头式塔机与锤头式塔机在结构上大体相似，区别只是在回转塔架以上部分，平头式塔机的起重臂没有拉杆，起重臂的上下弦杆直接安装在回转塔架上，平衡臂即使有拉杆，角度也比较平直，因此从外观上看呈"T"字形，如图 1-5-1 所示。

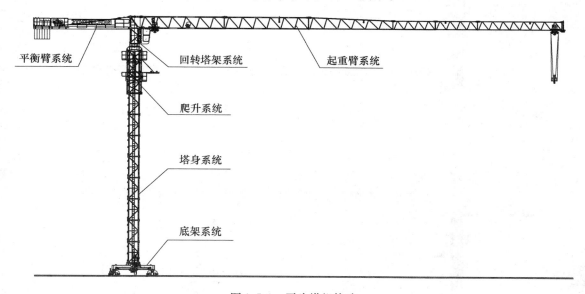

图 1-5-1　平头塔机构造

1. 平头式塔机的底架系统、塔身系统、爬升系统、附着装置与锤头式塔式起重机相同。

2. 回转塔架系统：与锤头式塔机相比，平头式塔机没有用于安装起重臂拉杆和平衡臂拉杆而高高耸起的塔顶结构。

3. 起重臂系统：平头式塔机在起重臂根部有上下两个支撑点，直接与回转塔架安装连接，因此其受力比较简单，上弦杆始终承受拉力，下弦杆始终承受压力，"人"字形斜腹杆向前的一根始终承受拉力，向后的一根始终承受压力。从受力结构优化的角度考虑，起重臂的高度可能会有变化，不同高度的起重臂之间使用上弦杆倾斜的过渡臂节。

4. 平衡臂系统：平衡臂同样由一节或若干节组合而成，通常采用平板铰接式结构，用平衡臂拉杆与回转塔架固定，或者采用桁架式刚性结构，与起重臂类似的结构，直接与回转塔架连接，也有采用铰接和刚接两种结构组合而成。

二、平头式塔机的特点

平头式塔机与锤头式塔机同属于平臂式塔机，除拥有锤头式塔机的特点外，还有以下两大特点：

1. 安装和拆卸方便

锤头式塔机安装起重臂时需要整体起吊，安装前也需要在地面将整个起重臂拼装好，因此安装时对汽车起重机的性能要求更高，对塔机周边场地面积的要求也更大，如图 1-5-2 所示。

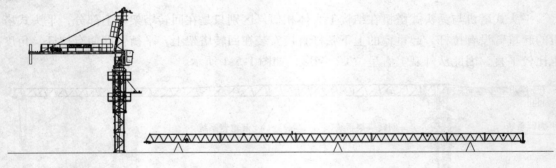

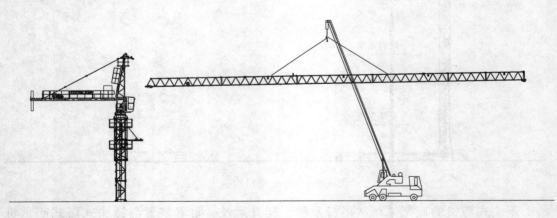

图 1-5-2　锤头塔机安装、拆卸示意图

平头塔式起重机的起重臂可以一节一节地进行安装，因此，安装时对汽车起重机性能的要求以及安装现场场地的要求都大大降低，如图 1-5-3 所示：

18

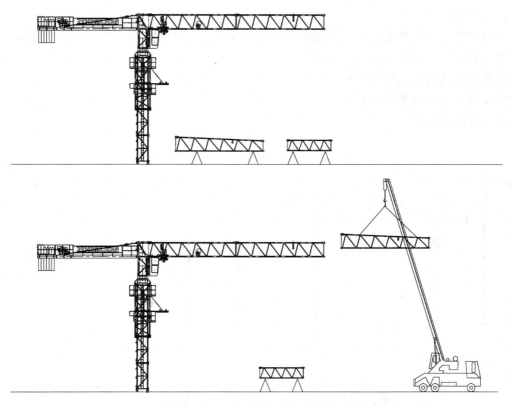

图 1-5-3　平头塔机安装示意图

另外，平头式塔机起重臂一般均可以实现自拆起重臂的功能，可以分节安装拆卸这一特点，使其可以满足一些特殊施工状况的要求，例如图 1-5-4 常见的电厂冷却塔的施工。

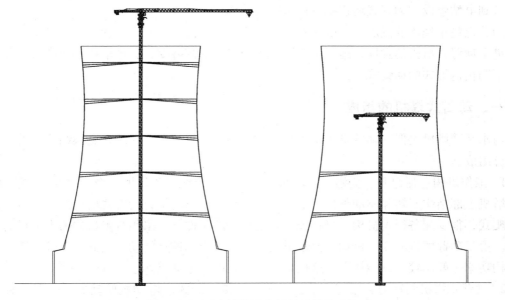

图 1-5-4　平头式塔机自拆起重臂的功能

2. 适用于群塔施工

受到建筑结构以及施工工艺的影响，目前群塔施工（在一定范围内多台塔机同时工作）的情况越来越多，因为平头式塔机没有类似锤头式塔机的塔顶结构，因此在高度方向上，需要错开两台塔机所需的高度差时，平头式塔机的高度能大大小于锤头式塔机，这样对提高工作效率和降低施工成本大有好处。如图 1-5-5 所示，同样是三台塔机同时作业，选用平头式塔机总高度明显降低。

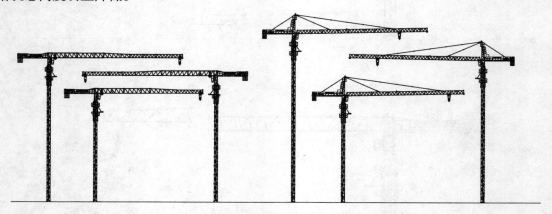

图 1-5-5　平头式塔机与锤头式塔机施工作业高度比较

第六节　动臂式塔机的构造及特点

动臂式塔机是起重臂可在起升平面内绕其根部铰接点做俯仰运动来改变工作幅度的塔式起重机，是历史上最早出现的塔机，从工业建筑到民用建筑，从造船厂到港口码头，从钢结构建筑到电站建设，动臂式塔机都发挥了巨大的作用。

随着近些年经济的发展，建筑楼群的密集化及一些国家新制定的领空权许可制度都极大地促进了动臂式塔机的发展，迎来了动臂式塔机发展的高峰期，全球塔机制造商也相应研制出了不同构造形式的动臂式塔机。

一、动臂式塔机的组成

与水平臂塔机类似，动臂塔机由工作机构、动力装置、电气系统、金属结构及安全装置五部分组成。

1. 工作机构包括起升、变幅、回转和行走机构，分别实现起吊货物、改变起重臂仰角、驱动塔机上部结构回转和驱动整机行走等功能。大多数情况下，动臂式塔机采用支腿固定式或内爬式，很少配备行走机构，只在施工环境允许的条件下，采用行走机构增大塔机的作业范围。由于动臂塔机的变幅机构需要牵引起重臂绕其根部铰点转动，因此，动臂式塔机的变幅机构功率一般比较大，能耗高，这也是其最明显的一个缺点。

2. 动臂式塔机的动力装置有两种，一种是外接电源式的电动机驱动方式，另一种是柴油机驱动方式。电动机驱动方式在中小型动臂塔机中应用较多，而大型动臂塔机的工作机构由于总功率较大，一般又是多台同时施工，如果采用电动机驱动则需要很大的电力，供电困难，因此，在大型动臂塔机上动力装置一般采用柴油机。相应地，在大型动臂塔机上，各运行机构通常采用液压机构。

3. 电气系统包括两个方面，一是电力拖动，即通过电动机将电能转变成机械能并调速；二是电气控制，即按程序要求控制各机构的运行。如今的动臂式塔机控制系统多采用总线控制技术，应用 PLC、变频器等元件，使塔机操作变得越来越简单，人机交互更加方便，运行也更加平稳。

4. 动臂式塔机金属结构最能反映动臂式塔机的构造特点，主要由塔身、爬升架、回转总成、回转塔身、平衡臂、配重、塔顶（A 形架或人字架）、变幅拉杆、起重臂、吊钩等组成。

5. 动臂式塔机的安全装置与水平臂塔机类似。

二、动臂式塔机的构造

全世界制造动臂式塔机的厂家很多，不同厂家制造的动臂塔机其外形特点不尽相同，下面介绍最具代表性的三款动臂式塔机结构形式：

1. 回转总成上面设计有三角形回转塔身的动臂式塔机（图 1-6-1）

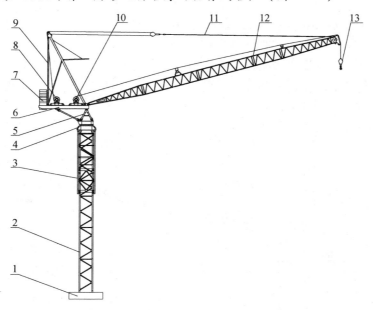

图 1-6-1　回转总成上面设计有三角形回转塔身的动臂式塔机
1—基础；2—塔身；3—爬升架；4—回转总成；5—回转塔身；
6—平衡臂；7—平衡重；8—变幅机构；9—塔顶（A 形架或人字架）；
10—起升机构；11—变幅拉杆；12—起重臂；13—吊钩

这种结构形式的动式臂塔机最明显的特点就是在回转总成与平衡臂之间设计了回转塔身。回转塔身可以增加塔机的高度，平衡臂通过销轴与回转塔身和上支座连接，安装、拆卸比较方便。

2. 平衡臂与上支座连成一体的刚性平衡臂动臂式塔机（图1-6-2）

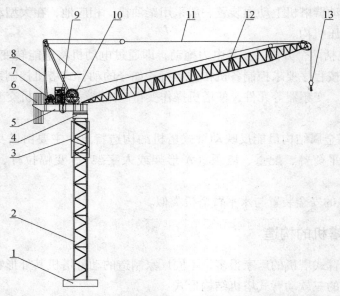

图 1-6-2　平衡臂与上支座连成一体的刚性平衡臂动臂式塔机
1—基础；2—塔身；3—爬升架；4—回转总成（包括下支座、回转机构、上支座）；
5—平衡臂；6—平衡重；7—变幅机构；8—塔顶（A形架或人字架）；9—动力装置；
10—起升机构；11—变幅拉杆；12—起重臂；13—吊钩

　　这种结构形式的动臂塔机最明显的特点将平衡臂与上支座采用销轴铰接为一体，不含回转塔身，此种结构能够减少运输部件。但现场安装、拆卸时，回转总成重量较大，因此，安装、拆卸时需要较大吨位起重设备。

3. 移动式平衡重动臂塔机（图1-6-3）

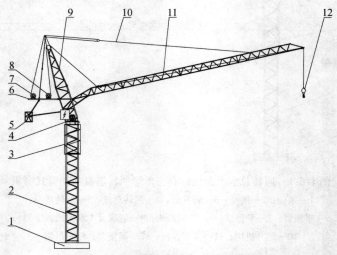

图 1-6-3　移动式平衡重动臂塔机
1—基础；2—塔身；3—爬升架；4—回转总成（包括下支座、回转机构、上支座）；
5—移动式平衡重；6—平衡臂；7—变幅机构；8—起升机构；9—塔顶；
10—变幅拉杆；11—起重臂；12—吊钩

这种结构形式的动臂塔机其平衡重通过连杆机构与起重臂相连，起重臂的仰、俯运动带动平衡重靠近、远离塔身。其最大的特点就是通过移动平衡重可以调整塔机上部的不平衡力矩，减少塔身的受力。

移动式平衡重动臂塔机也存在一些缺点：平衡重安装不方便，平衡重转动轴维护检查困难。因此，目前动臂式塔机其平衡重形式仍然以固定式为主。

三、动臂式塔机的特点

1. 起升高度高

起重臂可以俯仰运动，因此，相同塔身高度的动臂塔机比水平臂塔机的起升高度大很多。

2. 回转尺寸小

动臂式塔机的起重臂通过仰俯运动改变起重臂的回转半径，十分有利于塔机灵活地避开周围的障碍物；另一方面，其平衡臂一般设计的很短，因此，动臂式塔机可以在比较狭小的场所完成吊装作业，在群塔作业时，塔机相互干扰小。

第七节　塔机工作机构

塔机工作机构是塔机吊装功能的执行机构，为了完成起吊、搬运以及安装就位吊装作业过程的全部动作，一台塔机需配置起升、回转和变幅三大机构。除上述三大基本机构，为了扩大塔机的工作范围，行走式塔机还配置有行走机构。为了塔机的安装、拆卸以及高空维护的方便，有些塔机还配有辅助机构。一般机构在塔机中的布置示意如图 1-7-1 所示。

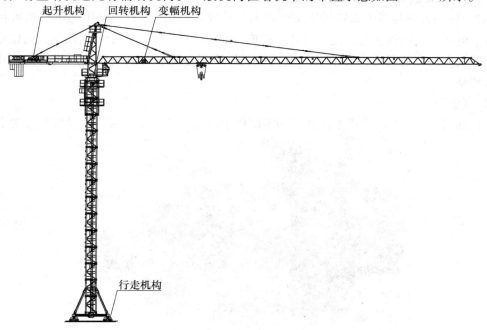

图 1-7-1　塔机工作机构布置示意图

下面将对上述的塔式起重机的主要工作机构分别进行说明。

一、起升机构

起升机构是塔式起重机最重要的传动机构，用以实现重物的升降运动。起升机构主要由电机、联轴器制动器、减速机、卷筒、底架、轴承座和高度限位装置等组成。电机通电后，电机通过联轴器或直接驱动减速机，减速机再驱动卷筒旋转，实现钢丝绳的收放也即实现吊载的升降。当电机断电时，制动器立刻制动，保持重物当前所在的位置。

起升机构可以看做是一台可调速的卷扬机，但相对于普通卷扬机来说，又有其特殊的地方：起吊高度高，容绳量大；起升速度既要有快速，又要有慢速，故要求调速范围大；起升机构需在不同的倍率下工作，在不同速度挡位下允许的起重量不一样，所以安全保护装置较复杂。既要限制起重量，又要限制吊钩不能冲顶，有的塔机还要限制吊钩不能落地以保证钢丝绳排列整齐。

目前，人们已开发出多种多样的起升机构。每种形式各有其特点，下面我们从几个方面来进行介绍：

1. 起升机构的组成

其实所有机构都是由电动机、联轴器、制动器、减速机等构成，只是起升机构最为复杂、最为重要，所以我们以起升机构为代表介绍机构的组成。

1）电动机

电动机是把电能转换成机械能的一种设备。它是利用通电线圈（也就是定子绕组）产生旋转磁场并作用于转子（如鼠笼式闭合铝框）形成磁电动力旋转扭矩。电动机按使用电源不同分为直流电动机和交流电动机。交流电动机又分为交流同步电机和交流异步电机（电机定子磁场转速与转子旋转转速不保持同步速度）。建筑起重机械中的电动机大部分是交流异步电机，电动机主要由定子与转子组成，通电导线在磁场中受力运动的方向跟电流方向与磁感线方向（磁场方向）有关。电动机工作原理是磁场对通电导线产生力的作用，使电动机转动。

2）联轴器

联轴器（图1-7-2）是用来连接不同零部件中的两根轴（主动轴和从动轴）使之共同旋

图1-7-2　联轴器

转以传递扭矩的机械零件。在高速重载的动力传动中，有些联轴器还有缓冲、减振和提高轴系动态性能的作用。联轴器由两半部分组成，分别与主动轴和从动轴连接。一般动力机大都借助于联轴器与工作机相连接。

3）制动器

制动器就是刹车设备。是使机械中的运动件停止或减速的机械零件。俗称刹车、闸。制动器主要由制动架、制动件和操纵装置等组成。有些制动器还装有制动件间隙的自动调整装置。为了减小制动力矩和结构尺寸，制动器通常装在设备的高速轴上，根据需要也可装在靠近设备工作部分的低速轴或者卷筒上。有些制动器已标准化和系列化，并由专业工厂制造以供选用。

4）减速机

减速机在原动机和工作机或执行机构之间起匹配转速和传递转矩的作用，顾名思义使用它的目的就是降低转速。按照传动级数不同可分为单级和多级减速机，按照形状可分为圆柱齿轮减速机、圆锥齿轮减速机和圆锥－圆柱齿轮减速机、蜗杆减速机和行星齿轮减速机等。减速器是一种由封闭在刚性壳体内的齿轮传动、蜗杆传动、齿轮－蜗杆传动所组成的独立部件，常用作原动机与工作机之间的减速传动装置。在原动机和工作机或执行机构之间起匹配转速和传递转矩的作用，在现代机械中应用极为广泛。

5）卷筒

卷筒是用来卷绕钢丝绳的。卷筒直径与钢丝绳直径需要正确搭配，卷筒和滑轮的直径对钢丝绳的使用寿命有直接影响，因为卷筒或滑轮的直径太小，钢丝绳在卷筒和滑轮处的弯曲度就会很大，在起重机工作过程中，钢丝绳会反复受到这种大幅度的弯曲拉伸作用，损坏也就很快。所以为了使钢丝绳有一定的使用寿命，《起重机械安全规程》要求卷筒、滑轮直径与钢丝绳直径的比值不能小于规定的要求。

2. 起升机构的布置形式

为了满足塔机工作的需要，起升机构有各种各样的形式，它们的直观区别就是各个部件的布置位置形式不一样。从起升机构布置形式来看，大体可分为：Π 形布置、L 形布置、一字形布置、双 L 形布置和"三合一"L 形布置。各种布置形式的示意图如图 1-7-3 所示。

1）Π 形布置

Π 形布置是传统的布置形式，其优点是减速机使用普通圆柱齿轮减速机，制造容易，成本低，其最大的缺点是电机与卷筒平行，减速机的中心距限制了卷筒的直径。对于小容绳量的起升机构还可使用，但对大容绳量的起升机构，卷筒只能做得小而长，这种起升机构，绕绳半径小，钢丝绳回弹力大，起升绳偏摆角大，很容易乱绳，且绕绳半径小，钢丝绳弯曲应力大，容易发生疲劳断裂，影响钢丝绳寿命。

目前 Π 形起升机构主要是中、小吨位且容绳量不大的起升机构的布置形式。

2）L 形布置

L 形布置的起升机构所用减速机增加了一对螺旋伞齿轮，使传动路线有了 90° 的折转，也就是卷筒轴线与电机轴线成 90° 角。这样避免了电机与卷筒的干涉，卷筒直径可以加大，做成大而短的卷筒，克服了 Π 形布置的缺点，这是 L 形布置的主要优点。然而，L 形布置

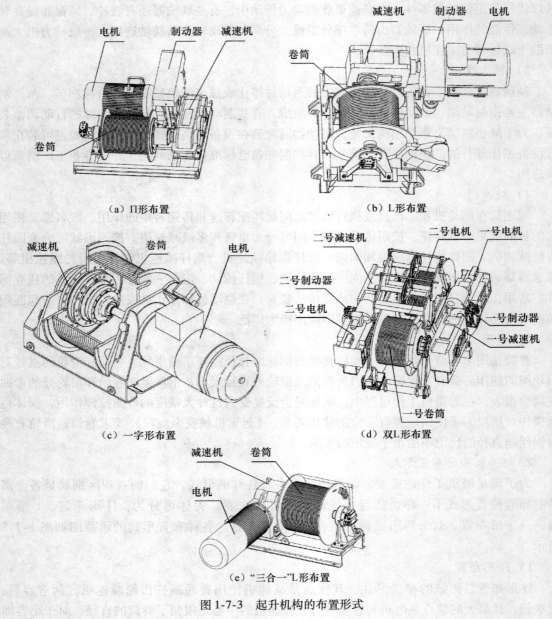

（a）Π形布置　　　　　　　　　　（b）L形布置

（c）一字形布置　　　　　　　　　　（d）双L形布置

（e）"三合一"L形布置

图1-7-3　起升机构的布置形式

有三大缺点：一是减速机内的一对螺旋伞齿轮受力大、需要螺旋铣齿机加工、制造成本高；二是电机、制动器、减速机都在卷筒的同一侧，如要卷筒对中，单边受载比较严重，对平衡臂受力不利；三是由于L形的结构布置特点，导致外形尺寸相对较大，且其重量分布不均，平衡吊装困难。

　　L形布置所具有的最大特点使得机构加大容绳量变得容易，所以目前大容绳量起升机构以及中、大吨位起升机构都采用该种布置形式。

　　3）一字形布置

一字形布置是电机、减速机、卷筒轴线处于同一轴线。电机自带制动器，电机输出轴通过传动套或连接轴带动减速机输入轴，经减速机减速后，输出轴或者减速机壳体带动卷筒旋转。这种布置形式，重量比较对称，卷筒不受干涉，可以做得大而短，克服 II 形布置的缺点。但一字形布置也有其缺点：机构总长度较长，常常会超出平衡臂宽度，需增加特殊平台来解决，但对于下回转塔机，平衡臂在塔机下方，不必设走台，故用这种起升机构非常合适。

由于目前受减速机和电机自带制动器可靠性的限制，我国所用的一字形起升机构不多，但随着国内配套件厂家技术的发展，克服技术瓶颈后，这种形式的机构也是一种好的布置形式。

4）双 L 形形布置

双 L 形布置是两个 L 形机构空间相互利用的互扣布置，两 L 形机构置于同一个底架上，每个 L 形机构又都是独立的。双 L 形布置机构既具有 L 形机构的优势，又具有结构紧凑、质量分布均匀、便于吊装的特点，同时其另一大特点是将非常规的大型外购件用两个小的常规外购件来代替，缩短外购件的采购周期。该种形式机构解决了在有限的空间内实现超大吨位、超大起升高度吊装的难题，但同时也有不足之处，两个单独的 L 形机构并联，需要独自的绳轮系统，以及独自的控制系统。这就造成绳轮系统较复杂以及保证两机构同步的控制系统要求较高。

双 L 形机构特点决定其只适用的超大吨位塔机的超大起重量和超高起升高度的情况的应用，目前双 L 形布置的机构已在全球最大的水平臂上回转自升式塔机中联重科的 D5200 - 240 塔机上成功应用。

5）"三合一" L 形布置

"三合一" L 形布置是 L 形机构的一种，其主要特点是采用电机、制动器和减速机为一体（俗称"三合一"）的驱动单元。制动器为盘式制动器，安装在电机的尾部，电机、减速机采用刚性连接，减速机采用常用的四大系列中的 K 系列或特殊设计的专用减速机。该形式机构的卷筒直径不受限制，具有 L 形机构的所有优点，又具有自己独特的特点：减速电机只通过减速机与底架相连，连接简单；底架的安装面少，加工制作方便；该种形式机构占用的外形小、所占空间较小，便于在塔机上布置，且相比普通 L 形布置机构重量较轻，是今后中、小机构主要的发展方向。

3. 起升机构的调速方式

1）电磁离合器换档的起升机构

电磁离合器换档的起升机构由涡流制动器、单速绕线式电机、装有多个电磁离合器的减速机组成。其装有多个电磁离合器的减速机类似汽车的变速箱，只是汽车的变速箱是靠拨动汽车变速杆改变减速机内齿轮的啮合关系来变速。电磁离合器主要原理是通过电磁铁和弹簧的交替作用，改变减速机内齿轮的啮合关系，从而达到远距离控制改变减速机速比的目的。靠带涡流制动的单速绕线转子电机获得较软的特性和慢就位速度。该起升机构运行比较平稳，调速性能非常好，能够很好地满足塔机轻载高速、重载低速的要求。但是减速机成本较高，电磁离合器使用寿命较短，靠摩擦片传动不太可靠，所以不能带较大的载荷来变速，怕吊钩突然下滑出事，这就严重影响了它的推广应用。随着其他新的起升机构不断出现，目前电磁离合器换档的起升机构已不多见。

2）多速鼠笼电机变极调速起升机构

该机构主要是通过改变电机的极对数而改变电机的转速，使得机构获得高、中、低三档速度，满足轻载高速、重载低速的工作要求。

根据交流电机转速公式：$n = 60f/p$，f 为频率 p 为磁极对数，磁极对数与电机转速成反比。变极调速就是在电机外部改变定子绕组的连接方式，从而改变磁极对数，达到改变转速的目的。具体实现是依靠控制电路接触器转换把电机接为不同的极对数从而得到不同的速度。

这种机构具有调速控制简单、可靠、成本低，维护简单等优点，缺点是变极调速由于是通过外部的开关切换改变电机绕组的串并联关系实现的，电机极对数改变成倍变化，速度也成倍变化，使机构换挡时冲击大，同时由于电机特性偏硬、启动电流和换挡切换电流较大，使得使用受到一定的限制，目前只应用于四绳起重量 4～6t 小吨位起升机构，功率不宜超过 24kW。

3）带涡流制动的双速绕线电机起升机构

该方式采用的多速绕线电机驱动单速比的减速机，通过对电机的电气控制，获得多种速度，这种调速方式起升机构既克服了电磁离合器的可靠性的难题，又解决了鼠笼电机启、制动和换挡切换电流较大冲击大的问题，同时又具有慢就位速度，功率也可以用得相对大一些，目前最大用到了 60kW。该起升机构的调速范围广，启制动冲击小，工作平稳，就位准确等优点。不足之处是该机构所用电机的价格较贵，且低速挡不能长时间使用。目前主要用于四绳起重量 16t 及以下的起升机构。

4）变频无级调速起升机构

变频无级调速起升机构是目前最先进的交流调速方式。

交流电机的转速与交流电频率成正比，变频调速的原理就是通过改变电动机定子的供电频率来改变电动机转速实现调速目的。其特点是无级调速，慢就位速度可长时间运行，可以实现零速制动，具有调速范围宽、运行平稳无冲击、安装就位动作准确等优点。同时由于该调速具有软特性功能，降低了机械传动的冲击，延长钢结构和传动件的使用寿命，提高了塔机的安全性。缺点是变频装置成本较高。但目前随着电子技术和产品的发展，变频器质量可靠，价格也不是高得离谱，故变频无级调速起升机构是目前中、大吨位塔机的主要形式。

二、回转机构

塔式起重机靠上部的旋转来保障工作覆盖面。回转机构是实现塔机上部绕其回转中心旋转的驱动机构。回转运动是通过回转电机驱动减速机小齿轮，小齿轮与回转支承的大齿圈啮合，带动回转上支座及其以上所有零部件相对于下支座旋转而产生的。为了保护主电缆，安装有回转限位器，一般调整到只允许塔机向左、向右各旋转一圈半。

目前常用的回转机构主要有以下几种：

1. 绕线电机加液力耦合器的回转机构

该机构由立式绕线电机、液力耦合器、常开电磁制动器、行星减速机构成，如图 1-7-4

所示。采用绕线电机串电阻启动、调速，加之液力耦合器的缓冲，使得整个塔机的回转时，启制动平稳，冲击小，但停车时有滑转，就位性能稍差，需要靠司机的技术水平和熟练操作来提高就位性能。目前主要应用于63t·m以下的小塔机中。

2. 变频无级调速的回转机构

回转机构是塔机惯性冲击影响最直接的传动机构，塔机的起重臂臂长越长，影响也就越突出。有级调速机构无法解决这一难题，导致臂架、塔身的扭摆冲击大，电机停车后臂架溜车冲击大，就位困难。而变频调速回转机构启动时用低频，启动速度慢，冲击力小，一步步加大频率，回转逐步加快，很少有冲击。要停车时，先逐渐切换到低频，慢慢停车，减少停车时的冲击。加之电机配有涡流制动器，通过给涡流通电加给电机制动力矩，既减少停车的时间又大大提高了回转停车就位的准确性。相比绕线电机加液力耦合器形式回转机构成本较高，一般应用于中、大吨位塔机上。该形式的回转机构如图1-7-5所示。

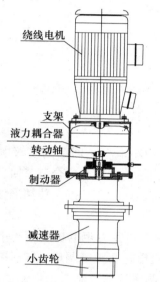

图1-7-4　绕线电机加液力耦合器的回转机构　　　　图1-7-5　变频调速的回转机构

3. 调压调速的回转机构

调压调速回转机构是由力矩电机直连行星减速机构成，如图1-7-6，力矩电机自带常闭式制动器。由于整个塔机上部的回转惯性较大，要求机构具有很大的过载能力，而该种电机恰恰是根据此种工况开发的，电机可在很大的转差率下运行，且电机的堵转转矩很大。

异步电机在每一个电压下都有一根$M-n$特性曲线，也就是输出力矩和速度关系的对应曲线。当在某一外负载下，也就是M一定，给电机输入某个电压，就对应有一个运行转速。如此只要改变电压，也就可以调速。这就是调压调速的原理。根据调压的机理不同，目前常用的调压调速方式有下列三种：

1）RCV调压调速回转机构，是通过操作外部电压指令来控制三相交流电压晶闸管的触发导通角，从而控制带涡流力矩电机的转速，实现回转机构的平稳启动、运行、停止，该调速方式是无级调速，调速性能较好。

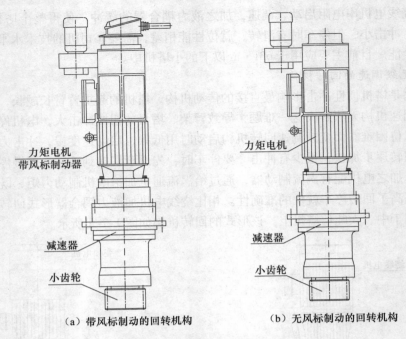

力矩电机
带风标制动器

减速器

小齿轮

（a）带风标制动的回转机构

力矩电机

减速器

小齿轮

（b）无风标制动的回转机构

图 1-7-6　调压调速的回转机构

2）HVV 调压调速回转机构，是通过调节串入回转力矩电机主回路的多级电抗器的档位，改变输入回转力矩电机的定子电压，调节电机的输出转矩，同时配合调节回转电机的涡流制动力矩，调节回转机构速度。其特点是启、制动响应迅速，塔机的定位精准性较高，电抗器结构简单，可靠性高，维修简单。

3）ZRCV 调压调速回转机构，是通过晶闸管改变输入回转力矩电机的定子电压，系统通过 PLC 的 PWM 信号对晶闸管的电压输出进行控制，可以进行无级调速，同时配合调节回转电机的涡流制动力矩，调节回转机构速度，其特点是调压调速控制系统启制动响应迅速，塔机的定位精准性较高。通过闭环控制回路，可实现不同工况下的电压调节，系统适应性强。电压切换可进行柔性处理，换档平滑，运行稳定。

对于配置常闭式制动器的回转机构，塔机处于非工作工况时，其制动器必须是打开的。

回转机构工作工况与起升机构不同，由于整个上部回转的惯性较大，回转机构一定要处理好惯性溜车问题。起升可以急刹车，回转不能急刹车，且回转过程中不允许用制动器进行制动。为了阻止惯性溜车以及停车就位困难的事宜，一般电机用涡流制动器，停车时通过涡流制动进行停车。由于调压调速回转机构的过载能力强，调速平稳等特点，目前主要应用在中、大吨位的塔机中。

三、变幅机构

变幅机构分为小车变幅机构和动臂式变幅机构。

1. 小车变幅机构

此种形式变幅机构主要用于平臂式塔机，现代塔机绝大多数都采用小车沿臂架移动的形式来实现变幅。也就是由小车变幅机构牵引载重小车，在臂架上往复运动，以实现吊钩和重物工作幅度的改变，所以变幅机构也叫小车牵引机构。其优点是：安装就位简单，变幅速度快，幅度利用率高。其钢丝绳的绕绳方式如图 1-7-7 所示，小车变幅机构配有一长、一短两根钢丝绳，每根钢丝绳都是一端固定在卷筒处，一端固定在小车处，用两根钢丝绳的一收一放来实现小车运行。

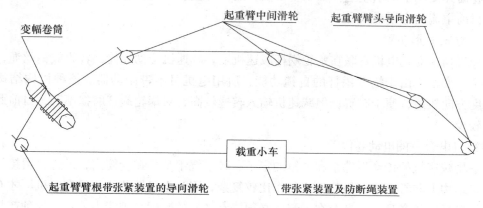

图 1-7-7　钢丝绳变幅机构绕绳系统

小车变幅是一种水平移动，移动的对象为小车、吊钩和重物。即是水平移动，所以功率消耗不太大，而且变幅惯性力远不及回转惯性那么大，故小车变幅机构是比较小的一种机构。

小车变幅机构通常装在臂架里面，由电机、减速机、制动器、卷筒和机架组成。

1）小车变幅机构的构造形式

现有塔机小车变幅机构的构造形式也较多，同样有立式 L 形布置、一字形布置、机电合一的电动卷筒等。一字形布置结构如图 1-7-8 所示。

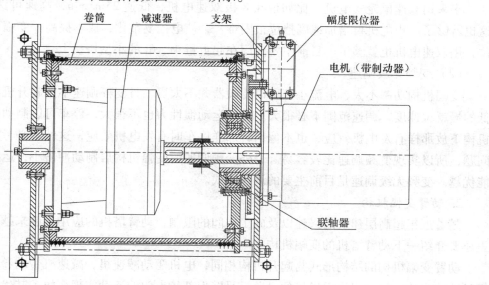

图 1-7-8　一字形布置小车变幅机构结构示意图

31

（1）一字形布置

此种形式是电机、减速机、卷筒和轴承座布置在一直线上，减速机置于卷筒内部，减速机输出轴固定而机壳带动卷筒旋转。电机尾部带盘式制动器，或用锥形转子电机，减速机所用是摆线针轮或行星齿轮减速机。电机输出轴通过一传动套带动减速机的输入轴，套外有轴承支承卷筒并支承于轴承座上。轴承座带法兰盘，可直联电机。这种机构结构很紧凑，效率高，是目前主流的应用形式。

（2）立式 L 形布置

该种机构是立式电机直联在蜗轮蜗杆减速机上，减速机带动卷筒旋转收放钢丝绳，以实现牵引小车变幅。由于蜗轮蜗杆的自锁功能，所用电机可不带制动器。该种机构结构很紧凑，长度方向较短，便于布置，但减速机输入转速较高，对蜗轮蜗杆磨损不利，目前此种形式应用较少。

（3）机电合一的电动卷筒

这是将减速机的传动齿轮系和电机的定子、转子绕组都装在卷筒内，外边仅留接线盒和制动盒，结构上非常紧凑。但是加工制作比较复杂，因为电机铁芯往往只有电机厂才有，而齿轮系是机械厂的产品，二者合在一起，必须要有较好的装配管理能力才行。这种产品只适合专用，通用性较差。故到现在为止，推广应用并不很多。

2）小车变幅机构的调速方式

对于小塔机来说，由于臂架不很长，速度不必太高，小车变幅调速问题并不突出。随着大型塔机的发展，塔机臂长也越来越长，变幅速度也要求越来越高，为了减少重物摆动，调速问题也就变得越来越重要了。由于变幅机构功率较小，在调速问题上没有起升机构有那么多文章可做，现有的调速方式大体有：

（1）变极调速

多采用双速鼠笼式电机。比如说 4/8 极双速电机，低速 25m/min，高速可达 50m/min，这也就够了。小电机再增加速度挡位很困难，会使电控复杂化，成本提高。变幅不需要慢就位，用双速电机也就够了。目前主要应用在起重量 4t、6t 的小型塔机上。

（2）变频无级调速

变幅机构功率不大，电流小，所以变频器并不太贵，且变幅调速不像起升机构那样有很低的慢就位速度，调速范围不必很大。变幅运动惯性力也不很大，停车可以制动，不像起升机构下放那样有发电机效应，也不像回转那样停车时有发电机效应，这就不必考虑能耗制动问题，所以实现变频调速比较容易。另外变频调速的变幅机构启制动冲击小，运行平稳，性能优越。变频无级调速是目前主要的调速方式。

2. 动臂变幅机构

随着近年超高层建筑的兴建以及施工空间的限制，动臂塔机的应用也越来越多，故在这里还要介绍一下动臂塔机的变幅机构。

动臂变幅机构的结构形式与起升机构相同，电机驱动减速机，减速机带动卷筒转动实现钢丝绳的收放，钢丝绳牵引塔机的吊臂沿吊臂根部铰点俯仰运动实现变幅。其优点是：在建筑施工群中不容易产生死角，具有"举高"功能，其缺点是，幅度利用率低。

动臂变幅机构的绕绳系统如图1-7-9所示。

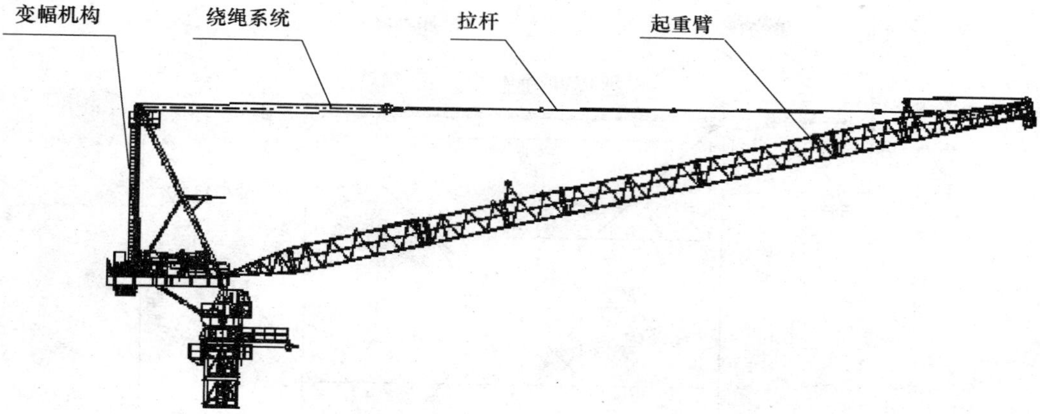

图1-7-9 动臂变幅机构的绕绳系统示意图

动臂变幅机构可看成是一台起升机构,其构造类似于起升机构,但也有其特殊之处:容绳量相对起升机构较小,运行速度相对起升机构要小,由所处的位置决定制动要求特别高,要绝对可靠,为实现此要求,动臂变幅机构除配有主制动器外,在机构卷筒端板处增加了另外一套制动装置,起到双保险功能。

四、行走机构

行走机构的作用是驱动整个塔机沿轨道移动,大大扩大了塔机的作业范围。同时塔式起重机是高耸的机械设备,防止其倾倒是非常重要的,故其只能在水平轨道上行走。

塔机行走机构的驱动方式分为集中驱动和分别驱动两大类。集中驱动是由一台电动机带动两组主动轮,使塔机在轨道上行走。它又分为单边驱动和双边驱动。单边驱动的主动轮布置在轨道的同一侧,从动轮在另一侧,这对弯曲轨道行走有利;双边驱动的主动轮分布在轨道的两侧,成对称布置,这适合于直线轨道运行。不管是单边驱动还是双边驱动,减速机的输出轴总得有两根较长的传动轴带动车轮,而且单边驱动时输出轴的轴线方向与车轮轴线方向成直角相交,所以传动轴与车轮之间还要加一对螺旋伞齿轮,这要增加成本,换来的好处是可以拐弯。双边驱动虽然简单一点,但对弯曲轨道适应性差,拐弯时轨道侧压力很大。集中驱动的优点在于只要一套驱动装置,而且布置在台车上方,便于检查,两主动轮同步性好。缺点是输出轴后还要另加传动装置,而且对塔机底架的刚性要求高,因为底架变形会影响传动轴的传动效果。由于集中驱动行走机构传动系统较复杂,且影响其传动性能的因素很多,故目前集中驱动的行走机构在塔机上基本见不到了。

分别驱动是一台驱动机构只驱动一个主动轮,或驱动一个角上的台车。两台驱动机构可以布置在单边、双边或对角线上,以适应不同轨道的要求,比较灵活机动。尽管分别驱动增加了驱动机构,但由于每个驱动单元简单紧凑,整体布置方便,是目前主流的驱动形式。

分别驱动行走机构的布置示意图如图 1-7-10 所示

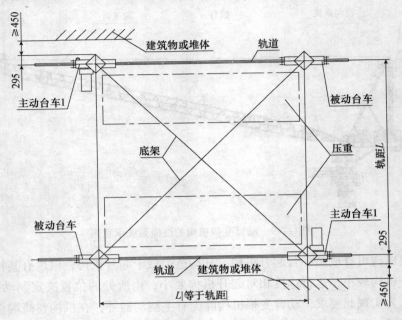

图 1-7-10　分别驱动行走机构布置示意图

　　塔机大车行走时，惯性力很大，而且重心又高，因此绝对不允许紧急制动，不然有倒塔的危险。同时要求行走机构的启动特性要软，启、制动要平稳。

　　行走机构的组成一般包括：电机、减速机、传动轴、主被动行走轮等，这些组件要靠机架有机地结合组成行走台车，具体结构如图 1-7-11 所示

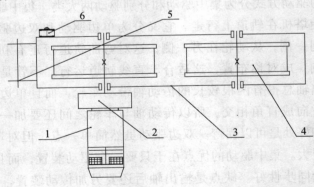

图 1-7-11　行走机构组成结构示意图
1—变频制动电机；2—行星减速机；3—行走台车架；4—行走轮；5—夹轨钳；6—行程开关

　　根据行走机构的工作特点和要求，目前行走机构通常采用变频控制方式，减小启、制动的冲击，实现机构的平稳性。值得指出的是行走机构不允许紧急制动，因此在设置制动器问题上就要很慎重。为了保证非工况塔机的安全，采用专用的夹轨器固定塔机，有些塔机为了提高非工况的安全性，在配置了夹轨器的同时配置了机械式的锚固装置，防止暴风吹动塔机而引起在轨道端部的倒塔。另外行走机构中还配有限位开关，以防塔机行走超出限定的范围而发生危险。

第八节　塔机电气控制系统

电气控制（简称电控）系统是塔机的核心组成部分，具有控制各机构的动作逻辑、发出动作命令的功能。它在塔机中的作用，就好像人的大脑一样。

一、电控系统运行的环境条件

国内塔机供电系统的标准设计为采用 380V、50Hz 三相交流电源供电。根据实际客户使用要求，也可设计成其他参数的三相交流电源，其配电线路设计应符合相关标准的要求。在正常的工作条件下，供电系统自供电变压器的低压母线至各机构电动机的端子，电压降不应超过 15%。塔机电控系统的结构应该设计为满足工作环境的要求（如振动、冲击等），置于室外的控制柜应采用防护式结构，在无遮挡的场所安装使用时，其外壳的防护等级应不低于IP54；在有遮挡的场所使用时，其外壳防护等级可适当降低。

在电控系统中，所有电气设备正常不带电的金属外壳、金属管线、安全照明变压器低压侧等均应可靠接地。如果电气设备直接固定在金属结构件并有可靠电气接触时，可不必另装电气连接线。接地线及用作接地设施的电导（某一种导体传输电流能力强弱程度），一般不小于本线路中最大的相电导的 1/2。接地线与设备的连接可用螺钉连接或焊接，螺钉连接应采取防松和防锈措施（注意：接地线严禁作为载流零线使用）。

二、塔机对电控系统的要求

和其他电力拖动系统一样，塔机的电路系统由动力电路和控制电路两大部分组成。但塔机的工作环境和条件、需要完成的工作，决定塔机电控的特殊性。具体来说有如下特点：

（1）塔机安装在室外，日晒雨淋，环境条件差，所有电气元件容易老化和锈蚀，绝缘性能下降，触点接触不良。因此，用于室内的电气元件不适合用在塔机上。

（2）塔机的安装、操作和维修均属高空作业，危险性大。这就决定塔机所用的电气元件可靠性要高。如果电气元件故障率过高，关键时操作失灵的可能性就会增加，容易发生安全事故。

（3）塔机作业范围大，调速范围广，这就给交流调速提出了很高的要求，成为塔机电控设计、制造和维护的难点。

（4）塔机的起升机构是满载启动，空中提升，重力和惯性力一起作用，因此要求启动性能要好。不仅要求有较大的起重力矩，而且希望对电网的冲击要尽量小。常规的启动方法并不合适，因此诸如起升机构的启动方法也是电控系统中的一个重要问题。

（5）塔机的回转和行走都是惯性力特大的拖动机构，既要平稳启动，又不能快速制动，要求拖动特性要软，变速要柔和，这也给电控系统提出了特殊要求。

（6）由于塔机安全的重要性，在电气控制上如何防止操机手的误操作显得尤其重要。

（7）塔机的安全保护装置大多与电控限位开关有关，电控系统本身还有自己的安全保护措施。问题是如何保证这些安全保护装置能发挥正常作用。

（8）为了提高塔机的安全性，将塔机的安全事故减到最少，目前国内外先进塔机已将现代电子技术、计算机技术、信息技术、图像技术等应用到塔机上，这就需要塔机操作人员具有一定的电气知识水平和随时学习新技术的能力。

三、塔机电气基本知识

1. 塔机电气元件简介

1）开关

开关的词语解释为开启和关闭。在电路中它是指一个可以使电流中断或使其流通的电子元件。通常指通过外力拨动而改变电路通断的电子元件。塔机上使用的开关主要有下列几种：

（1）跷板开关

因为动作形状像跷跷板，故得名。跷板开关根据用途可以做成单联或者双联、三联等多联的。塔机上用于照明、电风扇等电路中。

（2）按钮开关

按钮开关用来接通和断开低电压、小电流的控制电路，与接触器相配合可以远距离控制，并具有互锁、联锁的保护功能。塔机上使用的按钮开关分为启动按钮开关和急停按钮开关两种。

①启动按钮开关

塔机上的启动按钮开关，除了用于启动塔机外还有按响电笛的功能（图1-8-1）。

②急停按钮开关

急停按钮开关的内部结构原理与启动按钮一样，不同的是，按钮帽的颜色为红色带自锁的功能，当按下按钮帽后，按钮帽及内部的触头可以保持按下去的状态，要复位时，需要顺时针方向旋转一下按钮帽，才可以复位。在塔机上用于其他开关失灵时塔机紧急停车。急停按钮一般安装在司机室右联动台上（图1-8-2）。

（3）旋转开关

旋转开关作用和原理与按钮开关一样，只是带动内部工作的触点由按钮变成了旋转型的操作手柄；当旋转手柄时，内部的触点由闭合变成断开，或者由断开变成闭合的状态。该开关在塔机电路上一般用于回转制动（图1-8-3）。

图1-8-1　按钮开关

图1-8-2　急停开关

图1-8-3　旋转开关

（4）行程开关

行程开关是用来控制塔机运动行程的一种电气元件。根据结构形式可分为直线控制行程开关和旋转控制行程开关。行程开关的工作原理与按钮开关一样，但防水性能、控制精度比按钮开关高，在塔机上用于力矩、重量限制器、高度、幅度、回转、行走等限位器上面。

①直线控制行程开关

直线控制行程开关主要用于塔机大车行走限位。如图 1-8-4 所示。

图 1-8-4　直线控制行程开关

②旋转控制行程开关

旋转控制行程开关在塔机上又称为多功能行程限位器。

DXZ 型多功能行程限位器（简称限位器，图 1-8-5）系引进法国波坦（POTAIN）公司技术国产化生产。DXZ 型多功能行程限位器具有体积小、功能多、精度高、限位可调、通用性强及维护安装和使用调整方便等特点。

在塔机中用于起升的限速限位，变幅的限速限位，回转的限位，它是通过外部的机械装置带动限位器的传动轴旋转，传动轴带动比例齿轮（根据限位器的用途不同，比例齿轮的比例也有多种型号），比例齿轮再带动可以调节的记忆凸轮，记忆凸轮撞上行程开关，常开变成常闭，常闭变成常开。

图 1-8-5　DXZ 多功能行程限位器

（5）低压负荷开关

低压负荷开关又称开关熔断器组。适于交流工频电路中，以手动不频繁地通断有载电路；也可用于线路的过载与短路保护。通断电路由触刀完成，过载与短路保护由熔断器完成。早期建筑起重机械所用的胶盖刀开关和铁壳开关均属于低压负荷开关。小容量的低压负荷开关触头分合速度与手柄操作速度有关。容量较大的低压负荷开关操作机构采用弹簧储能动作原理，分合速度与手柄操作的速度快慢无关，结构较简单，并附有可靠的机械联锁装置，盖子打开后开关不能合闸及开关合闸后盖子不能打开，可保证工作安全。

①胶盖闸刀开关。

图 1-8-6a 所示为 HK 系列瓷底胶盖刀开关结构图，由刀开关和熔丝组合而成。瓷底板上装有进线座、静触点、熔丝、出线座和刀片式的动触点，上面罩有两块胶盖。这样，操作人员不会触及带电部分，并且分断电路时产生的电弧也不会飞出胶盖外面而灼伤操作人员。这种开关适用于额定电压为交流 380V 或直流 440V、额定电流不超过 60A 的电气装置。其在电热、照明等各种配电设备中，不频繁地接通或切断负载电路及起短路保护作用。三极闸刀开关由于有灭弧装置，因此在适当降低容量使用时，也可用作小容量异步电动机不频繁直接启动和停止的控制开关。在拉闸与合闸时，动作要迅速，以利于迅速灭弧，减少刀片的灼伤。安装时，刀开关在合闸状态下手柄应该向上，不能倒装和平装，以防止闸刀松动落下时误合闸。电源进线应接在静触点一边的进线端，用电设备应接在动触点一边的出线端。这样，当刀开关关断时，闸刀和熔丝均不带电，以保证更换熔丝时的安全。胶盖闸刀开关图形符号和文字符号（如图 1-8-6（b））所示。

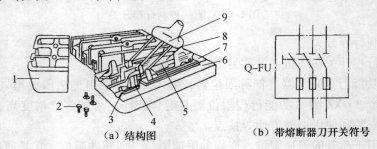

（a）结构图　　　　　　（b）带熔断器刀开关符号

图 1-8-6　HK 系列瓷底胶盖刀开关

1—胶盖；2—胶盖固定螺钉；3—进线座；4—静触点；5—熔丝；

6—瓷底；7—出线座；8—动触点；9—瓷柄

②铁壳开关

铁壳开关（图 1-8-7）主要由操作机构、触头系统、熔断器和铁质外壳组成，因其外壳多为铸铁或薄钢板组成，故俗称铁壳开关（有的铁壳开关不带熔断器）。有封闭的铁壳，防

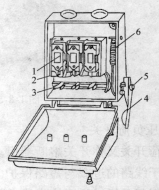

图 1-8-7　HH 系列铁壳开关

1—熔断器；2—夹座；3—闸刀；4—手柄；5—转轴；6—速动弹簧

护性能好；装有速断弹簧和灭弧装置，能迅速熄灭电弧；有机械联锁装置，外壳开启时，不能接通电源，可以保证安全操作等是封闭式负荷开关的特点。

选用方法：封闭式负荷开关一般多用于电动机的启动和设备的总电源开关，其额定电流应大于或等于电机或设备电流的三倍，额定电压应大于线路的工作电压。由于封闭式开关有灭弧装置，其分断电流可以小于或等于额定电流。封闭式开关应该有可靠的接地保护。

（6）漏电断路器

漏电断路器（图1-8-8）也称为漏电开关，主要用于当发生人身触电或漏电时，能迅速切断电源，保障人身安全，防止触电事故。漏电保护器还兼有过载、短路保护，用于不频繁启、停电动机。

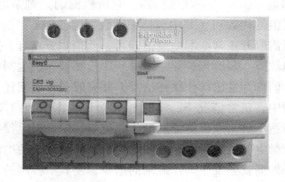

图 1-8-8　漏电断路器

漏电断路器的漏电保护部分（图1-8-9）由零序电流互感器（感测部分）、运算控制器（控制部分）和电磁脱扣器（动作、执行部分）组成。被保护的主电路所有相、零线都穿过零序电流互感器的铁芯，组成零序电流互感器一次侧。

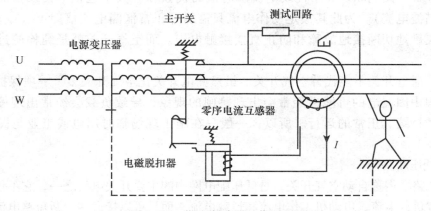

图 1-8-9　漏电断路器工作原理图

零序电流互感器的工作原理是：感测一次侧中瞬时电流的矢量和是否为零，当被保护的电路出现绝缘故障时，负载侧有对地卸载电流，即零序电流互感器的矢量和不为零，零序电流互感器二次绕组中便产生互感电压，该信号经过运算控制器运算后，当泄漏电流达到整定动作值时，驱动晶闸管，接通电磁脱扣器电源，电磁脱扣器吸合，使断路器跳闸，从而达到漏电保护器的作用。根据漏电断路器的工作原理可知，进线不接零线不能起保护作用。

漏电开关与空气开关的区别：

①空气开关是我们平常的熟称，它正确的名称叫做空气断路器。空气断路器一般为低压，即额定工作电压为 400V 以内。空气断路器是具有多种保护功能的、能够在额定电压和额定工作电流状况下切断和接通电路的开关装置。它的保护功能的类型及保护方式由用户根据需要选定。如短路保护、过电流保护等，为空气断路器的基本配置。所以空气断路器能在故障状态（负载短路、负载过电流等）下切断电气回路。

②漏电开关的正确称呼为剩余电流保护装置（以下简称 RCD），是一种具有特殊保护功能（漏电保护）的空气断路器。它所检测的是剩余电流，即被保护回路内相线和中性线电流瞬时值的代数和（其中包括中性线中的三相不平衡电流和谐波电流）。为此，RCD 的整定值，只需躲开正常泄漏电流值即可，此值以 mA 计，所以 RCD 能十分灵敏地切断保护回路的接地故障。漏电保护器是一种利用检测被保护电网内所发生的相线对地漏电或触电电流的大小，而作为发出动作跳闸信号，并完成动作跳闸任务的保护电气。在装设漏电保护器的低压电网中，正常情况下，电网相线对地泄漏电流（对于三相电网中则是不平衡泄漏电流）较小，达不到漏电保护器的动作电流值，因此漏电保护器不动作。当被保护电网内发生漏电或人身触电等故障后，通过漏电保护器检测元件的电流达到其漏电或触电动作电流值时，则漏电保护器就会发生动作跳闸的指令，使其所控制的主电路开关动作跳闸，切断电源，从而完成漏电或触电保护的任务。它除了空气断路器的基本功能外，还能在负载回路出现漏电（其泄漏电流达到设定值）时能迅速分断开关，以避免在负载回路出现漏电时对人员的伤害和对电气设备的不利影响。

③动作检测方式不同：漏电开关用的是剩余电流保护装置，它所检测的是剩余电流，即被保护回路内相线和中性线电流瞬时值的代数和（其中包括中性线中的三相不平衡电流和谐波电流）。为此其额定动作电流只需躲开正常泄漏电流值即可（毫安级），所以能十分灵敏地切断接地故障和防止直接接触电击。而空气开关就是纯粹的过电流跳闸（安级）。

注意：漏电开关不能代替空气开关。虽然漏电开关比空气开关多了一项保护功能，但在运行过程中因漏电的可能性经常会出现跳闸的现象，导致负载会经常出现停电，影响电气设备的持续、正常的运行。所以，一般只在施工现场临时用电或工业与民用建筑用电采用。

（7）低压断路器

低压断路器俗称自动空气开关，是低压配电网中的主要开关电气之一，它不仅可以接通和分断正常负载电流、电动机工作电流和过载电流，而且可以接通和分断短路电流。主要用在不频繁操作的低压配电线路或开关柜中作为电源开关使用，并对线路、电气设备及电动机等实行保护，当严重过电流、过载、短路等故障发生时，能自动切断线路，起到保护作用，应用十分广泛。有一些高级低压断路器甚至在发生断相、漏电故障时，也能自动切断线路，起到保护作用，但是价格较高，只在特殊情况下使用。

低压断路器由以下三个基本部分组成（图 1-8-10）：

①触头和灭弧系统，这一部分是执行电路通断的主要部件。

②具有不同保护功能的各种脱扣器，由不同功能的脱扣器可以组合成不同性能的低压断路器。

③自由脱扣器和操作机构是联系以上①、②两部分的中间传递部件。

低压断路器的主触头一般由耐弧合金（如银钨合金）支撑，采用灭弧栅片灭弧。在正常情况下，触头可接通、切断工作电流，当出现故障时，能快速及时地切断高达数十倍额定电流的故障电流，从而保护电路及电路中的电气设备。

自由脱扣机构是一套连杆机构，如果电路中发生故障，自由脱扣机构就在有关脱扣器的操动下动作，脱扣脱开。

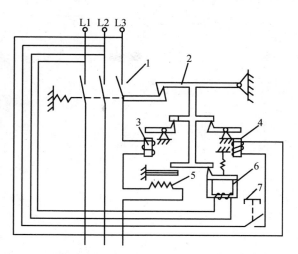

图 1-8-10　低压断路器工作原理
1—主触头；2—自由脱扣机构；3—过电流脱扣器；
4—分励脱扣器；5—热脱扣器；6—欠电压脱扣器；
7—停止按钮

过电流脱扣器（也称为电磁脱扣器）的线圈和热脱扣器的热组件与主回路串联。当电路发生短路或严重过载时，过电流脱扣器的衔铁吸合，使自由脱扣机构动作，从而带动主触头断开主电路，动作特性具有瞬动特性或定时限特性。当低压断路器由于过载而断开后，一般应等待 2～3min 才能重新合闸，以使热脱扣器恢复原位。其中，热脱扣器采用一个与电路串联的双金属片。电流在过载期间产生的热量会使双金属片变形，从而使断路器跳闸。与保险丝相比，热脱扣器有一个显著的优点，就是在跳闸后能够重新复位。随着温度的升高，热脱扣器的跳闸速度加快，并常常会在较低的电流电平下发生跳闸。

电磁脱扣器的过流检测机理是只对被保护电路里的电流变化做出响应，由于其电流感应螺线管受环境温度变化的影响不大，因此磁脱扣器具有温度稳定性，不会像热脱扣器那样明显地受到环境温度变化的影响。电磁脱扣器没有预热阶段，因此不会减缓断路器对过载的响应速度，从过载结束到其复位之前没有冷却期。

断路器可以分为民用和工业用两种，民用指家庭照明用，多用在 220V 电源上，民用的用 C 代替；工业的一般指三相电机用，用 D 代替，一个 20A 的断路器是民用的就用 C20 表示，是工用的就用 D20 表示。

为什么断路器有民用和工业用之分呢？因为电动机在启动时电流很大，一般为工作电流的 4～7 倍，如果用民用的 C 系列断路器来控制电动机，断路器检测到大的启动电流，就很有可能发生误动作，如果用 D 系列，就可以避免因启动时的大电流导致误动作，D 系列断路器是电动机专用。选用断路器时，其额定电流应稍大于设备工作电流，并确定是电机用的D 系列断路器。

常用低压断路器如图 1-8-11 所示。

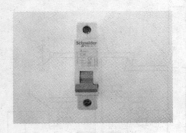
（a）1P断路器

（b）2P断路器

（c）3P断路器

图 1-8-11　常用低压断路器

2）继电器

继电器是一种利用各种物理量的变化，将电量或非电量信号转化为电磁力（有触头式）或使输出状态发生阶跃式变化（无触头式），从而通过其触头或突变量促使在同一电路或另一电路中的其他器件或装置动作的一种控制组件。

根据转化的物理量的不同，可以构成各种各样的不同功能的继电器，以用于各种控制电路中进行信号传递、放大、转换、联锁等，从而控制主回路和辅助电路中的器件或设备按预定的动作程序进行工作，实现自动控制和保护的目的。

（1）继电器的电磁原理（磁路部分）见图 1-8-12。

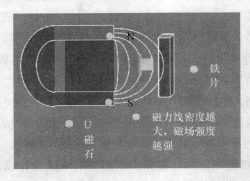

图 1-8-12　继电器的电磁原理

（2）继电器杠杆原理（接触部分）见图 1-8-13。

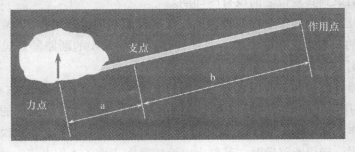

图 1-8-13　继电器的杠杆原理

（3）继电器工作原理（图1-8-14）。

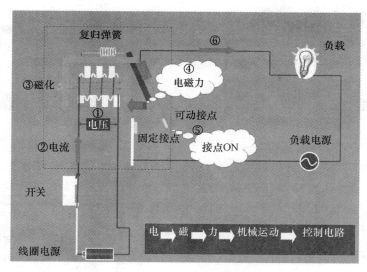

图1-8-14 继电器的工作原理

（4）继电器的种类

①中间继电器

中间继电器在电路中主要起传递信号和扩展触点的作用。动作原理与接触器一样，给线圈通电后产生磁力，吸合铁芯，使触点动作。中间继电器没有主触头，辅助触点比接触器多，在控制电路中用以弥补辅助触点的不足，中间继电器触点容量比较小，一般不超过5A。中间继电器分为交流控制和直流控制两种（图1-8-15）。

（a）JZC4系列交流中间继电器　　　　　　（b）DZ系列直流中间继电器

图1-8-15 交流与直流中间继电器

②热继电器

热继电器（图1-8-16、图1-8-17、图1-8-18）是利用热效应的过载保护器，主要与接触器配合使用，也可以单独使用直接控制电机，用作电机的过载保护。用于电动机或其他电气设备、电气线路的过载保护的保护电器。

（a）JR系列热继电器

（b）JRS系列热继电器

图 1-8-16　热继电器

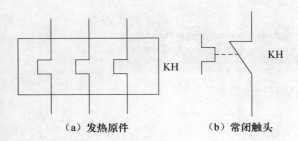

（a）发热原件　　　　（b）常闭触头

图 1-8-17　热继电器的电路符号

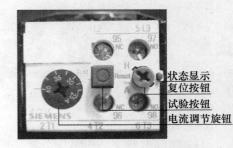

状态显示
复位按钮
试验按钮
电流调节旋钮

图 1-8-18　热继电器上的功能指示

热继电器内部一般由双金属片组成过流元件，电流过大时，双金属片发热，从而使其变形、位移、顶开保护触点，接触器控制回路断开，从而使主电路断电，过后温度降低，双金属片冷却，恢复电路的接通，但主电路的自锁控制回路已断开，需重新按开始按钮才能重新工作。热继电器的内部结构如图 1-8-19 所示。

使用热继电器对电动机进行过载保护时，将热元件与电动机的定子绕组串联，将热继电器的常闭触头串联在交流接触器的电磁线圈的控制电路中，并调节整定电流调节旋钮，使热继电器内部的人字形拨杆与推杆相距一适当距离。电动机在实际运行中，（如拖动生产机械），若机械出现不正常的情况或电路异常使电动机遇到过载，则电动机转速下降、绕组中电流将增大，使得电动机的绕组温度升高。若过载电流不大且过载的时间较短，电动机绕组不超过允许温升，这种过载是允许的。但若过载时间长，过载电流大，电动机绕组的温升就会超过允许值，使电动机绕组老化，缩短电动机的使用寿命，严重时甚至会使电动机绕组烧毁。所以

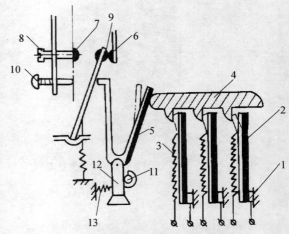

图 1-8-19　热继电器的结构示意图

1—推杆；2—主双金属片；3—加热元件；
4—导板；5—补偿双金属片；6—静触点；
7—动合静触点；8—复位螺钉；9—动触点；
10—按钮；11—调节旋钮；12—支撑件；13—压簧

这种过载是电动机不能承受的。热继电器是利用电流的热效应原理，在出现电动机不能承受的过载时切断电动机电路，为电动机提供过载保护的保护电器。

③相序继电器

断相与相序保护继电器简称相序继电器（图1-8-20、图1-8-21），前面在电源的部分已经说过三相电，且三相电的使用非常的广泛。如果三相电动机缺一相时，电机就不能正常运行，电能没有转换成动能，而是变成了热能，时间稍长，电机发热将会非常严重，那么电机将烧毁；在某些不可逆转的场合，电机逆转运行的话，将带来非常严重的后果，所以相序继电器在控制电路中发挥着非常大的作用。

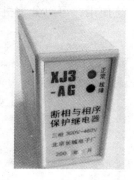

（a）XJ3系列相序继电器

（b）XJ11系列相序继电器

图1-8-20　XJ3系列与XJ11系列相序继电器

当电源的三相（三根火线）都有时，不缺相、且相序正确，相序继电器正常工作，不起保护作用；当缺相或者相序错误，相序继电器起保护作用，电路不能启动。相序继电器一般用XJ表示，X指相序，J指继电器。具有性能可靠、适用范围广、使用方便等优点。

三相电路中任何一相熔断器开路，XJ即能动作，切除KM主回路电源，从而达到保护电动机的目的。

当三相不可逆转的设备（如水泵、风扇、空压机、电梯电机、中小型配电屏等），在认定相序后，因维修或更改供电线路，发生与原认定相序错接时，XJ系列同样能可靠鉴别相序，停止KM主回路电源供电，从而达到保护设备的目的。

电子工业不断地发展，各种型号的相序继电器也层出不穷，图1-8-21的XJ11相序继电器，除带有断错相功能之外，还有过欠压的保护，并可以对电压高低和动作时间保护进行调整。

图1-8-21　相序继电器的电路符号

④电流继电器

电流继电器分为过电流继电器和欠电流继电器，其原理结构都相同，但是工作场合不同。

过电流继电器主要用于重载或频繁启动的场合，一般是串联在电机与三相电源之间，当电流升高至整定值或大于整定值时，继电器动作，常开触点闭合，常闭触点断开；当电流降低至设定值时，继电器返回，常开触点断开，常闭触点闭合。应该指出，不同品牌的电流继电器工作模式不一定相同，必须根据使用说明书的要求分别对待。过流继电器分为感应电磁式和集成电路型，具有定时限、反时限的特性，应用于电机、变压器等主设备以及输配电系统的继电保护回路中。当主设备或输配电系统出现过负荷及短路故障时，该继电器能按预定的时限可靠动作或发出信号，切除故障部分，保证主设备及输配电系统的安全。

欠电流继电器常用于直流电机磁场和绕线涡流电机涡流的弱磁保护，因为该两种电机的转速与磁场的励磁成反比，当励磁越小、涡流越小，电机速度越快；（励磁的作用与涡流的作用一样），当没有励磁时，电机会出现失速的情况，因此必须对最小励磁电流加以限制。具体的做法是，把欠电流继电器的线圈串联在电机的磁场励磁回路中，正常情况下，欠电流继电器吸合，当励磁电流小于某一值时，欠电流继电器释放，其辅助触点使保护回路动作。

该欠电流继电器在直流调速电机和绕线涡流电机中还被广泛使用，可以分为机械式和电子式两种（图1-8-22），用途功能都一样。

RM4–JA32

（a）机械式欠电流继电器　　　　　　　　　　（b）电子式欠电流继电器

图1-8-22　欠电流继电器

机械式欠电流继电器结构简单，除了线圈外就一组常开触点和一组常闭触点；电子式欠电流继电器相对来说接线桩头要多一点，它除了相应的常开常闭的辅助触头外，还有外接电源的桩头，以及电流大小选择的接线桩头。

⑤时间继电器（图1-8-23）

（a）电子式时间继电器　　　　　　　　　　（b）空气阻尼式时间继电器

图1-8-23　时间继电器

　　凡是继电器感测元件（线圈）得到动作信号后，其执行元件（触头）要延迟一段时间才动作的继电器称为时间继电器，下面介绍几种常见时间继电器的特性：

　　a. 空气阻尼式时间继电器，又称为气囊式时间继电器，它是利用空气通过小孔节流的原理来获得延时动作的。它由电磁系统、延时机构和触点三部分组成。其结构简单，价格便宜，延时范围大（0.4～180s），但延时精确度低。

　　b. 电磁式时间继电器延时时间短（0.3～1.6s），但它结构比较简单，通常用在断电延时场合和直流电路中。

　　c. 电动式时间继电器的原理与钟表类似，它是由内部电动机带动减速齿轮转动而获得延时的。这种继电器延时精度高，延时范围宽（0.4～72h），但结构比较复杂，价格很贵。

　　d. 晶体管式时间继电器又称为电子式时间继电器，它是利用延时电路来进行延时的。这种继电器精度高，体积小。该时间继电器在塔机电路和机床电路中常见。

　　时间继电器延时的类型可以分为通电延时、断电延时、间隔延时、瞬动、断开延时、星三角启动延时、往复循环延时，塔机上最常用的是通电延时和断电延时；通电延时是指电磁线圈通电后，触头延时动作；断电延时是指电磁线圈断电后，触头延时动作。通常时间继电器上既有延时作用的触头，也有无延时触头。

　　现在最常见的电子式时间继电器是 ST3P 系列，具有体积小、重量轻、延时精度高、延时范围广、抗干扰性能强、可靠性好、寿命长等特点，适用于各种要求高精度、高可靠性自动控制的场合作延时控制之用，产品符合 GB 14048 标准。

　　ST3P 时间继电器的触点形式：

　　ST3PA：通电延时；

　　ST3PC：瞬动型；

　　ST3PF：断电延时。

　　工作电压：AC12V、24V、36V、48V、110V、220V、380V；

　　　　　　　DC12V、24V、36V、48V、110V、220V。

　　延时范围：0.05 秒－24 小时规格，可以在一定范围内调整。

　　初学电气者有时难以区别通电延时与断电延时，这里有一个很简单易记的办法（图1-8-24、图1-8-25）：通电延时的圆弧是括号的左边"（"，而断电延时的圆弧是括号的右边"）"。

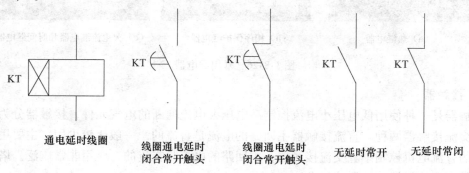

图 1-8-24　通电延时型时间继电器的电路符号

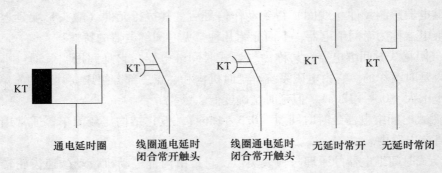

图 1-8-25　断电延时型时间继电器电路符号

⑥塔机常用继电器（图 1-8-26）

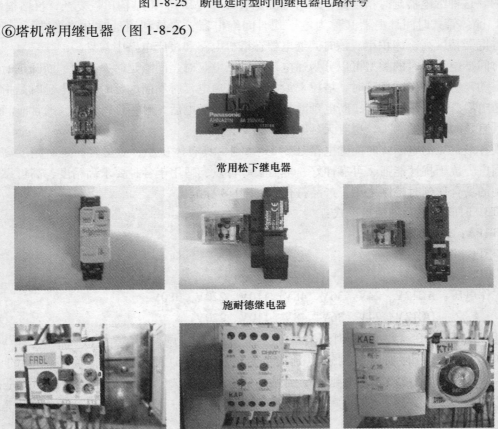

常用松下继电器

施耐德继电器

（a）热继电器　　　　　（b）相序保护继电器　　　　（c）欠电流继电器和时间继电器

图 1-8-26　常用继电器

3）接触器

接触器是一种使用低电压小电流控制高电压大电流通断的电气元件，接触器分为直流接触器、交流接触器两种。直流接触器主回路的电流是直流的，一般比较少用，主要用在精密机床上的直流电机控制中。交流接触器，主回路的电流是交流的，应用非常广泛，塔机上使用的都是交流接触器，简称接触器。

交流接触器是广泛用作电力的开断和控制电路。它利用主接点来开闭电路，用辅助接点来执行控制指令。主接点一般只有常开接点，而辅助接点常有两对具有常开和常闭功能的接点，小型的接触器也经常作为中间继电器配合主电路使用。交流接触器的接点，一般由银钨合金制成，具有良好的导电性和耐高温烧蚀性。

（1）交流接触器的组成

交流接触器（图1-8-27）主要由电磁系统、触点系统、灭弧系统及其他部分组成。

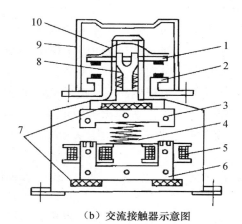

（a）交流接触器　　　　　　　　　　（b）交流接触器示意图

图1-8-27　交流接触器外形与内部结构

1—动触点；2—静触点；3—动铁芯；4—缓冲弹簧；5—电磁线圈；
6—静铁芯；7—垫毡；8—接触弹簧；9—灭弧罩；10—触点压力簧片

①电磁系统：电磁系统包括电磁线圈和铁芯，是接触器的重要组成部分，依靠它带动触点的闭合与断开。

②触点系统：触点是接触器的执行部分，包括主触点和辅助触点。主触点的作用是接通和分断主回路，控制较大的电流，而辅助触点是在控制回路中，以满足各种控制方式的要求。

③灭弧系统：灭弧装置用来保证触点断开电路时，产生的电弧可靠地熄灭，减少电弧对触点的损伤。为了迅速熄灭断开时的电弧，通常接触器都装有灭弧装置，一般采用半封闭式纵缝陶土灭弧罩，并配有强磁吹弧回路。

④其他部分：有绝缘外壳、弹簧、短路环、传动机构等。

（2）工作原理

交流接触器的动作动力来源于交流电磁铁，电磁铁由两个"山"字形的硅钢片叠成，其中一个固定，在上面套上线圈，工作电压有多种供选择。为了使磁力稳定，铁芯的吸合面，加上短路环。另一半是活动铁芯，构造和固定铁芯一样，用以带动主接点和辅助接点的开闭。20A以上的接触器加有灭弧罩，利用断开电路时产生的电磁力，快速拉断电弧，以保护接点。

当接触器电磁线圈不通电时，弹簧的反作用力和衔铁芯的自重使主触点保持断开位置。当电磁线圈通过控制回路接通控制电压（一般为额定电压）时，电磁力克服弹簧的反作用力将衔铁吸向静铁芯，带动主触点闭合，接通电路，辅助接点随之动作。

（3）使用接触器的注意事项

①接触器线圈上标记的电压应与实际工作电压一样，接触器线圈电压高于实际工作电压，接触器不能正常吸合；线圈电压低于实际工作电压，接触器线圈将烧毁。

②接触器触点额定电流高于实际工作电流很多的话，造成资源浪费，大材小用；低于实际工作电流的话，将缩短接触器使用寿命。

③定期检查接触器的零件，要求可动部分灵活，紧固件无松动，已损坏的零件应及时修理或更换。

④保持触点表面的清洁，不允许黏有油污。当触点表面因电弧烧蚀而附有金属小珠粒时，应及时去掉。触点若已磨损，应及时调整，消除过大的超程；若触点厚度只剩下 1/3 时，应及时更换。银和银合金触点表面因电弧作用而生成黑色氧化膜时，不必锉去，因为这种氧化膜的接触电阻很低，不会造成接触不良，锉掉反而缩短了触点寿命。

⑤接触器不允许在去掉灭弧罩的情况下使用，因为这样很可能因触点分断时电弧互相连接而造成相间短路事故。用陶土制成的灭弧罩易碎，拆装时应小心，避免碰撞造成损坏。

⑥若接触器已不能修复，应予更换。更换前应检查接触器的铭牌和线圈标牌上标出的参数。换上去的接触器的有关数据应符合技术要求；用于分合接触器的可动部分，看看是否灵活，并将铁芯上的防锈油擦干净，以免油污黏滞造成接触器不能释放。有些接触器还需要检查和调整触点的开距、超程、压力等，使各个触点动作同步。

⑦接触器工作条件恶劣时（如：电动机频繁正、反转），接触器额定电流应选大一个等级。因为当接触器操作频率过高时，线圈会因过热而烧毁。

⑧避免异物（如螺钉等）落入接触器内，因为异物可能使动铁芯卡住而不能闭合，磁路留有气隙时，线圈电流很大，时间长了会因电流过大而烧毁。

4）熔断器

熔断器俗称保险丝，是一种短路保护装置，广泛用于配电系统和控制系统，主要进行短路保护或严重过载保护。工作时，熔断器串联在被保护的电路中。当电路发生短路或严重过载时，熔断器中的熔断体将自动熔断，起到保护作用。熔断器的原理是利用电流流经熔断器导体会使导体发热，达到导体的熔点后导体融化断开电路，保护用电器和线路不被烧坏。导体融化是热量的累积，所以熔断器可以实现过载保护。一旦熔体烧毁就要更换熔体，不能重复使用。实际电路中的用电负荷长时间接近于熔断器的负荷时，熔断器会逐渐加热，直至熔断。熔断器的熔断是电流和时间共同作用的结果，起到对线路进行保护的作用，它是一次性的。

（1）插入式熔断器

如图 1-8-28 所示，插入式熔断器是一种最常用、结构最简单的熔断器，常用于低压分支电路的短路保护。常见的插入式熔断器有 RCIA 系列。

（2）螺旋式熔断器

如图 1-8-29 所示，螺旋式熔断器的熔体上的上端盖有一熔断指示器，一旦熔体熔断，指示器马上弹出，可透过瓷帽上的玻璃孔观察到。它常用于机床电气控制设备中。目前全国统一设计的螺旋式熔断器有 RL6、RL7（取代 RL1、RL2）、RLS2（取代 RLS1）等系列。

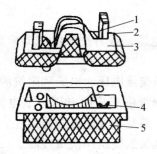
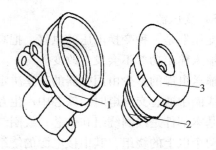

图 1-8-28　插入式熔断器　　　　　　　　图 1-8-29　螺旋式熔断器

1—动触点；2—熔体；3—瓷插件；4—静触点；5—瓷座　　　　　　1—底座；2—熔体；3—瓷帽

（3）无填料密闭管式熔断器

如图 1-8-30 所示。它常用于低压电力网或成套配电设备中。常见型号有 RM10 系列。

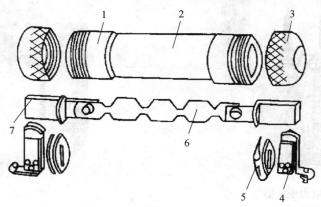

图 1-8-30　无填料密闭管式熔断器

1—铜圈；2—熔断器；3—管帽；4—插座；5—特殊垫圈；6—熔体；7—熔片

（4）有填料封闭管式熔断器

如图 1-8-31 所示，此熔断器的绝缘管内装有石英砂做填料，用来冷却和熄灭电弧。它常用于大容量的电力网或配电设备中。常见的型号有 RT12、RT14、RT15、RT17 等系列。

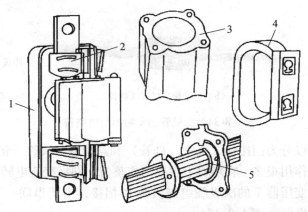

图 1-8-31　有填料封闭管式熔断器

1—瓷底座；2—弹簧片；3—管体；4—绝缘手柄；5—熔体

5）变压器

变压器是一种变换电压的电气。把高电压变换成低电压，或者把低电压变换成高电压，但是输入输出功率不会发生改变。

输送电能的多少由用电器的功率决定，变压器是变换交流电压、电流和阻抗的器件，当初级线圈中通有交流电时，铁芯中产生互感磁通，使次级线圈感应出电压（或电流）。变压器的基本部件是线圈绕组和铁芯；线圈绕组是漆包线，铁芯是相互绝缘的硅钢片。线圈有两个或两个以上的绕组，其中接电源的绕组叫初级线圈，其余的绕组叫次级线圈。

图1-8-32是电力变压器，该变压器一般为三相变压器。用于把高电压变为低电压。而图1-8-33是控制变压器，一般为单相变压器（初级线圈一般接220V、380V），该变压器一般用作塔机等电气的控制变压器。

图1-8-32　电力变压器

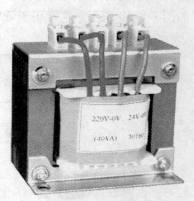

图1-8-33　控制变压器

6）二极管

二极管（图1-8-34）在把交流电转换成直流电的整流电路中起着重要的作用，其应用非常广泛。二极管又称晶体二极管、半导体二极管，是由一个PN结、外壳、引线等部分组成。P型区引出的线为阳极（正极），N型区引出的线为阴极（负极），它具有单向导电的特性。只往一个方向传送电流，电流只能从阳极流向阴极。

（a）面接触二极管（硅管）

（b）点接触二极管（锗管）

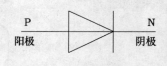

（c）二极管的电器符号

图1-8-34　二极管的实物图与电路符号

按材料的不同可以分为面接触二极管（硅管）和点接触二极管（锗管）。

二极管的形式和作用很多，在塔机上主要用作整流。即把交流电转换成直流电。

单相半波整流：变压器T的次级绕组与负载R相接，中间串联一个整流二极管，这是一个简单的半波整流电路（图1-8-35）。

见图1-8-36，当电压为正半周时，（a）点电位最高，（b）点电位最低，二极管导通；

当电压为负半周时，（a）点电位最低，（b）点电位最高，二极管截止。当再次到正半周时，二极管再次循环导通。利用二极管的单向导电性，只有半个周期内有电流流过负载，另半个周期被二极管所阻，没有电流。如此循环，即单相半波整流，经过一个二极管后实现半波整流，整流后的直流电压只有原来的45%。这种电路，变压器中有直流分量流过，降低了变压器的效率；整流电流的脉动成分太大，对滤波电路的要求高。一般只适用于小电流整流电路。

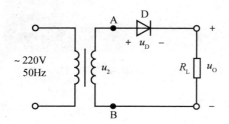
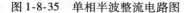

图1-8-35　单相半波整流电路图

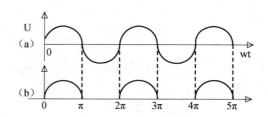

图1-8-36　单相半波整流波形图

单相全波整流：单相全波整流必须要两个二极管，变压器中间要有抽头，见图1-8-37，变压器 T 把电压变成了100V，变压器的次级绕组中间有一抽头，即中间抽头对 a 点和 b 点的电压为50V。

7）制动电阻

制动电阻（图1-8-38）安装在电阻箱内，用来消耗变频起升电机减速制动时产生的再生反馈电流。电阻箱与主控柜一起，置于平衡臂的根部。两边都装有轴流风机，用来排放电阻泄能时产生的热量。我国塔机的制动电阻主要采用波纹电阻。表面立式波纹有利于散热、降低寄生电感量，表面有高阻燃无机涂层，有效保护电阻丝不被老化，延长使用寿命。

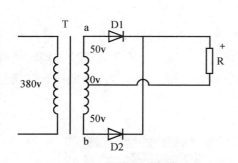

图1-8-37　单相全波整流电路

图1-8-38　制动电阻

8）PLC

PLC 全称"可编程序逻辑控制器"（图1-8-39），是在20世纪70年代在继电器控制技术和计算机控制技术的基础上发展起来的一种新型工业自动控制设备。它以微处理器为核心，以数字信号代替传统的开关信号，集自动化技术、计算机技术、通信技术为一体，不但性能可靠，而且节省了大量中间继电器，减少了故障源。PLC 在塔机上的成功运用，使塔机安全运行率大大提高，同时在塔机出现故障时还能够根据状态显示灯的指示找到故障位置，为维修带来方便。PLC 控制的优点具体如下：

（1）编程简单，易于掌握

PLC 的设计充分考虑到现场技术人员的技能和习惯，采用的是梯形图方式的编程语言，它与继电器控制原理图相似，具有直观、清晰、修改方便、容易掌握等优点，即便未掌握专门计算机技术的人也能很快熟悉，因而受到了塔机维修人员的欢迎。

（2）可靠性高，抗干扰能力强

PLC 是专为工业控制而设计的，由于采取了一系列的措施，使之在恶劣的工业环境下仍

图 1-8-39　可编程序逻辑控制器

能保证很高的可靠性，一般平均无故障时间可达 4～5 万小时。

（3）通用性好，PLC 品种多

PLC 品种多，档次高。同一台 PLC 可适用于不同的控制对象或同一对象的不断发展，同一档次、不同机型的功能也能方便地相互转换。

（4）功能强

PLC 具备很强的信息处理能力，可进行逻辑、定时、计数和步进等控制，能完成 A/D 与 D/A 转换（将模拟信号转换成数字信号或将数字信号转换为模拟信号）、数据处理和通信联网等功能，随着技术的发展，其功能也会越来越强大。

（5）开发周期短

PLC 在许多方面是以软件编程来取代硬件接线实现控制功能，大大减轻了繁重的安装接线工作，且编程简单，程序设计和调试修改也很方便安全，因此，可以缩短 PLC 控制系统的开发周期。

（6）体积小，使用方便

由于 PLC 采用了半导体集成电路，体积小、重量轻、结构紧凑、功耗低，是理想的控制器。PLC 编程简单、自诊断能力强、能判断和显示自身故障，使操作人员检查判断故障方便迅速，而且接线少，维修时只需更换插入式模块，维护方便，修改程序和监视运行状态也容易。

9）变频器（图 1-8-40）

图 1-8-40　变频器

（1）变频器的功能

变频器的作用是改变交流电机供电的频率，因而改变其运动磁场的周期，达到平滑控制电动机转速的目的。变频器的出现，使得复杂的调速控制简单化，用变频器＋交流鼠笼式感应电动机组合替代了大部分原先只能用直流电机完成的工作，缩小了体积，降低了维修率，使传动技术发展到新阶段。

（2）变频器的基本构成

变频器由整流电路、中间电路、逆变电路、控制电路、保护回路、操作面板等构成（图1-8-41）。

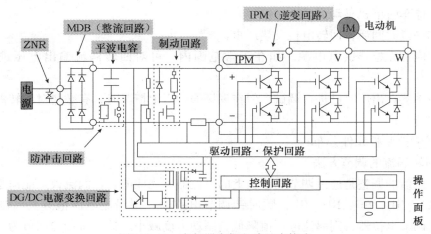

图1-8-41　变频器内部电路基本构成

10）涡流制动器与涡流板

涡流制动器全称为电磁涡流制动器，由飞轮和励磁线圈组成，飞轮由软钢制成，与电机转子同轴安装在电机的后面，跟随转子旋转。励磁线圈固定安装在电机定子上，与飞轮内壁保持很小的距离。励磁线圈通电时形成磁场。飞轮旋转时切割磁力线而产生涡流。飞轮上的涡流与磁场相互作用形成制动力矩。制动力矩的大小随励磁线圈上电压高低来决定，电压高产生的制动力矩就大，电压低产生的制动力矩就小，一般起升机构最高励磁线圈电压为直流80V，回转机构最高励磁线圈电压为直流14V。

塔机上调整涡流电压高低的电气元件叫涡流板（图1-8-42），它由电源输入、涡流电压

老款：涡流值在涡流板上调整

新款：涡流值在PLC上调整

图1-8-42　涡流板

的输出、控制部分组成，由可编程序控制器来参与控制。

电磁涡流制动器坚固耐用、维修方便、调速范围大；但低速时效率低、温升高，必须采取散热措施。这种制动器常用于有垂直载荷的机械中。

涡流制动调速很简单。就是电机要转，后面涡流制动给电机一个合适的阻力矩不让电机转那么快。根据配电箱里的电阻调节涡流线圈的阻值改变磁力来调速。

（1）涡流制动器的使用

回转涡流制动器在使用中，有时会出现以下现象：

①回转启动困难，启动时间长。

②回转停车时塔机晃动大。

③工作一段时间后，回转电机发热严重。

此时，应首先检查供电电源，如在正常范围内，可对回转涡流输出电压进行适当的调整。

涡流控制器在出厂时已进行调试，但在现场遇到以上情况时，有必要对回转涡流控制器的输出值进行微调。

（2）涡流控制板元件分布

（3）回转涡流的调节方法

涡流电压值的调整是通过调节涡流板上的电位器来完成的。在涡流板上能清楚地看到五个电位器 RA、RB、RC、RD、RE，顺时针调节电位器，则涡流电压值升高，制动力矩加大，逆时针调节电位器，则涡流电压值降低，制动力度减小。针对每挡的调节为：一挡调节 RD，该挡在手柄扳向回转一挡时投入；二挡调节 RC，该挡在手柄扳向回转二挡时投入；三挡调节 RB，该挡在手柄扳向回转三挡时投入；四挡调节 RA，该挡在手柄扳向回转四挡时投入；五挡为 0V，该挡在手柄扳向回转五挡时投入，无须调节。

调节过程中如果发现某挡电压调不上去的话，这时可以调节电位器 RE 改变其放大倍数，然后再调节该挡对应的电位器。该挡调节完毕，其他挡位则须在 RE 值保持不变的情况下重新调整。

在现场调试过程中，我们应该根据具体情况进行分析后做出相应的调整：一般结合观察变频器上数字式操作器的电流值，在每一挡操作时，电流值不要大于电机额定电流（双电机以两台电流之和计）的两倍。如发现回转启动困难，启动时间长时，在排除机械可能故障后，调节电位器 RD，将其涡流电压值调小到故障消除为止；如发现工作一段时间后，回转电机发热严重，可能是涡流电压偏高引起，适当调节电位器 RA 或 RB、RC、RD 直至满意为止。

调节注意事项：

①上面所提的顺、逆时针是指调试人员面对电位器的方向而言。

②根据使用反映的情况，从低挡到高挡，一般将电压调整为如下经验值：

回转为五挡配置的产品：14V，10V，6V，2V，0V。

回转为四挡配置的产品：14V，8V，4V，0V。

③在调节涡流电压时，一般先将变频器断开（即断开回转断路器 QFS）；调整完毕，再

接变频器。

（4）涡流模块工作原理

如图 1-8-43 所示，涡流模块主要包括 AC/DC 整流部分、PWM 驱动部分、DC/DC 变换部分三部分。

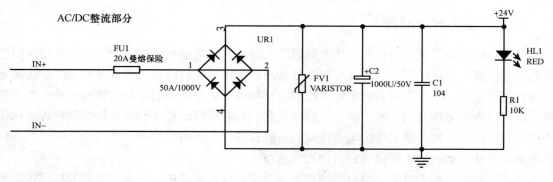

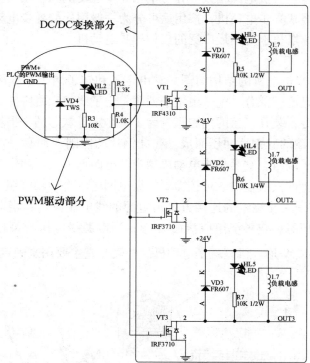

图 1-8-43　中联涡流模块 SECC-3 原理图

①整流部分

FU1 为保险，过流保护；UR1 为整流桥；FV1 为压敏电阻，电压保护；C1、C2 为滤波电容；HL1 为 24V 直流指示灯；R1 为限流电阻。

②PWM 驱动部分

VD4 为续流二极管；HL2、R3 为 PWM 驱动信号指示电路。R2、R4 为分压电路，以满足对 MOS 管 VT1、VT2、VT3 的驱动电压要求。

③DC/DC 变换部分

共三路 DC/DC 变换电路，对应三路涡流输出，以一路 DC/DC 为例说明：

VT1 为 MOS 管，作为 DC/DC 变换电路中的开关器件；VD1 为续流二极管；HL3、R5 为涡流输出指示电路；负载为涡流线圈，为感性负载。

四、电动机与调速技术

电动机可分为直流电动机和交流电动机两大类。直流电动机结构复杂，维护不便，但它的调速性能好，启动转矩大，在速度调节要求高、正反转和启制动频繁或多单元同步协调运行的机械设备上，可以采用直流电动机拖动。三相异步电动机使用三相交流电，具有结构简单、运行可靠、坚固耐用，维护容易、价格便宜、具有较好的稳态和动态特性等特点，在工业中得到广泛的应用。塔机作为电力拖动的机械设备大多采用三相异步电动机，因此本书仅介绍三相异步电动机的工作原理、启动和调速技术。

异步电动机的种类繁多。按电源相数可分为单相异步电动机和三相异步电动机；按转子结构可分为鼠笼式和线绕式异步电动机；按用途可分为一般用途的异步电动机和特殊用途的异步电动机等。本节介绍塔机上应用最广泛的三相异步电动机。

1. 电动机结构

图 1-8-44 是三相异步电动机的结构简图，它由定子和转子两个基本部分组成。定子是静止不动的部分，转子是旋转部分。定子由定子铁芯、定子绕组和机座三部分组成。定子铁芯是电动机磁路的一部分，装在机座的内腔里。为了减小定子铁芯的铁损耗，定子铁芯通常用 0.5mm 厚的涂有绝缘漆的硅钢片冲压而成。在硅钢片的内圆上冲有一定形状的齿槽，在槽内嵌放三相对称的定子绕组，它是异步电动机的定子电路部分。三相定子绕组的六个出线端通常都引到电动机机座的接线盒内，可按需要根据电网电压将三相绕组接成 Y 形或 Δ 形，如图图 1-8-45 所示。定子三相绕组的连接方式由电源的线电压决定，当电动机电源线电压等于每相绕组的额定电压时，定子绕组应接成 Δ 形；当电源线电压为每相绕组额定电压的 $\sqrt{3}$ 倍时，定子绕组应接成 Y 形。机座就是电动机的外壳，它主要用来固定和支撑定子铁芯，材料一般选用铸铁。

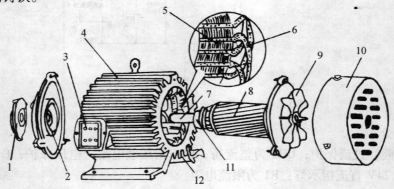

图 1-8-44 三相异步电动机的结构

1—轴承盖；2—端盖；3—接线盒；4—散热筋；5—定子铁芯；6—定子绕组；
7—转轴；8—转子；9—风扇；10—罩；11—轴承；12—机座

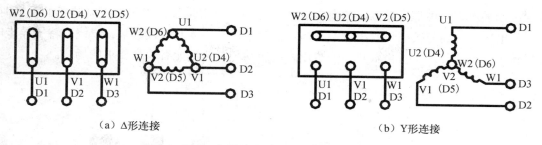

（a）△形连接　　　　　　　　　　　　　（b）Y形连接

图 1-8-45　三相异步电动机定子绕组的接线方式

异步电动机的转子主要由转子铁芯、转子绕组和转轴等组成。转子铁芯也是电动机磁路的一部分，用来安装转子绕组，也是由 0.5mm 厚的冲有齿槽的硅钢片叠压而成，固定在转轴上。转轴材料为中碳钢或合金钢，其作用是支承转子铁芯和传递转矩，要求有一定的强度和刚度。转子绕组的作用是产生感应电动势、流过电流并产生电磁转矩，它是异步电动机的转子电路部分。转子按结构不同又将电机分为鼠笼式和线绕式两种，如图 1-8-46 所示。

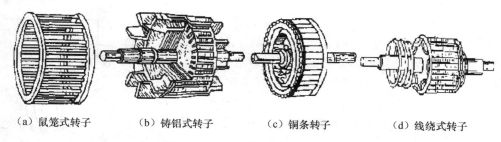

（a）鼠笼式转子　　（b）铸铝式转子　　（c）铜条转子　　（d）线绕式转子

图 1-8-46　三相异步电动机转子结构

鼠笼式绕组由转子槽中的裸导条以及在铁芯两端的端环组成，两个端环将所有转子导条短路，形成一个自行闭合的短路绕组。去掉铁心后，整个绕组的形状像鼠笼，如图图 1-8-49（a）所示，故称为鼠笼式绕组，具有这种绕组的转子称为鼠笼式转子，具有这种转子的异步电动机，称为鼠笼式异步电动机。中、小型异步电动机的鼠笼式绕组采用铸铝方式，将导条、端环、风扇叶片一起一次浇成，如图图 1-8-49（b）所示，称为铸铝转子。对于容量超过 100kW 以上的电动机，由于铸铝质量不易保证，常用铜条插入转子槽内，在两端焊上端环，如图 1-8-49（c）所示，称为铜条转子。鼠笼式转子结构简单，制造容易，价格便宜，运行可靠，因此应用比较广泛。

线绕式绕组是由嵌放在转子槽内的绝缘导线构成的对称三相绕组，具有这种绕组的转子称为线绕式转子，如图 1-8-46（d）所示，具有这种转子的异步电动机，称为线绕式异步电动机。线绕式转子绕组与定子绕组一样，也是三相对称绕组，转子三相绕组一般采用 Y 形接法，三相绕组的三个出线端分别与安装在转轴上并与转轴绝缘的三个集电环（简称滑环）相连，并通过安装在端盖上固定不动的电刷引出后，与外部电路（一般是变阻器）接通，如图 1-8-47 所示。

线绕式转子的特点是在转子回路中可以接入附加电阻或其他控制设备，以便改善电动机的启动性能和调速性能。在电动机启动以后和不需要调速时转子三相绕组是被短接的。为了减小电刷的磨损，中等容量以上的电动机还装有一种提刷装置，当移动提刷装置的手柄时，可以使电刷提起而与集电环脱离接触，同时使三个集电环彼此短接起来，线绕式转子异步电动机转子结构较复杂，价格较贵，一般用在对启动和调速性能有较高要求的场合。

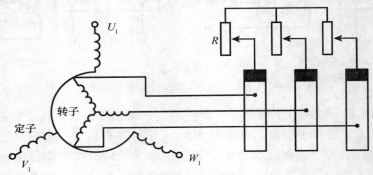

图 1-8-47　三相异步电动机转子绕组的接线

2. 电动机工作原理

三相异步电动机的工作原理是建立在定子绕组内通入三相交变电流，从而产生的旋转磁场与转子绕组内感应电流之间的相互作用的基础之上的。以定子绕组按 Y 形连接的三相异步电动机为例，为简单起见，假设每相绕组只有一匝线圈，分别放在定子内圆周的 6 个凹槽中。图 1-8-48 所示为三相异步电动机定子绕组示意图。

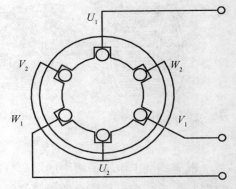

图 1-8-48　三相异步电动机
定子绕组示意图

三相绕组 U_1U_2、V_1V_2、W_1W_2 在空间上互差 $120°$，将 U_2、V_2、W_2 连接于一点，U_1、V_1、W_1 分别接三相交流电源，即为 Y 形连接。当定子三相对称绕组接到对称的三相交流电源后，在三相绕组中会产生对称的三相交流电流，从而在每一相中产生自己的交变磁场，合成后的磁场是一个旋转磁场。当线圈匝数为一时，产生的是两极旋转磁场，磁极对数 $p=1$，电流变化一周时，合成磁场在空间上旋转一周，旋转的方向与电流相序一致。当电流相序为 $U \to V \to W \to U$ 时，合成磁场的旋转方向也为 $U \to V \to W \to U$，如图 1-8-49 中的顺时针方向。如果改变任意两相的相序，即将连接三相电源的定子绕组中任意两根线对调，则可改变旋转磁场的方向。

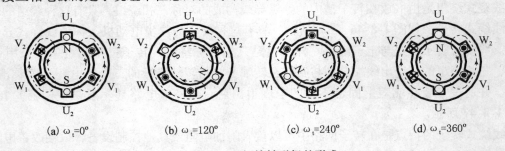

(a) $\omega_t = 0°$　　　(b) $\omega_t = 120°$　　　(c) $\omega_t = 240°$　　　(d) $\omega_t = 360°$

图 1-8-49　两极旋转磁场的形成

合成磁场产生的磁极对数与线匝的数量有关。如图 1-8-50 所示。当每相绕组由两匝线圈串联而成时，三相绕组应分别放在定子内圆周的 12 个凹槽中。当定子通入三相电流时，在 $\omega_t = 0°$ 时产生的磁场应该是四极磁场，磁极对数 $p = 2$。同理，可以证明当 $p = 2$，电流变化一周时，合成磁场在空间上旋转 1/2 周，即 180°。

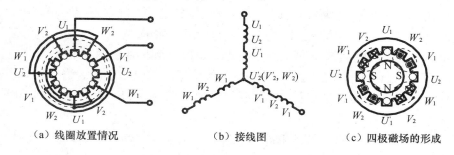

（a）线圈放置情况　　　　　（b）接线图　　　　（c）四极磁场的形成

图 1-8-50　四极旋转磁场的形成

由以上分析可知，当磁极对数为 p，电流频率为 f 时，电流每秒钟变化 f 周，此时，旋转磁场每秒钟转过 f/p 周。如果以 n_0 表示每分钟旋转磁场的速度，则有：

$$n_0 = \frac{60f}{p} \quad (\mathrm{r/min})$$

通常称 n_0 为三相异步电动机的同步转速。

图 1-8-51 所示为三相异步电动机的工作原理简图，当定子产生同步转速为 n_0 的逆时针方向旋转磁场时，相当于磁场不动，转子导体以速度 $-n_0$ 顺时针方向切割磁力线。转子导体切割磁力线，在导体中产生感应电动势，在转子绕组中产生感应电流。根据右手定则，可以确定图 1-8-51 中转子上半部导体中的感应电动势和感应电流的方向为由里向外穿出纸面，下半部导体中的感应电动势以及感应电流的方向为由外向里穿入纸面。由于转子感应电流的存在，根据安培力定律，转子在旋转磁场中会受到电磁力 f 的作用，其方向用左手定则确定，如图 1-8-51 所示。转子受到的电磁力对转轴产生了一个逆时针方向的电磁转矩 T。在电磁转矩的作用下，转子跟着旋转磁场沿同样的方向以某一转速 n 旋转。如果转子拖动生产机械，则作用在转子上的电磁转矩

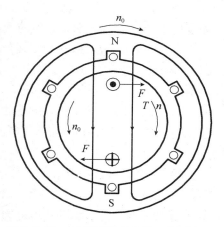

图 1-8-51　三相异步电动机工作原理

将克服负载转矩而做功，电动机输出机械功率，从而实现机电能量的变换。由于转子导体中的电动势和电流是导体切割旋转磁场的磁力线而感应出来的，因此三相异步电动机又叫感应电动机。

由于要克服负载转矩，异步电动机的转速 n 总是略低于同步转速 n_0。同步转速 n_0 和转子转速 n 之差与同步转速 n_0 的比值称为转差率，用 s 表示，即：

$$s = \frac{n_0 - n}{n_0}$$

转差率 s 是异步电动机的一个重要参数，它表示异步电动机的各种不同的运行情况。在

电动机启动时，转子转速 $n=0$，所以转差率 $s=1$。如果电动机所产生的电磁转矩足以克服机械负载阻力转矩，转子开始旋转，且转速不断上升，转差率不断减小。假如所有阻力转矩（包括电动机本身的轴承摩擦等）全部为零，则称电动机处于理想空载状态，转子转速理论上可以上升到同步转速 n_0，转差率 $s=0$。事实上，这种情况是不可能存在的。因为如果转子的转速与同步转速相等，且转向相同，则转子与旋转磁场之间就不存在相对运动，转子导体也不切割磁力线，转子导体中也就没有感应电动势和感应电流，电动机的电磁转矩也为零，转子不可能旋转。电动机速度与同步转速不可能达到同步，这也正是异步电动机称为"异步"的原因。在正常运动范围内，转差率的数值通常都是很小的。当电动机带额定负载时，转子转速与同步转速相差很小，转差率的取值一般为 $0.01 \sim 0.06$。而空载时，可以认为转子转速等于同步转速。

由于漏磁感抗 X_2 的存在，转子电流 I_2 在相位上比 E_2 要滞后 φ_2 角度。$\cos\varphi_2$ 叫做转子的功率因数。

3. 三相异步电动机的额定值

电动机生产厂家通常用额定值来表示电动机的运行条件，这些数据大部分标在电动机的铭牌上，铭牌一般标有下列数据：

1）电动机的型号。

2）额定功率 P_N。指在额定运行条件下，电动机轴上输出的机械功率。

3）额定电压 U_N。指在额定条件下，定子绕组端应加的线电压值，一般规定电动机的外加电压不应高于或低于额定值的 5%。

4）供电频率 f。指在额定运行条件下，定子外加电压的频率，$f=50\text{Hz}$。

5）额定电流 I_N。指在额定频率、额定电压和轴上输出额定功率的条件下，定子的线电流值。

6）额定转速 n_N。指在额定频率、额定电压和轴上输出额定功率的条件下，电动机的转速。与此转速相对应的转差率称为额定转差率 S_N。

7）工作方式。

8）绝缘等级或温升。

4. 力矩电机特点

交流力矩电机是塔机回转机构中经常使用的一种，与一般鼠笼式异步电机的工作原理完全相同，只是结构上有点差别。它是采用电阻率较高的材料（如黄铜、康铜等）作转子的导条和端环。因此，力矩电机的转子电阻比普通鼠笼式电机大得多，因而其机械特性不同。回转机构采用的是恒转矩特性的力矩电机，能在较宽的转速范围内保证转矩基本恒定。力矩电机允许长期低速运转（甚至堵住不动），但发热严重，通常采用外加风机强迫风冷。力矩电机通常采用调压调速。在要求提高机械特性硬度和调节精确的场合，不使用调压器调压，而采用可控硅速度负反馈控制电路进行无级调速。

5. 三相异步电动机的启动

三相异步电动机的启动和直流电动机一样，要求启动转矩尽可能大，而启动电流尽可能小。异步电动机在启动时，如果直接接入电网中，在启动的瞬间，由于转子与旋转磁场之间的相对速度非常大，在转子绕组中产生的感应电动势及感应电流也相当大，从而在定子绕中产生很大的启动电流。一般来说，此时的启动电流为额定电流的 5 ~ 7 倍，这种直接启动的方法只适用于小容量电动机的启动；而对于中、大容量的电动机，通常必须采取措施来限制其启动电流。鼠笼式异步电动机的启动通常采用直接启动和降压启动两种方法。线绕式异步电动机由于其转子绕组中可以串入电阻，一般采用转子串电阻分级启动或在转子回路中串频敏变阻器启动。

1）三相鼠笼式异步电动机的直接启动

直接启动就是利用闸刀开关或接触器把电动机的定子绕组直接接到具有额定电压的电源上，在额定电压下直接进行启动，如图 1-8-52 所示。

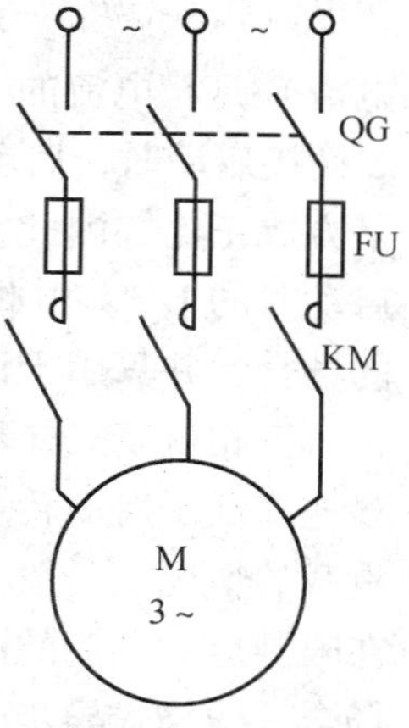

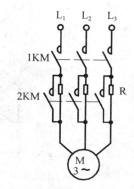

图 1-8-52 异步电动机的直接启动

这种启动方法的优点是操作和启动设备简单可靠，不需要附加启动设备。鼠笼式异步电动机能否直接启动，主要取决于电动机容量与变压器容量之比。一般规定：用电单位如有独立的变压器，则在电动机启动频繁时，其容量小于变压器容量的 20% 时允许直接启动；在电动机不经常启动时，其容量小于变压器容量的 30% 时允许直接启动。随着电力系统容量的不断增大，鼠笼式异步电动机采用直接启动的日益增多，数百千瓦的异步电动机也常可以采用直接启动。

2）三相鼠笼式异步电动机的降压启动

降压启动指的是启动时，降低定子电压 U_1，从而限制它的启动电流。由异步电动机的工作原理可知，启动电流 $I_{st} = N_2 I_2 / N_1 \propto U_1$；从前文可知，启动转矩与定子电压 U_1 的平方成正比。因此当降低定子电压时，启动电流会下降，但启动转矩下降得更多，可见降压启动的方法其带负载能力较差，只适合于轻载启动。降压启动的方法很多，有定子绕组串电阻或电抗器启动、Y—Δ 换接降压启动和自耦变压器降压启动等。

（1）定子绕组串电阻或电抗降压启动

这种降压启动方法的接线原理图如图 1-8-53 所示。启动时，1KM 接通，2KM 断开，在定子绕组电路中串入一个三相电阻器或电抗器 R，使电动机启动时一部分电压降落在电阻或电抗 R 上，于是加在电动机定子上的电压低于电网电压，从而减小启动电流。待电动机启动到接近额定转速时，2KM 接通，将电阻器或电抗器短接，使电动机在额定电压下正常运行。由于电动机的转矩与电压的平方成正比，所以电动机的启动转矩较小；同时，如果采用串电阻降压启动，则在电阻上的功率损耗较大，如采用串电抗器降压启动，当 2KM 短接电抗器时，电抗器储存的能量将产生较大的短路电流。这种方法仅用于要求启动转矩不大，启动不太频繁，但要求平稳启动的中等容量的电动机。

图 1-8-53 定子串电阻或电抗器的降压启动

（2）Y－Δ 换接降压启动

Y—Δ 换接启动的线路如图 1-8-54 所示。当 1KM 和 2KM 同时接通时，定子绕组为 Δ 接法，当 1KM 和 3KM 同时接通时，定子绕组为 Y 接法。电动机启动时，1KM、3KM 接通，采用 Y 接法，则实际加在定子绕组上的电压为相电压 U_1；当电动机速度上升到接近额定速度

n_N 时，1KM、2KM 接通，采用 Δ 接法，则实际加在定子绕组上的电压为电源线电压 $\sqrt{3}U_1$，相当于降低了电动机启动时加在定子绕组上的电压。

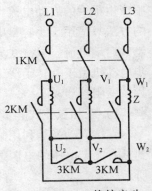

采用 Y 形连接启动时，定子绕组上的启动电流（线电流）与相电流相等，$I_{st}Y = U_1/Z$。直接启动时定子绕组上的启动电流（线电流）是相电流的 $\sqrt{3}$ 倍，即 $I_{st}Y = 3U_1/Z$。由此可看出，采用 Y—Δ 换接启动时，启动电流为直接启动时的 1/3。启动转矩与电压的平方成正比，因此，采用 Y—Δ 换接启动时，启动转矩也为直接启动时的 1/3。由此可看出，Y—Δ 换接启动只适用于轻载或空载的场合，并只用于正常运行时为 Δ 连接的电动机。

图 1-8-54　Y—Δ 换接启动

三相鼠笼式异步电动机通常采用降压启动的办法，这种方法在限制启动电流的同时，更多地降低了启动转矩，因此，鼠笼式异步电动机通常用在空载和轻载的场合，而对于大功率重载的情况，一般不能满足要求。线绕式异步电动机由于其转子绕组中可以串入电阻，可以在限制启动电流的同时，获得较大的启动转矩，因此，其启动性能好，常用在大功率重载的场合。线绕式异步电动机常用的启动方法有两种，转子回路中串电阻分级启动及转子回路中串频敏变阻器启动。本节仅介绍塔机常用的转子回路中串电阻分级启动。

3）三相线绕式异步电动机转子回路中串电阻分级启动的接线如图 1-8-55（a）所示。步骤如下：

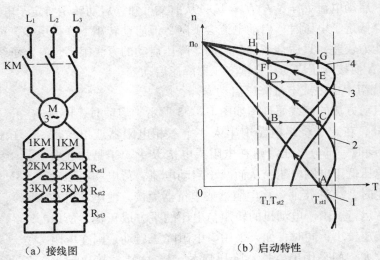

（a）接线图　　　　　　　　　（b）启动特性

图 1-8-55　转子回路中串电阻分级启动

（1）启动时，KM 闭合，1KM、2KM、3KM 断开，启动电阻 R_{st1}、R_{st2}、R_{st3} 全部接入转子回路中，其人为机械特性曲线如图图 1-8-55（b）中曲线 1 所示，由于启动转矩 T_{st1} 大于负载转矩 TL，电动机从启动点 A 开始在加速转矩的作用下升速。

（2）当电磁转矩减小到 T_{st2} 时，即在工作点 B 处，将 3KM 闭合，短接启动电阻 R_{st3}，启动电阻 R_{st1}、R_{st2} 接入转子回路中，人为机械特性曲线如图 1-8-55（b）中曲线 2 所示。由于机械惯性的作用，转速不可能产生突变，因此，工作点从 B 点平移到曲线 2 上的 C 点，然后，沿机械特性曲线 2 升速运行。

（3）同理，当电磁转矩减小到 T_{st2} 时，即 C 点，将 KM2 闭合，启动电阻 R_{st1} 接入转子回路中，人为机械特性如图 1-8-55（b）中曲线 3 所示。工作点从 C 点移到 D 点，再向 F 点运行。

（4）当电磁转矩减小到 T_{st2} 时，即 F 点，将 1KM 闭合，短接启动电阻 R_{st1}，所有启动电阻都不接入转子回路中，机械特性如图 1-8-55（b）中固有机械特性曲线 1 所示，工作点从 F 点平移到 G 点，然后沿着固有机械特性曲线从 G 点运行到额定工作点 F 点，最终稳定运行在 F 点，启动过程结束。在速度不断升高的过程中，电磁转矩慢慢减小，加速度也慢慢减小。为了获得较大的加速度，使电动机能快速升高到额定转速 n_N，缩短启动过程，线绕式异步电动机的启动通常分多级进行，且级数越多，转子电流及电磁转矩冲击越小，启动越平稳；但随着级数的增多，需要的控制设备设备也越多，维修越困难，在实际应用中通常采用三级或四级。如果串入转子中的电阻能够在启动过程中，随着速度的升高而自动减小，当速度达到额定转速时，串入转子中的电阻为零的话，就可以达到即不需要控制设备，又能使启动平稳的效果，而转子回路中串频敏变阻器的启动方法就能满足这两方面的要求。

6. 电动机调速技术

塔机的工作机构主要采用三相异步电机，交流调速。仅针对塔机机构采用的常用调速技术进行介绍。

1）变极调速

变极调速采用多速电机。所谓多速电机就是把定子绕组按不同接法形成不同的极数，从而获得不同的电机转速。中小型塔机常采用鼠笼式多速电机，即 YZTD 系列的塔机专用多速异步起升电机。其中 4/6/32 和 2/4/22 速比的三速电机由于高速起升和慢就位速度均满足塔机设计规范，在中小型塔机的起升机构上得到广泛使用。但由于受到鼠笼电机启动电流的限制，功率只能做到 24kW，适合用作 63t·m 以下塔机的起升电机，功率再大，会对电网电压造成较大冲击，工作不稳定。于是，高于 24kW 改为绕线式电机变极调速。因为绕线式电机的转子可以串接电阻，降低启动电流，提高启动力矩，从而可减小对电网的冲击。目前，绕线式双速电机的功率已经用到 60kW 左右。

不管是鼠笼式还是绕线式，变极方法基本都是定子绕组采用 △/Y 形接线法（图 1-8-57）。

由图可知，定子绕组有 6 个接头：u_1、v_1、w_1 和 u_2、v_2、w_2。当把三根火线接入 u_2、v_2、w_2 时，就是 △ 形接法，每相串联两个绕组，极数多，为低速；如把火线接入 u_1、v_1、w_1，并把 u_2、v_2、w_2 三点短接，就是 Y 形接法，每相并联两个绕组，这时极数少，为高速。

三速鼠笼电机还有一个低速极（如 32 极）是单独的一个绕组。绕线电机没有单独的低速极绕组，而是在转子绕组中串上电阻，软化其启动特性，同时在转子轴上加涡流制动器，强行把转速

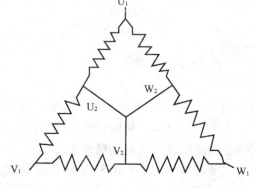

图 1-8-56　△/Y 形变极调速原理

拉下来。这时电机的负载很大，电流也大，只有串上电阻的转子才能承受。鼠笼式转子和不串电阻的绕线转子均不得加涡流制动器，否则很容易烧坏电机。

变极调速的控制电路必须满足两方面的要求：一是定子绕组要及时切断原来的绕组供电，同时接通另一极数的绕组。先断后接，中间只允许零点几秒的时间差，不允许两套接法同时通电，否则就会短路。因此，两种接法要有互锁。先断后接的时间差不能太大，因为时间差的这段时间中电机是没有驱动力的，这段时间如太长，吊重就会下滑。二是绕线电机的转子电路要及时串上电阻，还要及时接通涡流制动器的励磁电流，从而获得一个低速。随着速度加挡，要切断涡流制动器的励磁电流，然后逐步切除转子绕组上串联的电阻。不切断涡流制动器的励磁电流，只减小串联电阻是危险的，容易烧坏电机。因此，为安全起见，在电路上采取这样的设计：在最低挡接涡流制动器，第二挡切除涡流制动器励磁电流，第三挡切除部分电阻，第四挡切除全部电阻，第五挡从 8 极转换到 4 极。

2）调压调速

调压调速是根据异步电机的 $M-n$ 特性曲线，在一定的负载下改变电压，就会获得某一相应转速的原理而设计的。但是，现代的调压技术不再使用调压器概念，而是将 6 只可控硅串联在三相交流电路中，控制导通角的大小，来调节三相异步电机定子绕组的供电电压，从而实现电机转速的无级调速。在整个调速过程中，电机可能工作在电动机状态、发动机状态或反接制动状态，但必须保证外载荷力矩与电磁力矩的平衡，这是一个不断的调整过程，完全由电子元件来完成。调压调速的范围有限，故有时将调压调速与变极调速结合起来使用。

3）变频调速

变频调速系统靠变频器改变输入交流电机的电流频率，从而改变定子绕组中旋转磁场的转速（电机的同步转速）来实现调速的目的。工业频率电源经输入接触器进入进线滤波器和进线电抗器，除掉干扰电流。然后进入变频器中的整流器变为直流电，再经可控硅堆变为频率可变的三相交流电，经输出电抗器和正弦波滤波器，最后进入输出接触器供给变频电机。变频器内还设有相序控制端子，改变相序也就改变了电机的转向，实现电机的正反转控制。

（1）电机转速公式

$$n = \frac{60f_1}{p}(1-s) = \frac{60\omega_1}{2\pi p}(1-s)$$

式中

p——磁极对数；

s——转差率；

f_1——加到定子绕组上的交流电的频率。

由上式可知，利用交流异步三相电动机的转速与频率成正比的特性，通过改变电源的频率和幅度以达到改变电机转速的目的。

变频原理如图 1-8-57 所示，将交流电源通过整流回路变换成直流，变换后的直流经过逆变回路变换成电压、频率可调节的交流电。

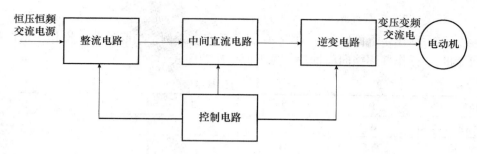

图 1-8-57 变频器原理

五、塔机电控系统的组成

电控系统通常由三部分组成：联动台、控制柜和电阻柜。联动台一般置于司机室中，控制柜和电阻柜一般安装在平衡臂的根部或者端部，有的小吨位塔机因为控制柜和电阻柜比较小，也有放置在回转平台上的情况。下面将分别介绍各部分的组成和功能。

1. 联动台

塔机的联动操纵台（图 1-8-58）位于驾驶室里面，司机座位两边左右各一个，右联动台掌管起升机构上升与下降的控制，以及行走台车的控制、总启动、紧急停止；左联动台掌管小车前后变幅、回转左右运行及回转制动等。由两个操作手柄直接控制联动台里面的组合开关的闭合与断开来达到操作塔机工作的目的。

（a）左联动台

（b）右联动台

图 1-8-58 联动操作台

联动台中间的操作杆称为主令开关，当机手进行塔机操作时，将手放在主令开关上，自然将置于其顶端的微动开关按下，此时主令开关方可进行前后、左右运动。微动开关是弹簧自复位形式的，如果微动开关没被按下，主令开关将自动锁死，无法动作。此项设计是为了防止操作手在离开操作平台或者进行其他动作时不小心碰到主令开关而引起误操作。联动台上应有电源指示、超载报警指示等，以便司机了解塔机的运行状态。联动台上应设置在紧急情况下可迅速断开总动力电源、停止所有机构运动的红色急停按钮。急停按钮是非自动复位式的，并设置在司机操作方便的地方。

表 1-8-1 所示，当操作杆在空挡的时候，1 所指示的开关呈闭合状态，常闭形式，该开

关为零挡位开关；2~5 所指示的开关都为打开状态，常开形式。内部开关的动作顺序可以根据实际情况而制作，下面以中联 TC5610 起升操作台为例，当起钩时，操作手柄向后逐挡搬动，下钩时，操作杆逐挡向前推动，见下面动作顺序表。

表 1-8-1　动作顺序表

挡位	1	2	3	4	5
空挡	●				
起钩一挡		●			
起钩二挡		●		●	
起钩三挡		●		●	●
下钩一挡			●		
下钩二挡			●	●	
下钩三挡			●	●	●

联动操作台里面是一个万能转换开关，由几个按钮开关组合在一起工作，所用的是开关的常开触点。不同挡位，各开关吸合动作也不相同。同一机构的正反转不能同时闭合，联动台内有机械联锁装置，面板上安装有主令开关、电源指示灯、报警灯、功能按钮等。还画有各大机构运动方向的图标（图 1-8-59），各图标说明见下表（表 1-8-2）。

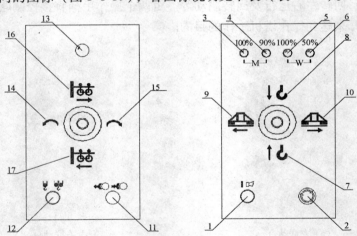

图 1-8-59　联动操纵台面板

表 1-8-2　联动操纵台面板符号说明

No.	Component/Icon	Operation/Control element	Meaning/Function
1	〖 📢	"Start/Horn" Button	电控系统启动控制按钮。此按钮同时也是电笛控制按钮。
2	↺	"EMERGENCY STOP" Button	当出现异常的情况时，紧急切断控制系统电源的操作按钮，同时也可在正常停止工作时使用。该按钮为自锁式，按下后，需旋转才能释放

No.	Component/Icon	Operation/Controlelement	Meaning/Function
3	100% ⊘ └─M─	"Over 100% moment rated" alarm lamp	当负载力矩超过额定力矩的100%时，该报警灯亮
4	90% ⊘ ─M─┘	"Moment early – warning" alarm lamp	当负载力矩超过额定力矩的90%时，该报警灯亮
5	100% ⊘ └─W─	"Over weight rated" alarm lamp	当吊重超过额定起重量的100%时，该报警灯亮
6	50% ⊘ ─W─┘	"Over 50% Weight rated" alarm lamp	当吊重超过额定起重量的50%时，该报警灯亮
7	↑	Hoisting direction	当右联动台手柄向此方向操作，吊钩向上运行
8	↓	Lowing direction	当右联动台手柄向此方向操作，吊钩向下运行
9	←	Traveling forward direction	当右联动台手柄向此方向操作，行走台车向前运行
10	→	Traveling backward direction	当右联动台手柄向此方向操作，行走台车向后运行
11		"Slewing/Brake" control switch	当该旋钮向左旋转，回转制动器释放，吊臂可以旋转；当该旋钮向右旋转，回转制动器投入工作，吊臂不可旋转
12		"Cancels limit switch" Button	当更换倍率或进一步内收小车时，按下此按钮，可使控制系统不受限位信号限制，继续驱动起升或变幅机构运行
13	⊘	"START" indicator	当电控系统处于启动、运行状态时，该指示灯亮
14	↶	Slewing leftward direction	当左联动台手柄向此方向操作，回转机构向左旋转
15	↷	Slewing rightward direction	当左联动台手柄向此方向操作，回转机构向右旋转
16	→	Trolley out direction	当左联动台手柄向此方向操作，变幅机构向外运行
17	←	Trolley in direction	当左联动台手柄向此方向操作，变幅机构向内运行

2. 控制柜

控制柜是电控系统的主体，通过控制柜内的电气元件的动作，来传递控制命令及动力电源给各大机构，用以驱动整个塔机的运行。

现在塔机的控制柜一般会在驾驶室内设计一个驾配箱。驾配箱也叫驾驶室配电箱，用来给整个塔机电控系统以及驾驶室内的用电设备供配电。驾配箱一般固定在塔机驾驶室的内壁上。因为驾驶室内工作环境相对较好，一般将整个电控系统的控制核心——控制器放置在驾配箱内。根据就近控制原则，也有将回转机构或者变幅机构的控制放在驾配箱中的。为了便于司机对整机电源的控制，驾配箱上应有整机的电源开关，以及便于司机观察的电压表或者电流表。根据用电安全要求，驾配箱上应贴有用电指示标识；电源开关应与驾配箱的柜门开关设计联动装置，只有断开电源开关方可打开驾配箱，便于安全检修。

因为驾驶室内的空间有限，并且有些电气元件在动作时存在噪声污染或热污染，故会在驾驶室外设计控制柜，装配这些电气元件，如大电流接触器、变频器等。同样根据就近控制原则，室外的控制柜一般靠近其对应控制的机构。

（1）柜内导线颜色选用标准

①主回路动力线：黑色。

②交流控制回路：红色。

③直流控制回路：蓝色。

④中性线：淡蓝色。

⑤地线：黄绿色。

（2）主回路相序排列习惯（表1-8-3）

表1-8-3　主回路相序排列问题

相序	垂直排列	水平排列	前后排列
A 相	上方	左方	远方
B 相	中间	中间	中间
C 相	下方	右方	近方
正极	上方	左方	远方
负极	下方	右方	近方
中性线（接地中性线）	最下方	最右方	最近方

3. 电阻柜

电气控制中，在调速时一般需要使用到电阻。该用途因所需功率较大，电阻的体积也随之增大，需要增加防护罩，成柜体装配。因电阻通电发热的特性，电阻柜一般都置于室外，柜体需考虑通风设计，用来排放电阻释放电流时散发的热量。

根据不同的电机控制方式（或者叫做调速方法），电阻的作用基本分为两类：一是串在电机的绕组上，用以软化启动特性；二是接在变频器上，用以消耗变频调速时产生的再生电能。当前在变频泄能设计上采用的电阻类型有很多，如无感波纹电阻、金属电阻等。金属电阻具备体积小、发热量小、阻值受温升影响小等特点，在行业内广泛使用。

六、怎样看塔机电路图

工作中塔机突然发生故障，十之八九是电气问题。很多塔机开得很好的老师傅，面对电气故障往往束手无策。打开电气柜，排列整齐的电气原件都很熟悉，但它们是如何连接的？哪里出了问题？却是一头雾水。有时候凭经验捣鼓几下，偶然还能奏效，但是知其然不知其所以然，不知道发生故障的原因，以及根本上防止的办法。特别是遇到新型塔机，原来的经验也派不上用场了。所以在进行塔机使用、维修时，必须首先学会看懂塔机电路图。而看懂塔机电路图并不难，只要掌握下面两个方法就行。

1. 掌握塔机电路图的看图方法

塔机电路图也称塔机电气原理图，是指导塔机使用、维修的重要技术资料。电路图是用图形符号并按工作顺序排列，详细表示电路、设备或成套装置的全部组成和连接关系，表示电流从电源到负载的传送情况和电气元件的动作原理，不表示电气元件的结构尺寸、安装位置和实际配线方法的一种简图。

电路图通常由电源、控制开关、用电设备和连接线四个部分组成，如果将电源设备、控制设备和用电设备看成元件，则电路由元件与连接线组成，或者说各种元件按照一定的次序用连接线连接起来就构成一个电路。

看电路图要先清楚图中符号所表示的含义。看图步骤是：从左至右、从上到下，先看主电路，再看辅助电路、控制电路。主电路是供给电气设备电源的，它受辅助电路的控制。而辅助电路是供给控制电器电源的，也是控制主电路动作的电路。控制电路一般是由开关、按钮、信号指示、接触器、继电器线圈和各种辅助触点构成。控制电路由各种典型电路（如延时电路、联锁电路、顺控电路等）组合而成，用以控制主电路中受控设备的"启动"、"运行"、"停止"，使主电路中的设备按设计程序要求工作。

2. 了解塔机电气原理图的制图原则

1）电路图中各电气元器件，采用国家标准《电气制图电路图》（GB 6988.2）、《电气简图用图形符号》（GB/T 4728）规定的图形符号绘出，用国家标准文字符号标记。

2）电路图一般分主电路和控制电路两部分：主电路包括从电源到电动机的电路，是大电流通过的部分，用粗线条画在原理图的左边。控制电路是通过小电流的电路，一般是由按钮、电气元件的线圈、接触器的辅助触点、继电器的触点等组成的控制电路、照明电路、信号电路及保护电路等，用细线条画在原理图的右边。

3）需要测试和拆、接外部引出线的端子，用图形符号"空心圆"表示。电路的连接点用"实心圆"表示。

4）电路图采用电气元件展开图的画法。同一元件的各部件可以不画在一起，但文字符号相同。若有多个同一种类的电气元件，在文字符号后加上了数字序号的下标，如 KM1、KM2 等。

5）所有按钮、触点均指没有外力作用和没有通电时的原始状态。

6）控制电路的分支电路，原则上按动作顺序和信号流自上而下或自左至右的原则绘制。

7）电路图按主电路、控制电路、照明电路、信号电路分开绘制。直流和单相电源电路用水平线画出，一般画在图样上方（直流电源的正极）和下方（直流电源的负极）。多相电源电路，集中水平画在图样上方，相序自上而下排列。中性线（N）和保护接地线（PE）放在相线之下。主电路与电源电路垂直画出。控制电路与信号电路垂直画在两条水平电源线之间。耗电元件（如电器的线圈，电磁铁，信号灯等）直接与下方水平线连接，控制触点连接在上方水平线与耗电元件之间。

8）电路中各元器件触点图形符号，当图形垂直放置时以"左开右闭"绘制，即垂线左侧的触点为动合触点，垂线右侧的触点为动断触点。当图形为水平放置时以"上闭下开"绘制，即在水平线上方的触点为动断触点，在下方的触点为动合触点。

七、塔机工作机构的典型控制电路

塔机电控系统根据塔机实际控制需求的不同，可能存在多种组合形式，但均是基于电机拖动控制和安全保护而设计，由各个运行机构的供电回路、控制回路、安全保护回路、辅助功能回路等构成。

1. 起升机构

1）三速电机的调速及控制系统分析

在中、小塔机的起升机构上，最常用的是三速电动机，下面以 TC5013 型塔机的起升电路为例加以分析说明。其主电路见图 1-8-60。

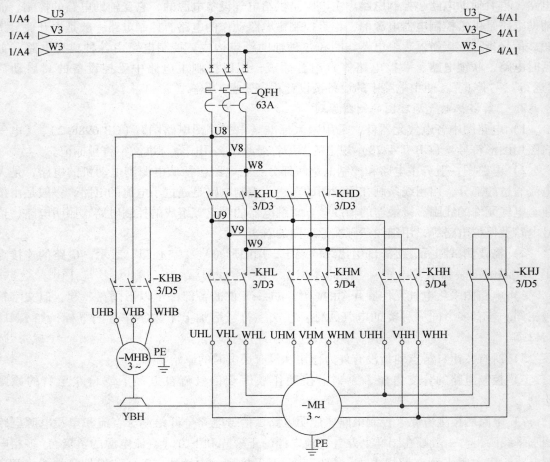

图 1-8-60 三速电机主回路图

工作原理：外电源接通后，按下启动按钮使 QFH 接通，然后视需要上升或下降，上升时 KHU 接通，下降时 KHD 接通，当操作手柄放在上升或下降一挡时，KHL 接通，电机以低速启动运行；当操作手柄放在二挡时，KHJ、KHM 接通，电机以中速运行；当操作手柄放在三挡时，KHH 接通，电机以高速运行。在 KHU 或 KHD 接通时，通过 KI – IB 使制动器通电松闸。其间每挡均有时间继电器延时，以免司机误操作（如从 0 直接操作到第三挡）而造成速度冲击。控制回路图见图 1-8-61。

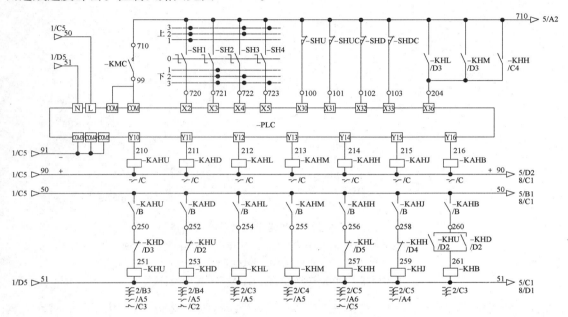

图 1-8-61　三速电机控制回路图

联动台起升挡位开关信号及起升限位器等信号由可编程控制器 PC 的输入端输入可编程控制器，可编程控制器通过逻辑运算、分析后，发出指令，由可编程控制器输出端子输出相关信号，使有关接触器通电或断电，从而操纵起升机构按照需要的速度工作。

2）双速绕线电机带涡流制动器调速及控制系统分析

工作原理：以长轮电机厂生产的 YZRDW 型单滑环的双速绕线电机为例，该电机在低速运行时，要求将高速绕组短接。这种单滑环的双速绕线电机是一种特殊的绕线电机，定子有两套绕组，一般速比为 4/8 极，转子采用特殊接线方式，在 8 极运行时，与普通绕线电机一样，可以配合涡流制动器得到低速，而在 4 极运行时，转子自动短接，相当于一个鼠笼电机运行，主回路见图 1-8-62。

2. 回转机构的电气控制系统

回转机构是塔机四大机构中工况最为复杂的一个机构，它不但受到吊重大小的影响，还要受到惯性力、风力的影响，特别是现在塔机起重臂设计得越来越长，所以对调速和控制系统的性能要求也就更高。回转机构常用的调速系统有：

1）绕线电机转子串电阻与液力耦合器配合，使启动、换速和停车减小冲击，但顺风时停车不方便，要打反车，这是最常用的一种调速方式。

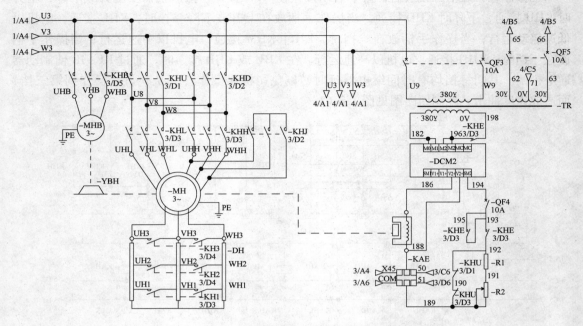

图 1-8-62　双速绕线电机带涡流制动器主回路图

KHB—起升制动接触器；KH—起升接触器；MHB—液压推杆制动器电机；

MH—起升电机；MBL—风机电机；

FRBL—热继电器；YBHE—升涡流制动器；KHE—起升涡流接触器

2）绕线电机转子串电阻，与涡流制动器相配合，这种调速方式适用于一个回转机构上，对两个回转机构由于涡流制动器的特性差异较大，往往容易造成一个电机过载而损坏电机。

3）定子调压调速：一般采用闭环系统（也有采用开环的），能实现无级调速，电机需采用力矩型电机或绕线电机转子串电阻。

4）变频调速：通过改变电源频率来改变电机转速，可以实现真正的无级调速。

图 1-8-63 为变频调速回转机构的主回路图。

工作原理：外电源接通后，按下启动按钮，使 QFS 接通，使三相电源输入回转变频器 SINV，回转变频器通过可编程控制器提供的指令。改变电源频率后输出给回转电机 MS，从而使回转电机实现无级调速。回转涡流制动器 YBSE 在回转过程中起一个恒定负载的作用，各挡的涡流值大小由可编程控制器中的软件程序设置而定，从而产生所需要的不同负载。在涡流制动器的配合下，盘式制动器 YBS 可在重物就位停稳时固定起重臂，起到不让其被风吹动的作用，不能在回转过程中用它制动。回转机构的控制回路见图 1-8-64，联动台回转挡位开关信号及回转限位信号由可编程控制器 PC 的输入端输入可编程控制器，可编程控制器通过逻辑运算、分析后，发出指令，由可编程控制器输出端子输出相关信号，指示回转变频器 SINV 按照不同的频率工作，从而达到稳定调速的目的。

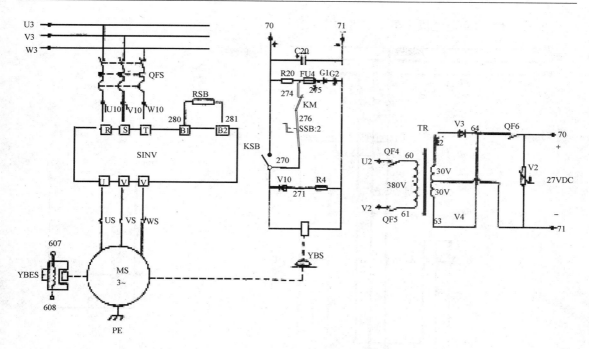

图 1-8-63　变频调速回转机构主回路图

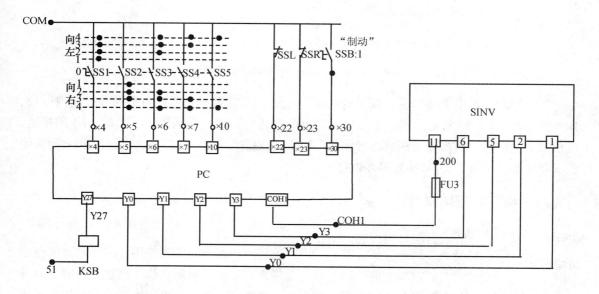

图 1-8-64　变频回转机构控制回路图

3. 小车变幅机构的电气控制系统

　　小车变幅机构是塔机四大机构中对调速性能要求较低的一个机构。因为是平移机构，故一般以起重臂的长短来确定不同的调速方式。起重臂较短的，如 30m 以内一般用单速电机，只有一个速度；臂长在 30～50m 的采用双速电机，小车有两个速度；臂长在 50m 以上，则最好采用变频无级调速。

图 1-8-65 为双速电机小车变幅机构主回路图。

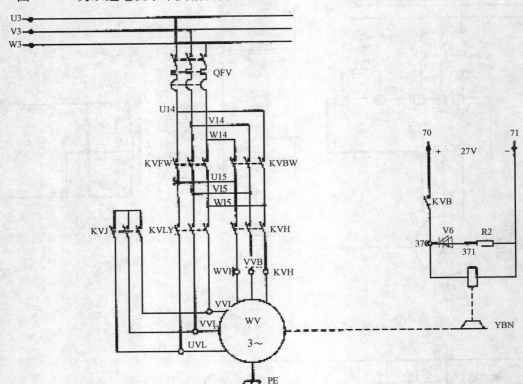

图 1-8-65　双速电机小车变幅机构主回路图

工作原理：外电源接通后，按下启动按钮，使 QFV 接通，然后视需要向外或向内变幅，向外变幅时，KVFW 接通；向内变幅时，KVBW 接通，当操作手柄放在一挡时，KVH 接通，电机以低速运行；当操作手柄放在二挡时，KVJ、KVL 接通，电机以高速运行，YBV 为常闭盘式制动器，只有在 QFV 接通时才被打开。

八、电控系统的操作

1. 刀开关的操作

刀开关装在塔身底部第一节加强节上的刀开关箱内，起电源隔离作用。操作时将暴露手柄往上推则刀开关闭合。三相电源通过上行电缆送入驾驶室配电箱。将手柄往下拉时，刀开关断开，塔机上部失电。刀开关闭合后，驾配箱上的电压表将指示输入电压值。如果电压表无显示或电压不符要求，则必须查清原因方能进一步操作。司机下班后，如果仍需点亮障碍灯，可以不拉断刀开关，但空气开关必须关断。

2. 照明断路器的操作

照明断路器位于驾配箱内自动空气开关的右侧，为一单极自动断路器。主要用作各种灯、电笛、用户取暖设备的短路保护。当照明断路器合上（将断路器的小手柄往上扳）后，照明电路得电（单相220V）。这时操机手可以通过驾配箱上的三个开关控制室灯、投光灯、障碍灯的点亮。照明断路器合上后不必每次下班时拉断。

3. 空气开关的操作

只有在现场准备就绪，司机就位开始作业时，才能合上空气开关。合开关前先检查电压表的读数看是否正常。空气开关位于驾配箱的下部。其操作手柄暴露在箱门外，便于司机操作。将手柄往上扳，开关合上；往下扳开关切断。塔机除照明外所有机构、控制箱柜等的电源均由此空气开关控制。

以下情况必须立即切断空气开关：

1）遇到危险情况而电控系统失灵时（如接触器触头烧粘、联动台上的急停按钮失灵等）。

2）司机下班或因事离开驾驶室时。

4. 启动与急停按钮的操作

1）启动按钮（绿色）位于右联动台面板上。它是一个双功能按钮，即：启动和电笛功能。无论何时，只要驾配箱内的照明短路器合上，都可以控制电笛的鸣响。此外，仅当空气开关闭合后，按下此按钮，系统才可能启动（主回路的总接触器和控制回路的总接触器接通）。

系统启动时操机手将听到蜂鸣器发出的"嘀"声，持续时间 2 秒；同时回转小车箱上的四只报警灯闪烁四次，然后蜂鸣器停止发声并且报警灯熄灭，左联动台上的绿色"启动"指示灯亮。如果在按下启动按钮后无此反应，表明启动不成功。启动不成功时，联动台上的手柄就没有作用。

2）急停按钮也位于右联动台的面板上，为一红色自锁式蘑菇头按钮。与启动按钮相反，急停按钮的作用是切断主回路的总接触器和控制回路的总接触器，从而使各机构紧急停车。当塔机运行遇到危急情况，来不及按正常程序停车或操作手柄失控时，必须立即按下急停按钮。而非紧急情况下，不得使用急停按钮作正常停车用。否则会产生很大的冲击，可能损坏塔机。

九、系统提示与报警信号

操机手在使用联动台手柄操作时，每次换挡时都会听到一声"嘀"的提示声。操机手应熟悉系统提供的以下各种报警信号。

1. 超力矩信号

当起重力矩超过最大允许值时电控系统会作如下反应：

1）回转小车箱上的红色"超力矩"报警灯闪烁。

2）回转小车箱内的蜂鸣器发出连续的"嘀嘀嘀嘀"四声报警声。

3）主钩的上升运动被禁止。

4）小车的向外运动被禁止。

解除办法：向内变幅。

2. 超重量信号

当起重量超过最大允许值时电控系统会作如下反应：

1）回转小车箱上的红色"超重量"报警灯闪烁。

2）回转小车箱内的蜂鸣器发出连续的"嘀嘀嘀"三声报警声。

3) 主钩的上升运动被禁止。

解除办法：下降，减轻吊重。

3. 力矩预警信号

当起重力矩超过最大允许值的90%时电控系统会作如下反应：

1) 回转小车箱上的黄色"力矩预警"报警灯闪烁。

2) 仅当向外变幅时回转小车箱内的蜂鸣器才发出连续"嘀嘀"两声报警声。

3) 向外变幅时没有高速；如正在以高速向外变幅时会突然减至最低速。

4. 超重换速信号

当起重量超过最大允许值的50%时电控系统会作如下反应：

1) 回转小车箱上的黄色"超重换速"报警灯闪烁。

2) 仅当试图以第五挡进行升降操作时蜂鸣器才发出连续的"嘀"一声报警声。

3) 升降操作时第五挡没有反应。

5. 超高限位信号

当吊钩高度已达最大允许值时电控系统会作如下反应：吊钩的上升运动被禁止。

6. 超高减速信号

上升时当吊钩高度距超高限位只有几米远时电控系统会作如下反应：吊钩的上升运动被强行减速到低速挡。

7. 变幅外限位信号

当小车已开到臂头时电控系统会作如下反应：小车的向外运动被禁止；如正在向外变幅会突然停止。

8. 变幅外减速信号

外行时当小车已开到距臂头只有几米远时电控系统会作如下反应：小车的向外运动没有高速；如正在以高速向外变幅会突然减至最低速。

9. 变幅内限位信号

当小车已开到臂根部时电控系统会作如下反应：小车的向内运动被禁止；如正在向内变幅会突然停止。

10. 变幅内减速信号

内行时当小车已开到距臂根部只有几米远时电控系统会作如下反应：小车的向内运动没有高速；如正在以高速向内变幅会突然减至最低速。

11. 回转左限位信号

当吊臂向左回转超过一圈半时电控系统会作如下反应：吊臂的向左回转运动被禁止；如正在向左回转会突然失电。

12. 回转右限位信号

当吊臂向右回转超过一圈半时电控系统会作如下反应：吊臂的向右回转运动被禁止；如正在向右回转会突然失电。

13. 过欠压保护信号

当供电电压大于110%额定电压或低于85%额定电压时，回转小车箱上的红过欠压指示灯会亮。如果过欠压指示灯长期亮，请不要启动和工作，以免损坏电机和电器。

第九节　塔机液压顶升系统及内爬装置

一、液压顶升系统

上回转自升式塔机或者内爬式塔机，都要有液压顶升装置。配合爬升套架或内爬装置完成自升功能或内爬功能。

1. 液压传动的优点

现代塔机的顶升以及下回转快速安装塔机的竖塔，大多采用液压传动系统，很少用机械传动系统，这是因为液压传动具有下面一些优点。

1）液压传动能无级调速，运转平稳，而且可以通过换向阀随时改变油液进去的方向，没有什么大的冲击。

2）液压传动易于实现直线往复运动，特别适合于顶升和起扳。各液压元件之间只要用管路连接起来就可，便于通用化和标准化。便于组织大批量生产，以降低成本和提高质量。其输出端能随机械的需要而自由地安装，不受限制，便于机器的总体布置。

3）结构紧凑、重量轻、力量大，而且液压油本身有一定的吸振能力，因此工作平稳。液压系统的惯性小、启动快，易于实现无冲击地变速和换向。

4）液压传动工作介质本身就是润滑油，各元件自行润滑，工作噪声小，可以减轻工人的劳动强度。

2. 液压传动的缺点

液压系统也有其缺点。最主要的缺点是液压元件都是精密件，对制造、安装要求很高，微小的制作偏差或密封材料不过关，就会引起渗漏和失压，油内的污染杂质可堵塞小孔，使工作系统失效。管道破裂时，高压油射出来也可能伤人，所以使用液压系统仍须高度注意。

3. 液压传动的工作原理

液压系统传动的工作原理是：受压液体介质，只传递压强，而其力的方向总是与液体的界面垂直。我们知道：作用在一个面上的力，等于其面积与压强的乘积。只要我们能设法提高液体的内压强，再把活塞面做得足够大，我们就可以在活塞上获得相当大的压力，这就是液压缸的作用。而增加压强，我们可以用小活塞去实现。每个小活塞受的力不大，但要足够快的运动速度，才能获得足够的高压介质的流量，这就是液压泵的作用。

液压系统的动力源是一台电机带动的一个油泵。电机为普通的鼠笼式电机，因为它无需调速和制动。泵按压力高低的不同，可以是叶片泵、齿轮泵和柱塞泵，以叶片泵压力最低，柱塞泵压力最高，用得最多的是齿轮泵，压力正处于中高档。

液压油从油箱经过泵加压以后，首先有一个压力表显示压力，然后有一个溢流阀来控制系统最高压力。溢流阀也叫安全阀，它有一个辅助接口，使阀芯能在高压油推动下移动，直到接通主通道，使压力油直接回油箱。溢流压力的大小由人为调节，这样就可保护泵不至于在过高的压力下工作。

在顶升回路里有一个换向控制阀，简称为换向阀。一般采用三位四通的手动换向阀。顶升液压缸是双向可逆的，其中没有活塞杆的一端叫油缸大腔，有活塞杆的一端叫小腔。所谓三位，是指换向阀有三个操作位置，即：中间位、顶升位、回缩位。当处于中间位时，进油口与回油口直通，高压油直接回油箱，活塞不动作。当打入顶升位时，进油口通油缸大腔，回油口接小腔，油缸活塞杆慢慢伸出，实现顶升作业。当打入回缩位置时，进油口通小腔，回油口接大腔，这时活塞杆回缩。

在顶升作业中，塔机上部的重量始终给油缸一个很大的压力，如果不采取特别的措施，换向控制阀打到回缩位，在塔机上部的重量的压力下，无需开动油泵，液压油就会很快流回油箱，使塔机上部快速下降，引发事故。为了保障油缸工作的安全平稳，设计时无论大腔或小腔，回油口必须通过平衡阀才能通往油箱。平衡阀由一个单向阀和一个溢流阀组成，它像半导体二极管一样，具有单向导通的功能，它容许液压油往一个方向自由通过，另外一个方向通过则需要具备一定的条件。而打开平衡阀的条件就是打开溢流阀的压力需要大于塔机上部重量的压力，即光靠塔机上部重量的压力是无法使油缸动作的。

同时回油速度也要受到压力控制，这就是所谓背压。为什么回油压力要控制呢？因为活塞在某个速度下，大腔和小腔排油量是不相同的，如果油液自由排出，会造成压力的随便升降，活塞两侧受力就不稳定，活塞杆工作就不稳定。平衡阀一般与油缸直连，不再设管，这样，即使进油口压力油管破裂，有平衡阀锁住回油腔，也不至于有油缸突然回缩使上部重量自由落下的危险。

液压系统最怕脏东西堵塞小孔，因为小孔堵塞会导致功能失常，从而使系统出故障。为此液压油要求非常清洁，不含杂质。为此，在回油口要设过滤网，以吸附油内杂质。过滤网还要经常清洗，把网上杂质清除干净。

液压顶升装置，其功能只是起一个把几十吨重的塔机上部结构向上顶起来的作用，本身并不复杂。然而用在塔机上，要保障安全，却对它有一些特别的要求。对顶升系统，除了满足最大起重量和升降速度要求外，尚需满足调速性能好，换向冲击小，升降平稳，无爬行现象，切断油路时无缓慢下降现象。

上回转自升式塔机所采用的液压顶升装置，将液压油缸设置在标准节内的属于中央顶升系统，设置在顶升套架一侧的属于侧置顶升系统。这两种液压顶升系统均由液压泵站、液压油缸、平衡阀、换向阀及附件等组成，均以液压油缸为顶升的执行元件，通过活塞杆的伸缩来完成对塔机的顶升加节和降塔减节。

1）液压原理图（图 1-9-1）

2）电气原理图（图 1-9-2）

按图示要求将系统连接好后，工作时将断路器合上通电，此时手动换向阀的操纵手柄位于中位，液压泵输出的液压油经回油过滤器后直接回油箱，系统卸荷。操纵手柄向上扳到位时，油缸的活塞杆伸出，顶升系统开始顶升；操纵手柄向下扳到位时，顶升系统开始下降，油缸的活塞杆

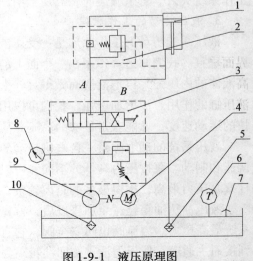

图 1-9-1　液压原理图

1—顶升油缸；2—平衡阀；3—手动换向阀；4—电机；5—回油过滤器；6—液位测温计；7—空气过滤器；8—压力表；9—斜轴式定量泵；10—吸油过滤器

收回。不工作时将断路器关掉断开电源。

4. 液压传动元件

液压传动是指在密闭工作容积中，用液体作为工作介质来变换和传递能量的一种综合装置。在任何一种液压系统中，压力是靠油液的运动来建立的，压力的大小取决于外载荷。用来完成压力能传递的液压传动元件可分为四类：

1）液压动力元件

主要指液压泵，其功能是将机械能转换为液体的液压能。表示液压泵性能的主要参数为工作压力 P 和输出流量 Q。液压泵按其结构分为齿轮泵和柱塞泵。

2）液压执行元件

指的是液压油缸，其功能是将液体的压力能转换为机

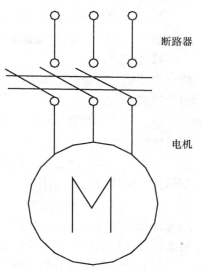

图 1-9-2　顶升电气原理图

械能。塔式起重机的液压油缸主要是双作用单杆活塞缸（图 1-9-3）。由于是双向液压驱动，因此两个方向均可获得较大的牵引力；且由于两腔有效作用面积不等，无杆腔进油时牵引力大而速度慢，有杆腔进油时牵引力小而速度快。这一特点完全符合塔机顶升时的工作情况。当塔机顶升时，要求推力要大，但速度要慢，把大重量的塔机上部缓慢顶起，使顶升作业能安全进行，这时恰好是无杆油腔进油。而塔机下降时，牵引力较小，这时是有杆油腔进油。这一特点与一般机械的作业要求基本相符，即工作行程要求力大速度慢，而回程则要求力小速度快。

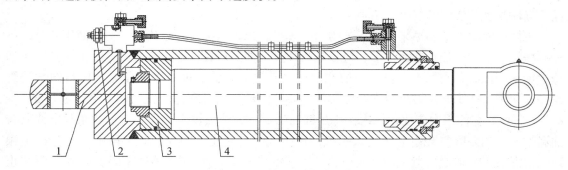

图 1-9-3　双作用单杆活塞缸

1—油缸体；2—平衡阀；3—活塞；4—活塞杆

3）液压控制元件

指各类阀，其功能是控制液压传动系统中液体的压力、流量、方向，从而使工作装置完成预期的动作。阀可以分为以下几类：

（1）压力控制阀：简称压力阀，用来控制液流的压力，满足工作机构载荷变化的要求，如保持系统的一定压力、限制系统的最高压力、实现一定的工作顺序等。常用的有溢流阀、减压阀、平衡阀和顺序阀等。

（2）流量控制阀：简称流量阀，用来控制液压系统中的液流流量，以实现工作机构速度变化的要求。常用的有节流阀和调速阀。

（3）方向控制阀：简称方向阀，用来控制液压系统中液流的方向，以实现改变动作方向的要求。常用的有单向阀、换向阀。

4）液压辅助元件

指油箱、滤油器、接头、密封件、冷却器等，其功能是在液压传动中协助和完善能量传递，保证系统正常工作。

（1）油箱的作用是储油、散热、沉淀杂质和分离出油中的空气及气泡等。油箱一般由钢板冲压、焊接而成。其容积应保持工作时有适当的油面高度，能散发正常运行中产生的热量，分离液压油中的空气、脏物和异物。一般根据系统的压力、流量、使用环境及冷却条件等因素，储油量取为液压泵额定流量的 2～6 倍。

（2）滤油器用来清除油中的杂质（包括油的分解物，系统外部进入的脏物和尘土，液压元件在工作过程中的磨损物等），使之不再进入液压系统的各组成元件中去。因此，滤油器是保证液压系统正常工作的必不可少的辅件。

（3）油管用来将液压系统中各种液压元件连接起来构成循环回路，以达到传递能量与控制的目的，主要采用冷拔无缝钢管和耐油橡胶软管。

（4）管接头是连接各液压元件和管路构成系统的必不可少的组件。管接头的形式繁多，主要有卡套式接头、活动铰接头、快速接头、中心回转接头、胶管接头等。

5. 液压油

由于塔机液压系统的压力、流量和温度等参数随着工况的变化而变化的范围很大，故要求选用的液压油能适应这种变化，并长期保持稳定的性能。液压油的质量和性能会随时间的增长而逐渐恶化。如果其主要物理和化学性能下降到一定程度，就应结合使用环境、负载情况、气候温度等实际情况进行更换。

更换的液压油应与原来的液压油为同一牌号，或根据标准规定代用。更换液压油时，首先排净管路中的旧油，在放油前，应预先将往复式油缸放在全伸或全缩的位置上。其次往油箱中加入新油时，需用 120 目以上的滤网过滤。加注新油后再启动液压泵，用新油冲洗管路。在使用 100 小时左右就应进行油质的化验与鉴定。而且在这段时间内，应将油过滤 1～2 次。此外，在使用中应使系统内保持足够的油量，如油量过少，可能会使油泵吸空或造成油温过高。油泵吸空会使空气进入系统，产生气蚀，并使泵的容积效率降低，还会产生噪声。油温过高会造成内泄，加速液压油变质缩短其使用寿命。在维修和使用中，要尽量防止水分混入液压油中。拆检时应保持清洁、防止灰尘和污染。

6. 塔机液压顶升过程中的主要动作和性能特点

1）塔机液压顶升过程中的主要动作

塔式起重机顶升加节过程基本上是在空载情况下进行的，因此，顶升重量是外（或内）套架以上部分的全部重量。顶升前要使顶升套架以上部分处于平衡状态。顶升作业内容是以顶升一个标准节为一个工作循环过程，而在顶升一个标准节过程中，由于活塞杆顶升高度的限制，一般情况下，要顶升若干步（每一步为活塞杆的一个最大顶升高度，包括爬升、收缩两个动作），才能完成顶升作业。

塔机顶升加节工作是在高空中进行，顶升部分的重量很大，顶升机构是主要执行机构，它对液压传动系统的要求，除了必须满足最大起重量和升降速度之外，尚须满足调速性能好、换向冲击小、升降平稳、无爬行和超速现象，以及顶升部分在空中能锁紧不致下落等。

2）性能特点

塔式起重机的液压系统比较简单，因为动作单一，比较容易实现，但安全裕度要考虑充分，特别是安全溢流阀的使用、平衡阀的运用尤为重要。另外，速度要适中，以保证塔机在顶升和下降过程中的安全。

二、内爬装置

内爬塔机与其他工作形式的塔机相比，其特点就是有一套能使塔机随建筑物升高而升高的内爬装置和内爬塔身。在内爬升高之前，必须先将塔机由支腿固定状态转到内爬顶升状态，即顶升加节完成后先将套架降到地面并拆除，当建筑物建到一定的高度后安装好内爬装置。

目前主要有两种内爬装置，即顶升油缸放置在内爬塔身中的中置式内爬装置，和顶升油缸放置在塔身外的侧置式内爬装置。下面就两种方式分别介绍。

1. 中置式内爬装置（图1-9-4）

中置式内爬装置是由上、中、下内爬框架，内爬框承重梁，塔身承重梁，两组爬梯等组成，内爬塔身由标准节和内爬基节组成。在内爬基节内有一套液压顶升系统。

塔机整机爬升时，上、中、下框架固定在电梯井内的内爬框承重梁上，塔机利用液压顶升系统进行爬升。

内爬塔机工作时，上、中、下内爬框架固定在电梯井预留洞内的内爬框承重梁上，并将塔身承重梁搁置在下内爬框架上，承受整机重量，此时上、中内爬框架只受水平力，下内爬框架不仅受水平力还受垂直力。

1）内爬框架

每个内爬框架由两个内爬半框架用高强度螺栓连接而成，内爬框架上设有导轮装置、顶块装置和爬梯挂销，导轮装置是内爬塔机整机爬升借助塔身主弦杆来导向的。塔身顶块是塔机工作时顶紧塔身主弦杆的，将塔机承受的水平载荷传递给电梯井墙面，爬梯挂销是用来挂装爬梯的。上内爬框架安装在内爬框承重梁上，塔机整机爬升时，上内爬框架承受整机载荷。上、中、下内爬框架结构是相同的，当塔机一次爬升完之后，最下面的框架安装到最上面，就是上框架，可以轮换使用，惟一的区别是在下框架上有塔身承重梁，在塔机工作时，承担整机的垂直载荷。

2）爬梯

爬梯是内爬塔机爬升的梯子，爬梯节与爬梯节之

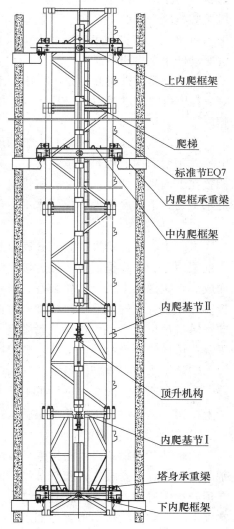

上内爬框架

爬梯

标准节EQ7

内爬框承重梁

中内爬框架

内爬基节Ⅱ

顶升机构

内爬基节Ⅰ

塔身承重梁

下内爬框架

图1-9-4　中置式内爬装置

间是用销轴连接的，爬梯的上端挂装在上内爬框架的爬梯挂销上。爬梯上有踏步，可以通过改变挂孔的位置，使踏步不落在内爬框之间及承重梁的上下盖板上。

3）内爬框承重梁

塔机内爬状态安装或内爬顶升前，须先使制做内爬框架支承梁，电梯井内空尺寸大小对支承梁的制作有不同的要求。

2. 侧置式内爬装置（图1-9-5）

侧置式内爬分为单油缸顶升和双油缸顶升两种，双油缸顶升由于受力平均、稳定性好，使用较多。双油缸侧置式内爬装置是由上、中、下内爬框架、内爬塔身、内爬框承重梁、内撑杆、换步装置及液压顶升机构等组成。内爬塔身由若干节标准节和内爬基节、若干内爬标准节组成。塔机整机爬升时，上、中、下框架固定在电梯井内的内爬框承重梁上，塔机利用安装在内爬框上的一套液压顶升系统驱动两个油缸进行爬升。

塔机内爬顶升时必须是上、中、下内爬框三层都安装好。在塔机爬升过程中，顶升油缸和换步装置安装在中内爬框架上。

内爬塔机工作时，通常只安装两层内爬框架，固定在电梯井预留洞内的内爬框承重梁上，并将内爬基节伸缩梁搁置在下内爬框架上，承受整机重量，此时上内爬框架只受水平力，下内爬框架不仅受水平力还受垂直力。

1）内爬框架

上、中、下内爬框架是三套完全相同的结构。每套内爬框架用2个内爬框通过4根连接角钢用高强度螺栓连接而成。内爬框架上设有导轮装置、顶块装置和换步装置耳板。导轮装置在内爬塔机整机爬升时借助塔身主弦杆来导向；塔身顶块在塔机工作时顶紧塔身主弦杆，将塔机的水平载荷传递给电梯井墙面；换步装置耳板用来安装换步装置。当塔机爬升一次后，最下面的内爬框架脱离了内爬塔身，不再起作用，因此要把它拆下并安装到最上面，就成了上框架。上、中、下内爬框架就这样轮换使用。

2）内爬基节伸缩梁

内爬基节伸缩梁是由板拼焊而成的箱形梁，属于内爬基节的一部分，安装在内爬基节结构的箱形梁内。伸缩梁在顶升操作时必须推入内爬基节结构的箱形梁内，塔机正常工作时，伸缩梁从箱形梁中抽出，搁置在内爬框上，承受全部塔机的重量。

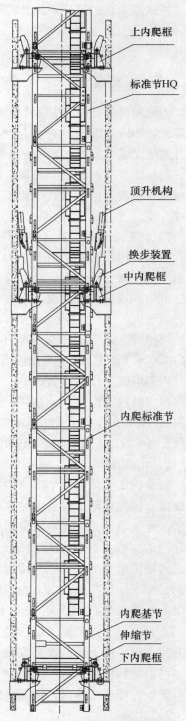

图1-9-5 侧置式内爬装置

上内爬框

标准节HQ

顶升机构

换步装置

中内爬框

内爬标准节

内爬基节

伸缩节

下内爬框

3）内爬框承重梁

塔机内爬状态安装或内爬顶升前，须先制作内爬框承重梁，电梯井内空尺寸大小对支承梁的制作有不同的要求。

第十节　塔机重要的机械零部件

一、钢丝绳

钢丝绳是建筑起重机械应用最广泛的挠性牵引件。它用于起升机构、变幅机构，有时还用于回转机构。钢丝绳具有良好的各方向相同的挠性（过卷绕装置时，容易弯曲）；承载能力大，重量轻，耐冲击，在卷绕过程中平稳、无噪声；运动速度不受限制；使用安全可靠、在正确使用的情况下无突然断裂的现象，故使用较为广泛。

1. 钢丝绳的构造与类型

钢丝绳的钢丝是碳素钢或合金钢通过冷拉或冷轧而成的直径 0.1~6.0mm 圆断面细钢丝，具有很高的强度和韧性，并根据使用环境条件不同对钢丝进行表面处理。钢丝绳是由多层钢丝捻成股，再以绳芯为中心，由一定数量股捻绕成螺旋状的绳。在物料搬运机械中，供提升、牵引、拉紧和承载之用。钢丝绳按拧绕的层次可分为单绕绳、双绕绳和三绕绳。

1）单绕绳由若干细钢丝围绕一根金属芯拧制而成，挠性差，反复弯曲时易磨损折断，主要用作不运动的拉紧索。

2）双绕绳由钢丝拧成股后再由股围绕绳芯拧成绳。常用的绳芯为麻芯，高温作业宜用石棉芯或软钢丝拧成的金属芯。制绳前绳芯浸涂润滑油，可减少钢丝间互相摩擦所引起的损伤。双绕绳挠性较好，制造简便，应用最广，在起重机械中一般采用双绕绳。

3）三绕绳以双绕绳作股再围绕双绕绳芯拧成绳，挠性好；但制造较复杂，且钢丝太细，容易磨损，故很少应用。

绳芯分为有机芯、石棉芯、金属芯等。有机芯采用浸透润滑油的麻绳或棉绳做成。有机芯钢丝绳的挠性与弹性较好，绳芯储油润滑性能好，但承受横向挤压能力差，耐高温性能差；石棉芯钢丝绳的性能与有机芯相似，但能在高温下工作；金属芯（一般用软钢）钢丝绳，可耐高温并能承受横向压力，但挠性较差。按钢丝绳的绕制方法不同，可分为交绕绳与顺绕绳。交绕绳就是钢丝绕成股的方向与股绕成绳的方向相反（图 1-10-1a）。这种绳不易扭转和松散，目前在起重机中被广泛应用。它的缺点是僵性大、使用寿命较短。

顺绕绳是钢丝绕成股的方向与股绕成绳的方向相同（图 1-10-1b）。这种绳挠性大，表面光滑，使用寿命长。但容易松散和扭转。因此多用于有约束的情况下，绳体经常保持张紧状态的地方，如小车运行机构的牵引绳；不宜作起升绳。

钢丝绳按股绕成绳时绕制的螺旋方向又分为左旋绳和右旋绳，一般常用右旋绳。

按钢丝绳股中钢丝与钢丝的接触状态，可分为点接触与线接触（图 1-10-2）。

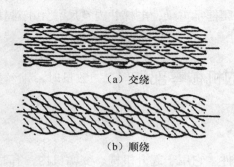

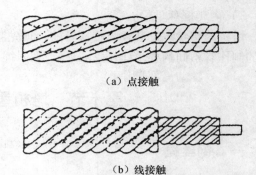

图 1-10-1　交绕与顺绕钢丝绳　　　图 1-10-2　钢丝绳股中钢丝的接触情况

点接触绳（图 1-10-2a）的绳股中各层钢丝直径相同，但内外各层钢丝的节距不等，相互交叉，在交叉点上接触，因此接触应力大，寿命短。常用的点接触钢丝绳有 6×19 和 6×37（即由 6 股组成，每股为 19 根或 37 根钢丝）两种形式。图 1-10-3（a）所示为 6×19 点接触钢丝绳的截面构造。

线接触绳（图 1-10-2b）的绳股中钢丝直径不同，而各层钢丝节距相等，位于内层钢丝间的沟槽中，内外层钢丝间形成螺旋线接触，接触情况好，使用寿命长，挠性大，承载能力强，在起重机中应用广泛。

线接触绳又分为外粗型（X 型）、粗细型（W 型）和填充型（T 型）。其截面构造如图 1-10-3（b）、图 1-10-3（d）所示。

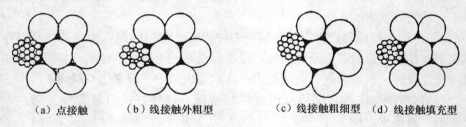

（a）点接触　　（b）线接触外粗型　　（c）线接触粗细型　　（d）线接触填充型

图 1-10-3　钢丝绳的截面形状

2. 钢丝绳质量直观判断方法

1）直径一样的钢丝绳，密度越重的，钢丝绳质量越好；

2）钢丝绳绳芯越结实，密度越重，对钢丝绳外层股支撑力越好，钢丝绳质量越好；

3）钢丝绳材料就是钢号和强度。钢丝钢号越高，强度越高的钢丝绳质量越好；

4）钢丝绳剪开以后稍微松散的质量好，捻距相对长的钢丝绳质量比短捻距的好；

5）钢丝绳钢丝表面因与外部接触而产生压伤、碰伤、刮伤或钉伤等伤痕质量不好；

6）钢丝绳在捻制中（指捻股或绳）出现的不符合钢丝绳标准中捻制质量要求的各种缺陷如：捻制松紧不均、股松弛、绳芯移位等质量不好；

7）钢丝绳表面锈蚀质量不好；

8）钢丝绳端头松懈和截断后，股或股中钢丝（全部或者部分）松开不成形质量不好。

3. 钢丝绳的报废标准

《起重机械用钢丝绳检验和报废实用规范》（GB 5972—2009）规定如下：

1）绳端断丝

当绳端或其附近出现断丝时，即使数量很少也表明该部位应力很高，可能是由于绳端安装不正确造成的，应查明损坏原因。如果绳长允许，应将断丝的部位切去重新合理安装。

2）断丝的局部聚集

在钢丝绳的任一捻距（节距）内的断丝数达到表1-10-1中所规定的数量时，钢丝绳应报废。

表1-10-1 钢丝绳断丝的报废标准（部分）

钢丝绳结构形式	断丝长度范围	钢丝绳规格			
		$6 \times 19 + 1$	$6 \times 37 + 1$	$6 \times 61 + 1$	$18 \times 19 + 1$
交　捻	$6d$	10	19	29	27
	$30d$	19	38	58	54
顺　捻	$6d$	5	10	15	13
	$30d$	10	19	30	27

注：1. 当断丝集中在小于$6d$的绳长范围内或者集中在一股里，即使断丝数少于表中的数值，也应报废。
　　2. 对复合钢丝绳的报废标准，按表近似计算（细钢丝一根为1，粗钢丝一根为1.7）。

钢丝绳捻距（节距）是指任一钢丝绳股绕轴线一周的轴向距离。

如果断丝发生在绳端固接处附近，可将钢丝绳截短后再进行绳端固接，但钢丝绳长度应保证缠绕在卷筒上的最小圈数。

如果断丝紧靠一起形成局部聚集，则钢丝绳应报废。如这种断丝聚集在小于$6d$的绳长范围内，或者集中在任一支绳股里，那么，即使断丝数比表列的数值少，钢丝绳也应报废。

3）断丝的增加率

在某些使用场合，疲劳是引起钢丝绳损坏的主要原因，断丝则是在使用一个时期以后才开始出现，但断丝数逐渐增加，其时间间隔越来越短。在此情况下，为了判定断丝的增加率，应仔细检验并记录断丝增加情况。判明这个"规律"可用来确定钢丝绳未来报废的日期。

4）绳股断裂

如果出现整根绳股的断裂，则钢丝绳应报废。

5）由于绳芯损坏而引起的绳径减小

当钢丝绳的纤维芯损坏或钢芯（或多层结构中的内部绳股）断裂而造成绳径显著减小时，钢丝绳应报废。微小的损坏，特别是当所有各绳股中应力处于良好平衡时，用通常的检验方法可能是不明显的。然而这种情况会引起钢丝绳的强度大大降低。所以，有任何内部细微损坏的迹象时，均应对钢丝绳内部进行检验予以查明。一经证实损坏，则该钢丝绳就应报废。

6）外部及内部磨损

①内部磨损及压坑：这种情况是由于绳内各个绳股和钢丝之间的摩擦引起的，特别是当钢丝绳经受弯曲时更是如此。

②外部磨损：钢丝绳外层绳股的钢丝表面的磨损，是由于它在压力作用下与滑轮和卷筒

的绳槽接触摩擦造成的。这种现象在吊载加速和减速运动时，钢丝绳与滑轮接触的部位特别明显，并表现为外部钢丝磨成平面状。

③润滑不足，或不正确的润滑以及还存在灰尘和砂粒都会加剧磨损。磨损使钢丝绳的断面积减小因而强度降低。当外层钢丝磨损达到其直径的40%时，钢丝绳应报废。

④当钢丝绳直径相对于公称直径减小7%或更多时，即使未发现断丝，该钢丝绳也应报废。

7）外部及内部腐蚀

腐蚀在海洋或工业污染的大气中特别容易发生。它不仅减少了钢丝绳的金属面积从而降低了破断强度，而且还将引起表面粗糙并从中开始发展裂纹以至加速疲劳。严重的腐蚀还会引起钢丝绳弹性的降低。

①外部腐蚀：外部钢丝的腐蚀可用肉眼观察。当表面出现深坑，钢丝相当松弛时应报废。

②内部腐蚀：内部腐蚀比经常伴随它出现的外部腐蚀较难发现。但下列现象可供识别：

③钢丝绳直径的变化。钢丝绳在绕过滑轮的弯曲部位直径通常变小。但对于静止段的钢丝绳则常由于外层绳股出现锈渍而引起钢丝绳直径的增加。

④钢丝绳外层绳股间的空隙减小，还经常伴随出现外层绳股之间断丝。

⑤如果有任何内部腐蚀的迹象，则应由主管人员对钢丝绳进行内部检验。若确认有严重的内部腐蚀，则钢丝绳应立即报废。

8）钢丝绳变形

钢丝绳失去正常形状产生可见的畸形称为"变形"。这种变形部位（或畸形部位）会导致钢丝绳内部应力分布不均匀。钢丝绳的变形从外观上区分，主要可分为下述几种：

①波浪形变形：钢丝绳的纵向轴线成螺旋线形状。这种变形不一定导致任何强度上的损失，但如变形严重即会产生跳动造成不规则的传动。时间长了会引起磨损及断丝。出现波浪形时，在钢丝绳长度不超过$25d$的范围内，若$d_1 \geq 4d/3$，则钢丝绳应报废。d为钢丝绳的公称直径；d_1是钢丝绳变形后包络的直径。

②笼状畸变：这种变形出现在具有钢芯的钢丝绳上。当外层绳股发生脱节或者变得比内部绳股长的时候就会发生这种变形。笼状畸变的钢丝绳应立即报废。

③绳股挤出：这种状况通常伴随笼状畸变一起产生。绳股被挤出说明钢丝绳不平衡。绳股挤出的钢丝绳应立即报废。

④钢丝挤出：此种变形是一部分钢丝或钢丝束在钢丝绳背着滑轮槽的一侧拱起形成环状。这种变形常因冲击载荷而引起。若此种变形严重时，则钢丝绳应报废。

⑤绳径局部增大：钢丝绳直径有可能发生局部增大，并能波及相当长的一段钢丝绳。绳径增大通常与绳芯畸变有关（如在特殊环境中，纤维芯因受潮而膨胀），其必然结果是外层绳股产生不平衡，而造成定位不正确。绳径局部严重增大的钢丝绳应报废。

⑥扭结：扭结是由于钢丝绳成环状在不可能绕其轴线转动的情况下被拉紧而造成的一种变形。其结果是出现捻距不均而引起格外的磨损，严重时钢丝绳将产生扭曲，以致只留下极小一部分钢丝绳强度。严重扭结的钢丝绳应立即报废。

⑦绳径局部减小：钢丝绳直径的局部减小常常与绳芯的断裂有关。应特别仔细检验靠绳

端部位有无此种变形。绳径局部严重减小的钢丝绳应报废。

⑧部分被压扁：钢丝绳部分被压扁是由于机械事故造成的。严重时钢丝绳应报废。

⑨弯折：弯折是钢丝绳在外界影响下引起的角度变形。这种变形的钢丝绳应立即报废。

⑩由于热或电弧的作用而引起的损坏：钢丝绳经受了特殊热力的作用其外表出现可资识别的颜色时，该钢丝绳应予报废。

4. 钢丝绳使用注意事项

1）使用前应检查钢丝绳的磨损、锈蚀、拉伸、弯曲、变形、疲劳、断丝、绳芯露出的程度，确定其安全起重量（包括报废）。

2）保养注意事项

（1）钢丝绳的使用期限与使用方法有很大的关系，因此应做到按规定使用，禁止拖拉、抛掷，使用中不准超负荷，不准使钢丝绳发生锐角折曲，不准急剧改变升降速度，避免冲击载荷；

（2）钢丝绳有铁锈和灰垢时，用钢丝刷刷除并涂油；

（3）钢丝绳每使用 4 个月涂油一次，涂油时最好用热油（50℃左右）浸透绳芯，再擦去多余的油脂；

（4）钢丝绳盘好后应放在清洁干燥的地方，不得重叠堆置，防止扭伤；

（5）钢丝绳端部用钢丝扎紧或用熔点低的合金焊牢，也可用铁箍箍紧，以免绳头松散；

（6）使用中，钢丝绳表面如有油滴挤出，表示钢丝绳已承受相当大的力量，这时应停止增加负荷，并进行检查，必要时更换新钢丝绳；

（7）牵引钢丝绳的承载能力应为总牵引力的 5~8 倍；

（8）钢丝绳采用绳卡固接时，数量不得少于 3 个，最后一个卡子距绳头不得小于0.14m。绳卡夹板应在受力的一侧，"U"形螺栓须在钢丝绳尾端，不得正反交叉。卡子应拧紧到使两绳直径高度压扁 1/3 左右。绳卡固定后，待钢丝绳受力后应再次紧固。最少绳卡数与绳卡间距根据钢丝绳直径按照国家标准进行，也可按照本设备使用说明书进行。

（9）所有钢丝绳都必须涂油。纤维芯浸油，要求油脂能够保护纤维芯不腐烂、不锈蚀钢丝，滋润纤维，并从内部润滑钢丝绳。表面涂油使绳股中所有钢丝表面都均匀地涂上一层防锈润滑油。

5. 保护起升钢丝绳的小经验

一台塔机因钢丝绳断裂使吊钩与吊物从空中砸落到地面。钢丝绳断裂处断面多股绳被拉脱后长短参差不齐，有钢丝被刮坏的痕迹。该钢丝绳工作时间不长，未到正常磨损使用期限。分析其原因为：当小车在起重臂的前端作业，由于起重臂很长，小车开到起重臂头部空载时，起升钢丝绳在重力作用下出现下垂。一旦起吊重物，下垂状的钢丝绳又快速向上回弹，在图 1-10-4 中 A 处与起重臂下弦腹杆产生碰撞刮擦。使绳股外面的钢丝损坏，积累后导致钢丝绳突然断裂，造成事故。更换新钢丝绳后，采用在图 1-10-4 中 A 处起重臂下弦腹杆上，捆绑一层车轮胎橡胶予以保护。钢丝绳受力回弹时，与橡胶软接触，就不致刮坏钢丝，事实证明其效果良好。

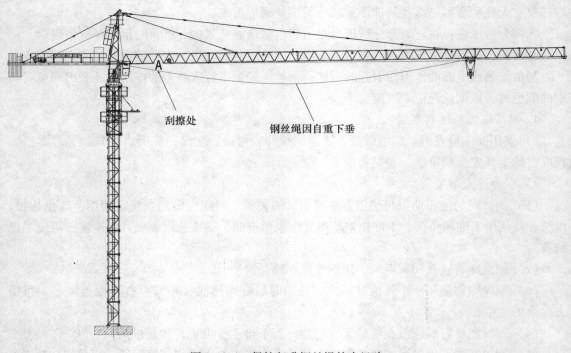

图 1-10-4　保护起升钢丝绳的小经验

二、滑轮及滑轮组

1. 滑轮

滑轮用于引导钢丝绳，改变绳的运动方向，平衡绳的拉力，并组成滑轮组。

滑轮通常用滚动轴承或滑动轴承支承在心轴上作旋转运动。按其轴线是否运动，滑轮可分为定滑轮和动滑轮。定滑轮绕定轴旋转，其位置固定，用以支承钢丝绳和改变绳的牵引方向。动滑轮装在移动的心轴上，一般与定滑轮一起组成滑轮组，以达到省力或变速的目的。

滑轮一般用铸铁或者尼龙制成，重载滑轮可用铸钢，大型滑轮（$D > 800\mathrm{mm}$）一般用低碳钢材焊接而成。铸造滑轮和焊接滑轮的构造如图 1-10-5 所示。

2. 滑轮组

（1）滑轮组的种类

钢丝绳依次绕过若干定滑轮和动滑轮组成钢丝绳滑轮组，简称滑轮组。滑轮组按其功用可分为省力滑轮组和变速滑轮组。省力滑轮组可以用较小的拉力吊起较重的重物。

在工程起重机中常采用有导向滑轮的单联省力滑轮组（图 1-10-6a）。变速滑轮组如图 1-10-6b 所示，可用液压缸或气缸较小的行程（如图中 h），使重物做成倍的位移（如图中 2h）。变速滑轮组用于液压或气压驱动的起升机构中。

（2）滑轮组的倍率、效率以及钢丝绳拉力。滑轮组中承重钢丝绳分支数 Z 与绕入卷筒绳分支数 Z_1，之比称为滑轮组的倍率 a，它也是卷筒上绳的圆周速度 V_f 与重物起升速度 V_h 之比，即

$$a = \frac{Z}{Z_1} = \frac{V_R}{V_h}$$

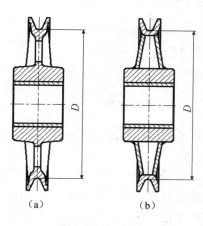

图 1-10-5 滑轮
（a）铸造滑轮；（b）焊接滑轮

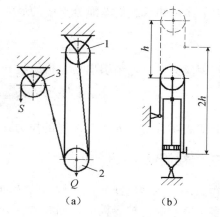

图 1-10-6 滑轮组
（a）单联省力滑轮组；（b）变速滑轮组
1—定滑轮；2—动滑轮；3—导向滑轮

由于单联省力滑轮组绕入卷筒绳分支数 Z_1 为 1，故倍率等于承担钢丝绳分支数，即 $a = Z$。

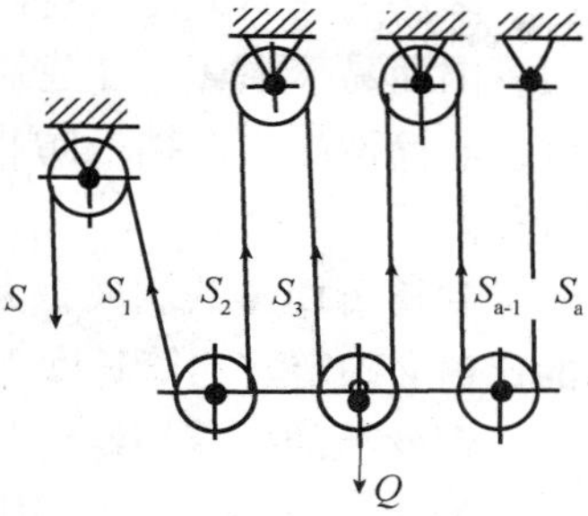

图 1-10-7 所示为单联省力滑轮组简图。设重物所受重力为 Q，滑轮组倍率为 a（等于承重钢丝绳分支数）。由于钢丝绳绕过滑轮时有僵性阻力和轴承的摩擦力，因此每一承重钢丝绳分支的拉力并不相等。若取滑轮组中每个滑轮的效率 η 都相等（滑轮效率是滑轮绕入边拉力与绕出边拉力之比），则有：

$$S_2 = S_1 \eta$$
$$S_3 = S_2 \eta = S_1 \eta^2$$
$$S_4 = S_3 \eta = S_1 \eta^3$$
$$\cdots\cdots$$
$$S_a = S_{a-1} \eta = S_1 \eta^{a-1}$$

各承重钢丝绳分支的拉力之和应等于重物所受的重力 Q，即

$$Q = S_1 + S_2 + S_3 + \cdots + S_{a-1} + S_a$$
$$= S_1(1 + \eta + \eta^2 + \eta^3 + \cdots \eta^{a-1} + \eta^{a-1})$$

上式括号内为几何级数，其和为：$\dfrac{1 - \eta^a}{1 - \eta}$

故 $$S_1 = \frac{1 - \eta}{1 - \eta^a}Q$$

滑轮组的效率为滑轮组理想状态下引出端拉力 S。与实际情况下引出端拉力 S_1 之比，即

$$\eta_n = \frac{S_0}{S_1} = \frac{Q/a}{S_1} = \frac{1 - \eta^a}{a(1 - \eta)}$$

图 1-10-7 滑轮组计算简图

91

由此可知，滑轮组的效率 η 与倍率 a 及单个滑轮的效率 n 有关。单个滑轮的效率对于滚动轴承 $\eta = 0.98 \sim 0.99$；对于滑动轴承，正常润滑时 $\eta = 0.96$。

由上式可知承重钢丝绳分支中的最大拉力为

$$S_1 = \frac{Q}{a\eta_n}$$

若钢丝绳从滑轮组引出后，再绕过 m 个导向轮才绕入卷筒，则卷筒绳拉力应为

$$S = \frac{S_1}{\eta^m} = \frac{Q}{a\eta_n\eta^m}$$

上式表明，倍率 a 大时，绳的拉力减小，故倍率即省力的倍数或省力的程度。

三、卷筒

卷筒是卷绕钢丝绳并传递动力的转动件。按钢丝绳在卷筒上的卷绕层数，分为单层绕卷筒和多层绕卷筒。按卷筒的表面结构，分为光面卷筒和带槽卷筒。单层绕卷筒的表面都有螺旋形绳槽，使钢丝绳与卷筒的接触面积增加，减小接触压力，避免相邻钢丝绳的相互摩擦，故可延长钢丝绳的使用寿命。

多层绕卷筒为光面卷筒，容绳量大，但内层钢丝绳受到外层很大的挤压力并伴随有磨损，因而易于损坏。在建筑起重机械中，由于所需卷绕的钢丝绳很长，故常用多层卷筒。多层绕卷筒两端应有挡板防止钢丝绳滑脱，其高度比外层钢丝绳高出 $1d \sim 1.5d$。d 为钢丝绳直径。

卷筒可用铸铁制成，大尺寸卷筒多用钢板焊成。卷筒直径 D 应根据它与钢丝绳直径 d 的比值 e 确定。卷筒长度 L 可按卷绕钢丝绳的容量及偏斜角来决定。

钢丝绳的一端用螺钉与压板或斜楔块固定在卷筒上。

如图 1-10-8 所示，钢丝绳在卷筒上绕进或绕出时，如果偏斜角 α 过大，会使钢丝绳碰擦滑轮槽和卷筒槽，导致钢丝绳擦伤及槽口损坏，甚至使绳脱槽，使用光面卷筒时会产生乱绕现象。因此，对偏斜角应加以限制。一般要求自然排绳时 $\alpha \leqslant 1°30'$，排绳器排绳时 $\alpha \leqslant 2°$。

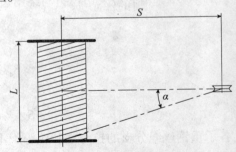

图 1-10-8　钢丝绳的偏斜角

四、制动器

制动器俗称刹车，用来控制机械运动的速度，使其减速或停止运动。起重机各机构均装有制动器，以保证机构安全、可靠、正常地工作。

制动器按构造形式可分为带式、块式、片式、钳盘式等，按工作状态可分为常闭式和常开式两种。

1. 带式制动器

带式制动器由制动轮、制动带和操纵系统组成，靠制动带压紧制动轮所产生的摩擦力矩来实现制动。制动带常用钢带以及用铆钉固定在钢带内表面上的一层摩擦材料（如石棉、塑料等）所组成。

简单式带式制动器的工作原理如图图 1-10-9 所示。制动时，重锤 3 下坠使制动带 1 压紧制动轮 2 进行上闸；运转时，电磁铁 4 提起杠杆，使制动带与制动轮分开，进行松闸。如果控制提起杠杆的行程，使制动带与制动轮不完全松开，则可调节重物下降的速度。

带式制动器构造简单，包角大，制动力矩大，适用于自行式起重机。它的主要缺点是制动轮轴受到的弯曲作用力较大，制动带磨损不均匀，散热差。

2. 块式制动器

块式制动器是利用制动块压紧制动轮产生摩擦力来实现制动的。它是一种双向作用的制动器，常用的有短行程（图 1-10-10）和长行程电磁铁双块式制动器，液压推杆双块式制动器图 1-10-11。这种

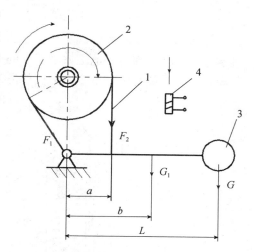

图 1-10-9 简单式带式制动器简图
1—制动带；2—制动轮；3—重锤；4—电磁铁

制动器的制动臂 1、12 上各装有制动瓦块，制动 2、11，臂的下端铰接于机架。顶杆 6 左端穿过臂 12 并顶住衔铁 10，右端穿过制作臂 1 并用螺母 3 固定。框形拉杆 7 与臂 12 连接，框形拉杆内装有主弹簧 5，弹力由螺母 8 调节，框形拉杆右端有副弹簧 4，弹力由螺母 3 调节。

断电时，主弹簧的张力向左推顶杆，向右推框形拉杆，使左右制动臂及其制动瓦块压紧制动轮 13，实现制动。机构运行时，电动机通电，同时，电磁铁 9 也通电而产生磁力，吸引衔铁 10 绕铰支点反时针转动。衔铁将顶杆右推，从而使主弹簧压缩，副弹簧张开，左右制动臂向外摆动，带动制动瓦块离开制动轮，实现松闸。

这种制动器的优点是结构简单可靠，安装调整方便，成对制动瓦块压力相互平衡，制动轮轴不受弯曲等，故应用广泛。其缺点是松闸所需的电磁吸力大，目前已经被液压推杆块式制动器（图 1-10-11）取代。

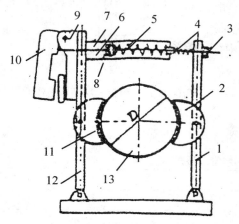

图 1-10-10 短行程电磁铁双块式制动器
1，12—制动臂；2—自动互块；3—螺母；4—副弹簧
5—主弹簧；6—顶杆；7—拉杆；8—螺母；
9—电磁铁；10—衔铁；11—自动互块；13—自动轮

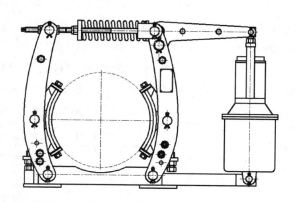

图 1-10-11 液压推杆块式制动器

3. 片式制动器

片式制动器有点类似汽车离合器的构造，由一片或者多片刹车片组成。它与转动轴用花键连接，在弹簧弹力和电磁铁吸引力的交替作用下，可在转动轴上沿轴向滑动。当它滑动至与固定机壳接触时，产生摩擦力而使转动轴停止转动（图1-10-12）。

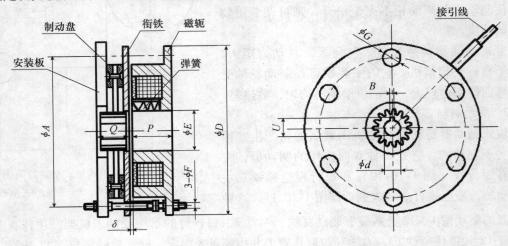

图 1-10-12　片式制动器

4. 钳盘式制动器

钳盘式制动器实际上也是一种盘式制动器，只是制动件不是静止盘，而是制动钳，由横跨制动盘两侧的制动蹄块在促动装置作用下压向制动片产生摩擦力而达到制动效果，工作原理如图1-10-13所示。钳盘式制动器用在动臂式塔机的变幅机构上。

图1-10-13示意的是一种常开式制动器：钳盘与工作机构相连接，随机构一起转动。轮缸活塞布置在制动盘两侧的卡钳上，卡钳侧面装有制动块，整个卡钳用螺栓固定在机构的机架上，既不能旋转，又不能轴向移动。制动时．高压制动液被压入两侧制动轮缸中，推动轮缸活塞，使两个制动块同时压向制动转子。动臂式塔机变幅机构的低速端采用的为常闭式钳盘式制动器，由蝶形弹簧加力制动，电磁力松闸。

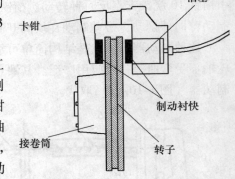

图 1-10-13　钳盘式制动器工作原理

5. 塔机三大机构制动器的常用形式与开、闭情况（表1-10-2）：

表1-10-2　三大机构制动器常见形式

起升机构	块式制动器	常闭
回转机构	片式制动器	常开
变幅机构	片式制动器	常闭

6. 制动器常见的问题

1）制动器主弹簧损坏或调节过松，制动力矩不足；

2）制动闸瓦过度磨损露出铆钉，导致摩擦力不够，制动器刹不住重物。

3）制动器杠杆锁紧螺母松动，杠杆窜动，或杠杆系统各关节被卡住等影响抱闸。

4）制动闸瓦开度间隙不正常，有的制动器打开时，一边闸瓦间隙多达 2～3mm，而另一边闸瓦还贴在制动轮上，使得闸瓦和制动轮的磨损加快，重载时则无法刹住车。

5）刹车太紧，当制动器打开间隙小于正常值时，制动轮转动的阻力增大，往往会嗅到焦糊味，当摩擦发生热膨胀时，反而会刹不住车而发生事故。

7. 制动器的定期检查与维护

制动器是建筑起重机械工作机构上重要的部件，直接影响各机构运动的准确性和可靠性。各种刹车片都属于易损件，使用不当很容易损坏。因此，要经常认真检查起升、变幅、回转等工作机构制动器的状况，观察制动闸瓦、制动片的开度及磨损情况，开度及磨损超过使用说明的规定时必需调整及更换。检查液力推杆、推杆电机、弹簧压力是否正常。

五、联轴器

不管是哪种形式的联轴器，其功能相同，均是将两个部件上的轴连接起来，例如连接电机输出轴与减速机的输入轴、连接减速机的输出轴与卷筒轴等等。连接后，原动机的输出扭矩就可以可靠地传给被动机，使被动机运转起来。

联轴器的形式多种多样。建筑起重机械工作机构采用的联轴器主要有：梅花形弹性联轴器、齿形联轴器和液力耦合器等。

1. 梅花形弹性联轴器

梅花形弹性联轴器的结构和工作原理都十分简单，如图 1-10-14 所示，将一个整体的梅花形弹性环装在两个形状相同的半联轴器的凸爪之间即成为梅花形弹性联轴器，可以实现两半联轴器的连接。显然，该种联轴器是通过半联轴器片上凸爪的内圆柱面与弹性环的外圆柱面的贴合挤压来传递扭矩的。

图 1-10-14　梅花形弹性联轴器

弹性元件的材料有聚氨酯和尼龙两种。根据不同工况条件选用，通常采用的为聚氨酯弹性体。弹性环上的圆柱体为鼓形，允许两轴有微小的不同轴。同时还可通过弹性环的弹性变形来补偿两轴的相对偏移并实现减振和缓冲。

由于弹性环的材料为合成树脂，承受挤压的能力即传递扭矩的能力有限，因此很少将这种联轴器作为低速联轴器，大多用作减速机的高速端联轴器。

2. 齿形联轴器

图 1-10-15 所示为最简单的齿形联轴器，实际上它就是一个带内齿圈的尼龙套。被连接轴上加工有齿形参数相同的外齿，分别插入内齿圈中，两根轴就连接起来了。为了补偿两轴的相对偏移，轴上轮齿最好加工成鼓形。这种联轴器允许高速但传递扭矩的能力较小。小车变幅

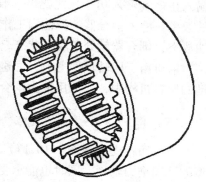

图 1-10-15　齿形联轴器

机构的电机与减速机之间采用的就是这种联轴器。

还有一种齿形联轴器的结构与此不同。它没有连接套，而是把钢质外齿轮直接与原动机的输出轴连接一体，将钢质内齿圈固定在被动机的输入轴上。齿圈直径较大但齿宽较小，且将外齿加工成鼓形。由于齿圈直径大，相啮合的轮齿多，材料的强度又较高，因此这种结构的齿形联轴器可以传递相当大的扭矩。中小型塔机的起升机构减速机的输出轴与卷筒就是采用这种联轴器进行连接。

3. 液力耦合器

液力耦合器是以液体为工作介质的一种非刚性联轴器，又称液力联轴器。

液力耦合器的结构如图 1-10-16 所示，由泵轮、涡轮和工作室构成。泵轮和涡轮是带有径向叶片的碗状结构，二者组成一个可使液体循环流动的密闭工作腔。泵轮装在输入轴上，涡轮装在输出轴上。当原动机带动输入轴旋转时，液体被离心式泵轮甩出。这种高速液体进入涡轮后即推动涡轮旋转，将从泵轮获得的能量传递给输出轴，最后液体返回泵轮，形成周而复始的流动。液力耦合器靠液体与泵轮、涡轮的叶片相互作用产生动量矩的变化来传递扭矩。它的输出扭矩等于输入扭矩减去摩擦力矩，所以它的输出扭矩恒小于输入扭矩。液力耦合器输入轴与输出轴间靠液体联系，工作构件间不存在刚性连接。

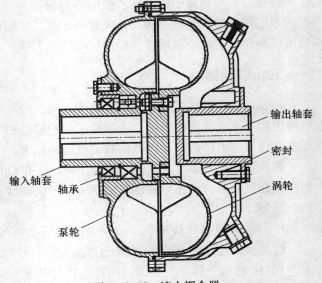

输出轴套

密封

涡轮

输入轴套　轴承

泵轮

图 1-10-16　液力耦合器

液力耦合器的特点是：能消除冲击和振动；输出转速低于输入转速，两轴的转速差随载荷的增大而增加；过载保护性能和启动性能好，载荷过大而停转时输入轴仍可转动，不致造成原动机的损坏；当载荷减小时，输出轴转速增加直到接近于输入轴的转速。

液力耦合器的传动效率等于输出轴转速乘以输出扭矩（输出功率）与输入轴转速乘以输入扭矩（输入功率）之比。一般液力耦合器正常工况的转速比在 0.95 以上时可获得较高的效率。液力耦合器的特性因工作腔与泵轮、涡轮的形状不同而有差异。如将液力耦合器的油放空，耦合器就处于脱开状态，能起离合器的作用。

塔机由于回转惯性力大，为避免惯性冲击，在单速、双速鼠笼异步电机以及绕线电机驱动的回转机构中，即采用液力耦合器连接电机与减速机。

六、回转支承

塔机回转支承（图 1-10-17）是塔机固定部分与旋转部分的连接件，实质上它是一个大型的平面推力轴承，同时也能承受一定的径向力（如塔机上部的风力和惯性力等），一般直径在 1m 左右。

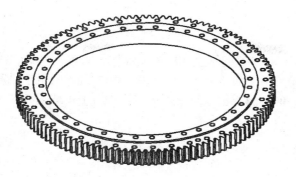

图 1-10-17　回转支承

塔机常用的回转支承一般为单排四点接触球型回转支承，它由内、外两个座圈组成。座圈中间有圆弧滚道，圆弧滚道内放置若干钢球，钢球与圆弧滚道四点接触。

回转支承内圈或外圈上加工有安装、拆卸钢球用的工艺孔，平时用堵头堵着，由于振动及其他原因，堵头在工作时可能会偏离设计位置。堵头过进或过出都会影响回转支承的正常使用，严重时会发出噪声，若不及时进行调整则会损坏回转支承。

回转支承安装在塔机上、下支座之间，由于塔机回转支承内、外座圈刚度较小，所以它要求塔机上、下支座具有足够的抵抗塔机上部弯、扭载荷的强度、刚度，以及安装表面的形位精度。否则它将随上、下支座的变形而变形，造成滚道间隙发生变化，严重时不能正常工作，甚至损坏回转支承。上、下支座加工以前应进行消除焊接残余应力的人工时效处理，加工后仍然可能出现的缓慢变形。

塔机回转支承装置的维护保养

（1）上、下支座安装面要平整，平面度达到设计要求。装配时支座和回转支承的接触面必须清理干净，并涂上润滑脂。

（2）使用中应注意噪声的变化和回转阻力矩的变化，如有不正常现象应拆检。

（3）回转支承必须水平起吊或存放，切勿垂直起吊或存放，以免变形。

（4）在螺栓完全拧紧以前，应进行齿轮的啮合检查，其啮合状况应符合齿轮精度的要求：即齿轮副在轻微的制动下运转后齿面上分布的接触斑点在轮齿高度方向上不小于 25%，在轮齿长度方向上不小于 30%。

（5）齿面工作 10 个班次应清除一次杂物，并重新涂上润滑脂。

（6）为确保螺栓工作的可靠性，避免螺栓预紧力的不足，回转支承工作的第一个 100 小时和 500 小时后，均应分别检查螺栓的预紧扭矩。此后每工作 1000 小时应检查一次预紧扭矩。

（7）连接回转支承的螺栓和螺母均采用高强螺栓和螺母；采用双螺母紧固和防松。

（8）拧紧螺母时，应在螺栓的螺纹及螺母端面涂润滑油，并应该用扭矩扳手在圆周方向对称均匀多次拧紧。最后一遍拧紧时，每个螺栓上预紧扭矩应大致均匀。

（9）在回转支承的齿圈上表面对准滚道的部位均布了 4 个油杯，由此向滚道内添加使用说明书中规定的润滑脂。在一般情况下，回转支承运转 50 小时润滑一次。每次加油必须加足，直至从密封处渗出油脂为止。

七、吊钩

吊钩（图1-10-18）是塔机起吊重物的重要部件，它包括夹板、滑轮、钩体、连接螺栓等。为了防止起升钢丝绳由于内应力作用在空中互相缠绕，两滑轮之间的距离一般做得比较宽。为了吊钩下降时能够将起升钢丝绳迅速拽下，夹板上可能还要装上配重块。

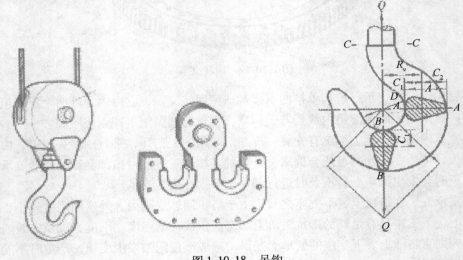

图1-10-18　吊钩

吊钩常见的问题如下所示：

（1）悬挂重物的钢丝绳脱钩，也就是当物体捆绑不好，悬挂重物的钢丝绳之间的夹角超过120°，或吊运中钩侧被碰撞，重物底部受搁时悬挂重物的钢丝绳都可能从钩中拽出。

（2）钢铁滑轮碰撞受损，其轮缘破口会造成对钢丝绳的切割，甚至切断钢丝绳而引发事故。

（3）未及时给吊钩滑轮加油，滑轮可因转动不灵活而导致槽底磨损量超标。槽底磨损量增大时，增大钢丝绳的摩擦阻力，使钢丝使用寿命缩短。

（4）由于受到悬挂重物的钢丝绳长期摩擦，吊钩钩体底部磨损量超标。

八、高强螺栓

建筑起重机械的重要钢结构连接使用的是高强度螺栓。钢结构连接用螺栓性能等级分3.6、4.6、4.8、5.6、6.8、8.8、9.8、10.9、12.9等10余个等级，其中8.8级及以上螺栓为高强度螺栓，采用高强度材料制造。高强螺栓的螺杆、螺帽和垫圈都由高强钢材制作，常用45号钢、40硼钢、20锰钛硼钢等钢材，并经过特殊工艺制造而成。其余通称为普通螺栓。

高强度螺栓按受力状态分为：摩擦型和承压型两种。承压型高强螺栓以板层间出现滑动作为正常使用极限状态，而以连接破坏作为承载能力极限状态。摩擦型高强螺栓以板层间出现滑动作为承载能力极限状态。所以摩擦型高强螺栓并没有充分发挥螺栓的潜能。建筑起重机械使用的是摩擦型高强螺栓。

一般情况下高强螺栓不能重复使用。但在实际应用中，往往通过增大螺栓规格，提高安全储备，减小预紧力矩等方法，使高强螺栓能够多次使用。

1. 高强螺栓性能等级的含义

螺栓性能等级标号由两部分数字组成，分别表示螺栓材料的公称抗拉强度值和屈强比值。例如：性能等级 10.9 级高强度螺栓，其含义是：

1）螺栓材质公称抗拉强度达 1000MPa 级。

2）螺栓材质的屈强比值为 0.9。

3）螺栓材质的公称屈服强度达 $1000 \times 0.9 = 900MPa$ 级。

螺栓性能等级的含义是国际通用的标准，相同性能等级的螺栓，不管其材料和产地的区别，其性能是相同的，设计上只选用性能等级即可。

2. 高强螺栓使用与分类

高强螺栓按受力状态又可以分为：拉力型高强螺栓和剪力型高强螺栓。塔机整体式标准节节与节的连接以及回转支承与上下支座的连接使用的是拉力型高强螺栓，塔机片式标准节片与片的连接使用的是剪力型高强螺栓。

拉力型高强螺栓的施工中，为了保证钢结构受力时两个连接面不分开，连接面之间有足够的摩擦力抵抗水平力，使用时必须达到预紧力矩的要求。操作时可以先初紧后终紧，初紧高强螺栓可以使用力矩扳手或者普通扳手加力杆，拧紧到使用说明书规定的预紧力矩值的一半左右。终紧高强螺栓必须用力矩扳手才能保证终紧到使用说明书规定的预紧力矩值。

塔机上使用的拉力型高强螺栓为大六角高强螺栓，大六角高强螺栓由一个螺栓、两个螺母、两个垫圈组成。第一个螺母的作用是拧紧，第二个螺母的作用是防松。拉力型高强螺栓连接的优点是安装方便，缺点是使用时不容易达到规定的预紧力矩。

剪力型高强螺栓连接实际上相当于销轴连接，螺栓担当了销轴的作用，螺母的作用是为了防松。销轴连接的优点是连接处刚度好，连接紧密，没有预紧力矩的要求。缺点是对塔身标准节连接销孔的形位公差要求较高，误差过大时销轴连接将十分困难。销轴连接时标准节主弦杆所受拉力和水平力都通过销轴的剪力来传递。但在实际使用中，由于各工作机构的启动、制动和吊臂回转等，销轴也会受到轴向力的影响而产生轴向移动，因此其轴向固定也不容忽视。安装前应在销轴和销孔上均匀涂上少量润滑脂。

第二章　塔机的主要危险因素和安全保护装置

第一节　塔机的主要危险因素

塔式起重机是高空作业设备，自身高度高，覆盖面大，臂架活动区域往往伸到非施工区域，建筑工地又是人员密集的地方，塔机一旦发生事故很容易造成机毁人亡甚至群死群伤事故，给人民生命财产带来巨大损失，所以国家对塔机的安全使用有严格的要求。

塔机发生危险事故的因素有两个，一个是物的因素，一个是人的因素。物的因素是指设备本身存在问题，产品粗制滥造先天不足，或者设备超过使用年限不堪重负还在继续使用等。人的因素是指操作者缺少使用该设备必要的安全操作技术知识、责任心不强、工作马虎、胆大妄为、野蛮操作或者人为破坏安全装置等。具体地说，塔机工作现场，主要存在以下危险因素：

一、安全装置失灵

有的塔机安装时，没有调好安全装置就开始使用，或者安全装置失灵也不去修理，更有甚者为了超载工作故意将安全装置取消，使塔机处于不安全状态时不能进行有效保护，这是发生倒塔事故的主要原因之一。塔机是用来起重的，不难理解，当它起吊重物时，总是向前倾，这个向前倾倒的力矩就是倾翻力矩，而阻止塔机倾翻的力矩叫稳定力矩。塔机正常工作时，在安全装置起作用的情况下，倾翻力矩总是小于稳定力矩。塔机超载时安全装置如果不起保护作用，倾翻力矩就会大于稳定力矩，发生倒塔。因此，要想不出现倒塔现象，就要调好安全装置，防止倾翻力矩大于稳定力矩。

二、违反塔机安全操作规程

产生倾翻力矩的因素首先是起重力矩，但除此以外，向前吹的风力矩，塔机本身的倾斜力矩，吊索向外的斜拉力矩，野蛮操作的惯性力矩等都会增加倾翻力矩，这些是安全装置无法保护的，所以国标规定大风天气（超过 6 级风）不准强行起吊，塔机要垂直起吊，不许斜拉歪吊，更重要的是不许超力矩起吊，不许野蛮操作等。稳定力矩主要来自平衡重、底架压重、塔机自重和基础的反力，所以平衡重或压重偏小，基础不牢，地基下沉等，都有引起倒塔的危险。所以国家制定了塔机安全操作规程、塔机十不吊等，操作塔机时要严格遵守。

三、超重量

起吊超重量主要有两方面危害，首先是造成电机过载烧坏电机；其次，高速挡超载，容易造成重物突然下坠，若处理不当，会引发重大事故。我们知道：若低速挡超载，重物就吊不起来，电机闷车嗡嗡叫，如不及时停车会烧电机；但对于高速挡超载，开始用低速挡和中速挡都能吊起来，吊到一定高度后，若切入高速，由于力矩不够就会反转下坠，这就有可能引发重大事故。

四、超力矩

塔机超过额定起重力矩工作，在起重力矩限制器失灵时，极容易引起倒塔事故，所以塔机超力矩工作是不能允许的。

五、吊钩冲顶

所谓冲顶，就是吊钩高度没有设置上限位，吊钩直接碰到小车架，而起升电机并未切断电源，这时钢丝绳张力急剧增加，电机带不动而闷车，严重发热烧坏电机。最坏的情况是碰坏小车，钢丝绳绞断使重物下坠，引发重大事故。

六、小车或吊钩下坠

小车脱轨下坠或单边下坠，都是很危险的事，主要由于单边负载太重，引起断轴或轮轴窜位。而吊钩下坠主要由于变换倍率时卡块不到位而引起。无论小车或吊钩下坠，都可能引发严重事故。

七、小车向外溜车

小车在重载下，有往外溜车趋势，主要原因为臂架预留的上仰角不够、变幅机构制动不灵、变幅绳突然断裂等。重载时向外溜车，会大大增加起重力矩，而力矩限制器起不了作用，从而引发倒塔事故。

八、液压顶升横梁与爬爪搭接不到位，顶升时发生脱落

有一些塔机顶升横梁上没有设置防脱插销，当顶升横梁与踏步搭接不到位，或者其他原因使顶升横梁与踏步连接处发生脱落时，塔机上部重物自由落下，造成重大事故。

九、附着架制作安装不符合标准

有一些工地由于塔机与建筑物距离超过了标准要求，原来的标准附着架无法使用，便随意加长附着架撑杆，不知道附着架撑杆是一个受压杆件，简单加长根本不能解决问题，必须要请专业人员专门设计制作。在风力比较大的地区，如沿海地区被大风吹倒的塔机，多半是因为自制的附着架使用安装不符合标准引起的。

十、下支座与塔身、爬升套架的连接件都没有安装或者同时去掉，就开始顶升工作

塔机安装、拆卸时是最容易出问题的时候，必须严格按照安装、拆卸程序进行。塔机下支座与塔身标准节没有连接好，严禁使用回转等机构，否则会有塔机倾倒的危险。有的塔机顶升加标准节时，下支座与塔身、爬升套架的连接件都没有安装或者同时去掉，

相当于塔机上下失去联系，就开始顶升工作，塔机立刻就会倾倒。这种看起来非常低级的错误却是工地上最常见的错误，塔机安装、拆卸时发生倒塌事故，多半是由于这个原因引起的。

第二节　塔机的安全保护装置及调整方法

前面我们介绍了塔式起重机的一些危险因素，这些危险因素，单靠操作人员是防不胜防的。因此，国家规定塔机必须设置安全保护装置，在调试合格正常使用时它们可以自动保护塔机。当然，如果没有将安全保护装置调试合格就使用塔机，还是可能引起重大事故造成生命财产的损失。国家规定塔机必须安装的安全保护装置主要包括行程限位器和载荷限制器。行程限位器有：起升高度限位器、回转限位器、幅度限位器和大车行走限位器。载荷限制器有：起重力矩限制器，起重量限制器。

一、行程限位器与调试方法

目前塔机常用的行程限位器又称为多功能限位器（图1-8-5），是一个蜗轮蜗杆机构，具有很好的防水性能，对塔机的工作行程进行限制。塔机的起升高度限位、变幅幅度限位、回转限位，分别使用外形相同而速比不同的三个多功能限位器。

1. 起升高度限位器调试方法

调整在空载下进行，用手指分别压下微动开关，确认限制提升的微动开关是否正确。确定极限上限位时，使变幅小车与吊钩滑轮的最小距离不小于1m，调动调整轴，使凸轮动作并压下微动开关，使吊钩不能向上。然后拧紧螺母，验证记忆位置是否准确。

2. 回转限位器调试方法

在起重臂处于安装位置（电缆处于自由状态）时调整回转限位器。用手指逐个压下微动开关，确认控制左右方向的微动开关是否正确。向左回转一圈半，调动调整轴使凸轮动作致使对应的微动开关瞬时换接。向右回转三圈，调动调整轴，使凸轮动作至对应的微动开关瞬时换接，然后拧紧螺母。验证左右回转动作记忆位置是否准确。

3. 幅度限位器调试方法

先调试向外变幅减速和臂尖限位。将小车开到距臂尖缓冲器1.5m处，调动调整轴使记忆凸轮转至将微动开关换接。再将小车开至臂尖缓冲器0.22m处，按程序调动调整轴使凸轮转至将对应的微动开关动作。

再调试向内变幅减速凸轮和臂根限位凸轮。调整方法同上，分别距臂根缓冲器1.5m和0.22m处进行减速和臂根限位调整。然后拧紧螺母，验证记忆位置是否准确。

4. 大车行走限位开关和夹轨器

轨道行走式塔机，在靠近轨道的终点要设阻车器，阻止大车超越范围。但是大车惯性很大，不能硬性阻车，故在离阻车器前面一段距离就要设限位开关，切断行走电路电源，以让大车提早停车。

塔机大车除了行走限位器以外，还必须防止大风将塔机吹走，以免造成倒塔事故。所以行走式塔机还要设夹轨器，夹轨器分手动式和电动式两种。

　　手动式夹轨器如图 2-2-1 所示。它主要是由支座、销轴、螺杆、手轮和夹轨钳等组成。转动手轮，带动螺杆，就可以使夹轨钳锁紧或松开。

二、载荷限制器与调试方法

　　载荷限制器分为力矩限制器和起重量限制器两种，下面分别予以介绍。

1. 力矩限制器及调试方法

1）力矩限制器

　　人们对塔机能力的要求是既要吊得重又要吊得远，重量与距离的乘积就是力矩，所以起重力矩的大小是塔机起重能力的主要标志。每台塔机的最大起重力矩都是一定的，超过最大起重力矩塔机就有倾倒的危险，所以力矩限制器是保护塔机最重要的安全装置。力矩限制器分为电子式力矩限制器和机械式力矩限制器两种。电子式力矩限制器灵敏度高，可靠性稍差；机械式力矩限制器灵敏度稍低，但可靠性高，所以目前国内外塔机一般主要是使用机械式力矩限制器。

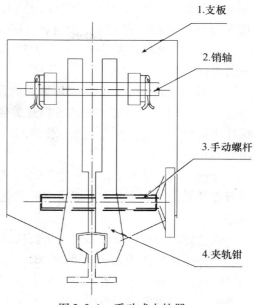

图 2-2-1　手动式夹轨器

1. 支板
2. 销轴
3. 手动螺杆
4. 夹轨钳

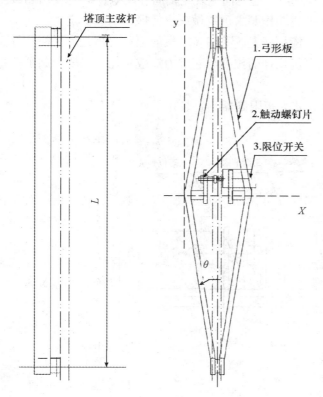

图 2-2-2　机械式力矩限制器

塔顶主弦杆
1. 弓形板
2. 触动螺钉片
3. 限位开关

　　上回转塔机机械式力矩限制器（图 2-2-2）由两条簧板、三个行程开关及调整螺杆等组成，通过安装板固定在塔顶中部后侧的弦杆上，塔机工作时，塔顶发生变形，两条簧板之间的距离缩小，带动调整螺杆移动，调整螺杆触及行程开关，相应力矩能够报警和切断塔机起升向上和小车向外变幅的电路，起到限制力矩保护塔机的作用。机械式力矩限制器调试好的标准是：当力矩达到额定值的 90%时，司机室内的预警灯亮，当超过额定值的 100%但小于 110%时，向上起升断电，小车向外变幅断电，同时发出超载报警声。

2）机械式力矩限制调试方法

　　机械式力矩限制器必须在工地安装时进行现场调试，普遍存在的问题是工地上往往没有标准重量的砝码，使得很多塔机安装后没有及时调整力矩限制器便匆匆忙忙投入工作，这是发生倒塔事故的一个重要隐患。下面我们以 TC5613 为例介绍一种利用工地材料，现场调试机械式力矩限制器的方法。

力矩限制器的调整是在钢丝绳四倍率的情况下，使用定码变幅调整和定幅变码调整两种方法进行。

定码变幅调整方法是在 56m 臂长时吊重 2.86t，小车以慢速由 20m 幅度开始向外变幅，幅度在 29m 时，调整螺杆压迫行程开关使司机室内预警灯亮。幅度在 33m 时，调整另一个螺杆压迫行程开关使起升向上、变幅向外断电，同时发出超载报警声，开回小车，直至解除报警为止。

定幅变码调整方法是在幅度 23m 吊重 4.3t，允许起升。再加 200kg，调整第三根螺杆压迫行程开关，使起升向上、变幅向外断电，同时发出超载报警声，开回小车，直至解除报警为止。

调整好的力矩限制器需要马上校核，校核分为小幅度校核和大幅度校核两种。

小幅度校核的方法是：吊重 8t，小车以慢速由 9m 幅度开始向外变幅，幅度在 12 ~ 12.5m 时，司机室内预警灯亮。幅度在 13.7 ~ 14.3m 时（小值较为理想），起升向上、变幅向外断电，同时发出超载报警声，开回小车，直至解除报警为止。上述动作重复做三次，以保持功能稳定。

大幅度校核的方法是：吊重 1.36t，小车向外变幅，幅度在 48m 左右时，司机室内预警灯亮。幅度在 53.2 ~ 56m 时（小值较为理想），起升向上及变幅向外断电，同时发出超载报警声。开回小车，直至解除报警为止，上述动作要求重复做三次，保持功能稳定。

下回转塔机的力矩限制器一般装在平衡拉杆上。下回转塔机的起重力矩是靠平衡拉杆受拉和塔身受压构成力偶来平衡的，所以平衡拉杆的拉力与起重力矩成正比。只要限制平衡拉杆的拉力值就可以限制起重力矩。

图 2-2-3 为一种下回转塔机用的杠杆式力矩限制器，它装在平衡拉杆下端。

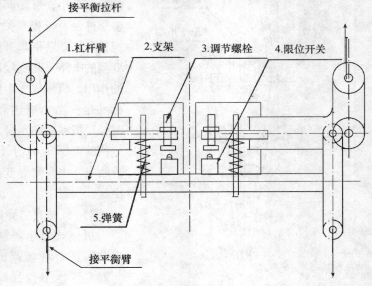

图 2-2-3　杠杆式力矩限制器

2. 起重量限制器及调试方法。

1）起重量限制器

起重量限制器（图2-2-4）是限制起重量的，其作用一方面是保护电机，不至于让电机过多超载；另一方面是给出信号，及时切换电机的极数，不至于发生高速挡吊重载，防止起升机构出现反转溜车事故。起重量限制器同样也是一个很重要的安全保护装置。

异步电机启不动时，其转差率 $\varepsilon=1$，此时电机负荷很大，电流很大，发热现象特别严重，发出嗡嗡的响声。一台电机如果处于这种状态的机会太多，绝缘就很容易破坏，电机很容易烧毁。塔机的机构多在高空，烧坏一台电机，更换起来也非常麻烦。另一方面，塔式起重机的起升机构，多为变极调速，所用的电机多为变极多速电机。这种电机设计时往往是低速段取恒力矩，高速段取恒功率。也就是说中速和高速下功率相等，中速重载，高速轻载。比如4/8极组合，4极同步转速1500r/min，8极同步转速是750r/min，如果8极能吊4t，4极就只能吊2t。当你吊一件物品，你开始并不知道是多重，例如说是3.2t，你用

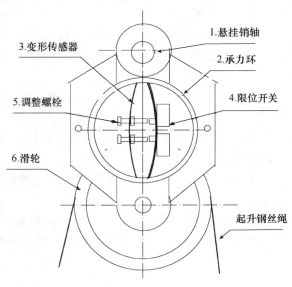

图 2-2-4 起重量限制器

1. 悬挂销轴
2. 承力环
3. 变形传感器
4. 限位开关
5. 调整螺栓
6. 滑轮

起升钢丝绳

8极吊起来了，你还想快一点，就打高速，显然超载了。这时就有发生反转下溜的危险。但如果你有4极下的起重量限制器，它就会自动给你切断高速，打回8极中速，并没有什么危险。但如果你没有调好起重量限制器，那就要看司机会不会处理了。有经验的司机明白，高速下滑赶紧打回中速，中速下滑就打到低速，就不会有危险。然而没有经验的司机，就不一定处理得好，就可能出事故。某工地有位司机，起吊一个不知重量的物体，起重量限制器没有调好。他开始用低速吊起来了，慢慢加大速度挡。到第四挡，发现重物缓慢下滑，他认为可能是速度不够才下滑的，以为加快提升速度就不会下滑了，于是将速度打到5挡。5挡是4极提升，4挡是8极提升，结果自然提不起来，反而变成重物快速下滑，最后导致不应有的事故发生。从这件事说明起重量限制器很重要，也说明塔机操作人员要多懂一些安全知识，就可以避免很多不必要的损失。

2）调试方法

机械式起重量限制器，可以对低、中、高三挡速度所对应的起重量分别进行限制。机械式起重量限制器内部结构是一个缩小了的力矩限制器。

当起重量达到额定值的90%时，起重量限制器做出反应，司机室内的预警灯亮，当超过额定值的100%时，向上起升断电，同时发出超载报警声。

起重量限制器的调整（以TC6010塔机为例）是在钢丝绳四倍率的情况下，分别进行高速档和低速挡调整。

（1）高速挡调整的方法

第一步，在允许的幅度范围内，吊重 4000kg，吊钩以低、高挡速度各升降一次，不允许任何一挡产生不能升降现象。

第二步，再加吊重 200kg，同时调整螺钉，以高速挡起升，若能起升，升高 10m 左右后，再下降至地面。

第三步，重复第二步动作，直至高速挡不能起升为止。此时吊重应在 4000～4200kg 之间，接近小值较为理想。

第四步，在 4000kg 的基础上，再将吊重 200kg 分四次加上去，分别做高速挡升、降动作，直至不能起升。重复第三次，三次所得起重量应基本一致。

（2）低速挡调整的方法

第一步，在 12m 幅度以内，吊重 8000kg，吊重以低速挡升降一次，不允许产生不能升降现象。

第二步，加吊重 400kg，同时调整螺钉，以低档起升，若能起升时，升高 10m 左右后再下降至地面。

第三步，重复第二步，直到低挡不能起升为止。此时吊重应在 8000～8400kg 之间，接近小值较为理想。

第四步，在 8000kg 的基础上，再将吊重 400kg 分四次加上去，分别做升、降动作，直至不能起升。重复三次，三次所得起重量应基本一致。

第三章 塔机安装与拆卸

塔机的安装和拆卸，首先要满足施工的要求，又要注意周围的环境条件，不能造成干涉、碰撞、触电和损害邻居利益的事，还要注意地形、地貌、土质情况，是否适合做基础和铺设轨道。安装塔机前，一定要缜密规划，事先要估计到可能发生的问题，不能等到装起来以后才发现问题，这样损失太大。安装和拆卸本身，是安全要求很高的作业，要有专业人员指挥，不可马虎大意，否则很容易发生危险事故。

第一节 对安装场地的要求

塔机安装场地的要求如下：

1. 选择安装地点，应注意起重机的臂架端部活动范围与别的建筑物及建筑物外围施工设施之间的距离不得小于 0.5m。

2. 有架空输电线的场所，起重机的任何部位与输电线的安全距离，应符合表 3-1-1 的规定，以避免起重机结构进入输电线的危险区。

表 3-1-1 离输电线安全距离 （m）

电压（kV） 安全距离	<1	1~15	20~40	60~110	220
沿垂直方向	1.5	3.0	4.0	5.0	6.0
沿水平方向	1.0	1.5	2.0	4.0	6.0

如果受条件限制，不能保证表 3-3-1 的安全距离，应与有关部门协商，并采取安全防范措施后方可架设。

3. 两台起重机之间的最小架设距离，应保证处于低位的起重机的臂架端部与另一台起重机的塔身之间至少有 2m 的距离，处于高位起重机的最低位置的活动部位（如吊钩或平衡重）与低位起重机中处于最高位置的部件之间的垂直距离不得小于 2m。

4. 安装场地在放置起重臂全长的窄长范围内应平整，无杂物和障碍物，以便于平衡臂、起重臂等部件在地面组装及吊装。

5. 固定式塔机的地基不能太靠近边坡，基础边缘离建筑物基础开挖边缘的距离宜取 2m 以上，以防止塔机工作时基础塌方或发生倾斜。在有开挖边缘的地方安装大型起重机，除了按设计要求根据地耐力选择基础大小、尺寸、钢筋布置、混凝土强度等级以外，还要按照规定的程序进行施工养护。在基础未施工前，一定要在靠边缘区打桩，以确保基础下面边缘区的承载能力，防止塌方，防止基础受载后整体倾斜。

6. 安装场地不能选在松土上或沉陷不均的地方，其承载能力必须达到塔机使用说明书的要求。如达不到要求，应采取打桩或地基夯实措施，仍然达不到要求就只有另外选择地方。

7. 轨道式安装的碎石基础，如果铺设在地下建筑物（如暗沟、防空洞等）的上面，必须采取加固措施。碎石基础的基面必须按设计要求压实，碎石基础必须平整捣实，轨枕之间应填满碎石。路基两侧或中间应设排水沟，保证路基没有积水。轨道基础应由专业人员设计，非专业人员不可随便承担有关设计任务。

8. 安装场地电源配置应合理、方便、安全，总电源距安装场地不宜过远，尽量减少电路损耗。电源线应满足装机功率的要求，不得引起发热或过大的压降。

第二节 塔机安装要求与注意事项

据统计，塔式起重机倒塌事故超过 70% 是在安装、拆卸、顶升加节的时候发生的，主要原因是塔机安装、拆卸、顶升加节时是塔机上下连接最薄弱的时候，这时操作塔机完成安装、拆卸、顶升加节技术难度很大，必须要由进行过专业培训并取得政府有关部门颁发的塔机安装特种操作证的人员，严格按照有关操作程序来实行。同时塔机安装、拆卸属于高空集体作业，本身具有一定的危险性，塔机上下人员，必须思想集中、小心谨慎、互相配合、互相监督、严格按照使用说明书要求进行，遵守下列规定，否则很容易出安全事故。

基本要求与注意事项：

1. 塔机安装单位必须具备建设行政主管部门颁发的起重设备安装工程专业承包资质和建筑施工企业安全生产许可证。塔机安装单位必须在资质许可范围内从事塔机的安装业务。

2. 塔机安装单位除了应具有资质等级标准规定的专业技术人员外，还应有与承担工程相适应的专业作业人员。主要负责人、项目经理、专职安全生产管理人员应持有安全生产考核合格证书。塔机安装工、电工、司机、信号司索工等应具有建筑施工特种作业操作资格证书。

3. 塔机基础的设计制作应采用塔机使用说明书介绍的方法。地基的承载能力应由施工（总承包）单位确认。

4. 塔机基础应符合使用说明书要求，地基承载能力必须满足塔机设计要求，安装前应对基础进行隐蔽工程验收，合格后方能安装。基础周围应修筑边坡和排水设施。

5. 行走式塔机的路轨基础及路轨的铺设应按使用说明书要求进行，且应符合《塔式起重机安全规程》GB 5144 的规定。

6. 被安装的塔机应具有特种设备制造许可证、产品合格证、制造监督检验证明，国外制造的塔机应具有产品合格证，并已在建设行政主管部门备案登记。

7. 塔机安装前，必须经维修保养，并进行全面的安全检查。结构件有可见裂纹的、严重锈蚀的、整体或局部变形的、连接轴（销）和孔有严重磨损变形的应修复或更换符合规定后方可进行安装。

8. 塔机的附着装置应采用使用说明书规定的形式，满足附着高度、垂直间距、水平间距、自由端高度等的规定。当附着装置的水平布置距离、形式或垂直距离不符合使用说明书时，应依据使用说明书提供的附着载荷参数设计计算，绘制制作图和编写相关说明，并经原设计单位书面确认或通过专家评审。

9. 进入现场的作业人员必须配戴安全帽、绝缘防滑鞋、安全带等防护用品。无关人员严禁进入作业区域内。

10. 安装拆卸作业中应统一指挥，明确指挥信号。当视线阻隔和距离过远等致使指挥信号传递困难时，应采用对讲机或多级指挥等有效的措施进行指挥。

11. 连接件和其保险防松防脱件必须符合使用说明书的规定，严禁代用。对有预紧力要求的联接螺栓，必须使用扭力扳手或专用工具，按说明书规定的拧紧次序将螺栓准确地紧固到规定的扭矩值。

12. 自升式塔机每次加节（爬升）或下降前，应检查顶升系统，确认完好才能使用。附着加节时应确认附着装置的位置和支撑点的强度并遵循先装附着装置后顶升加节，塔机的自由高度应符合使用说明书的要求。

第三节　上回转塔机的安装

一、固定式上回转水平臂塔机的安装

以 TC5610 为例，塔机安装顺序按图 3-3-1 进行。

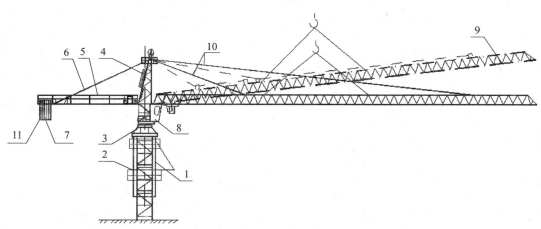

图 3-3-1　支腿固定式塔机安装顺序示意图

1—安装塔身节；2—吊装爬升架；3—安装回转支承拉杆；4—安装塔机总成；5—安装平衡臂总成；
6—安装平衡臂拉杆；7—吊装一块 2.90t 重的平衡重；8—安装司机室；9—安装起重臂总成；
10—安装起重臂拉杆；11—配装平衡重（余下的配重）

1. 吊装两个塔身节

（1）如图 3-3-2 所示，吊起一节标准节 EQ（每个端面 12 个连接套）。注意严禁吊在水平斜腹杆上。

（2）将1节标准节EQ吊装到埋好在固定基础上的固定基节EQ上，用12件10.9级高强度螺栓连接牢。

（3）再吊装一节标准节E（每个端面8个连接套），用8件10.9级高强度螺栓连接牢；此时基础上已有一节固定基节EQ、一节标准节EQ和一节标准节E。

（4）所有高强度螺栓的预紧扭矩应达到1400N·m，每根高强度螺栓均应装配两个垫圈和两个螺母，并拧紧防松。双螺母中防松螺母预紧扭矩应稍大于或等于1400N·m。

（5）用经纬仪或吊线法检查垂直度，主弦杆四侧面垂直度误差应不大于1.5/1000。

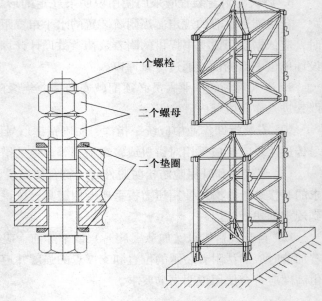

一个螺栓
二个螺母
二个垫圈

图 3-3-2　吊装标准节

2. **吊装爬升架**

（1）将爬升架组装完毕后（图3-3-3），将吊具挂在爬升架上，拉紧钢丝绳吊起。切记安装顶升油缸的位置必须与塔身踏步同侧。

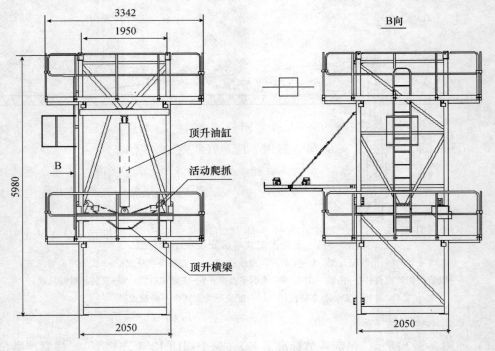

3342
1950
5980
B
2050
B向
顶升油缸
活动爬抓
顶升横梁
2050

图 3-3-3　组装爬升架

（2）将爬升架缓慢套装在两个塔身节外侧。

（3）将爬升架上的活动爬爪放在塔身节的第二节（从下往上数）上部的踏步上。

（4）安装顶升油缸，将液压泵站吊装到平台一角，接油管，检查液压系统的运转情况。

3. 安装回转总成

（1）检查回转支承上 8.8 级 M24 高强螺栓的预紧力矩是否达 640N·m，且防松螺母的预紧力矩稍大于或等于 640N·m。

（2）如图 3-3-4 所示，将吊具挂在上支座 ϕ55 的销轴上，将回转总成吊起。

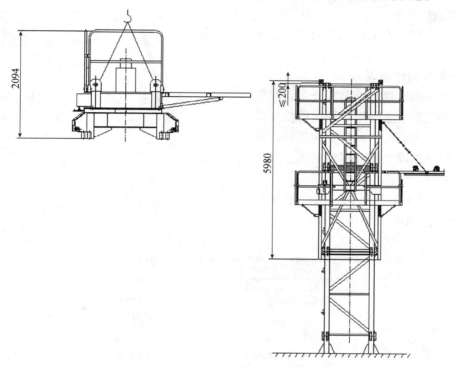

图 3-3-4　吊回转总成

（3）下支座的八个连接套对准标准节 E 四根主弦杆的八个连接套，缓慢落下，将回转总成放在塔身顶部。下支座与爬升架连接时，应对好四角的标记。

（4）用 8 件 10.9 级的 M30 高强度螺栓将下支座与标准节 E 连接牢固（每个螺栓用双螺母拧紧防松），螺栓的预紧力矩应达 1400N·m，双螺母中防松螺母的预紧力矩稍大于或等于 1400N·m。

（5）操作顶升系统，将顶升横梁伸长，使其销轴落到第 2 节标准节 EQ（从上往下数）的下踏步圆弧槽内，将顶升横梁防脱装置的销轴插入踏步的圆孔内，再将爬升架顶升至与下支座连接耳板接触，用 4 根销轴将爬升架与下支座连接牢固。

有必要强调，一定要在安装塔帽前将爬升架与下支座可靠连接。有些安装人员为了节省租用汽车吊的使用时间，或者为了方便爬升架与下支座的连接，最后才将爬升架与下支座进行连接，甚至将塔身与下支座的连接螺栓拆下，想靠起重臂的回转来实现爬升架与下支座的对中，这是相当危险的做法，很容易出现上部结构整体倾翻的恶性事故。

4. 安装塔帽

（1）吊装前在地面上先把塔帽上的平台、栏杆、扶梯及力矩限制器装好（为使安装平衡臂方便，可在塔帽的后侧左右两边各装上一根平衡臂拉杆）。

（2）如图 3-3-5 所示，将塔帽吊到上支座上，应注意将塔帽垂直的一侧对准上支座的起重臂方向。

（3）用 4 件 ϕ55 销轴将塔帽与上支座紧固。

5. 安装平衡臂总成

（1）在地面组装好两节平衡臂，将起升机构、电控箱、电阻箱、平衡臂拉杆装在平衡臂上并固接好。回转机构接临时电源，将回转支承以上部分回转到便于安装平衡臂的方位。

（2）如图 3-3-6 所示，吊起平衡臂（平衡臂上设有 4 个安装吊耳）。

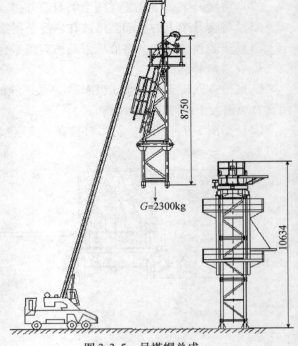

图 3-3-5　吊塔帽总成

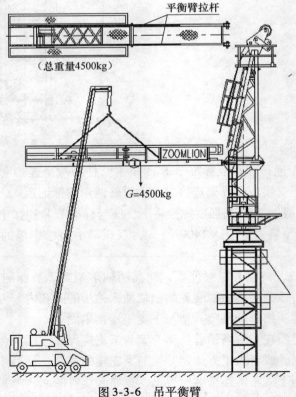

图 3-3-6　吊平衡臂

（3）用销轴将平衡臂前端与塔帽固定连接好。

（4）按平衡臂拉杆示意图 3-3-7，将平衡臂逐渐抬高，便于平衡臂拉杆与塔帽上平衡臂拉杆相连，用销轴连接，并穿好充分张开开口销（图 3-3-8）。

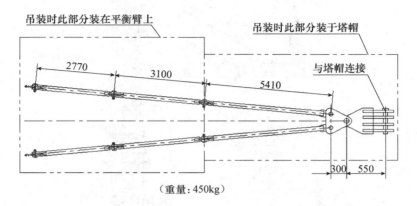

图 3-3-7　平衡臂拉杆总成

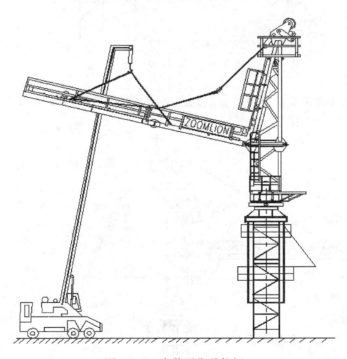

图 3-3-8　安装平衡臂拉杆

（5）缓慢地将平衡臂放下，再吊装一块 2.90t 重的平衡重安装在平衡臂最靠近起升机构的安装位置上（图 3-3-9）。

特别注意：

①安装销的挡块必须紧靠平衡重块。

②安装销必须超过平衡臂上安装平衡重的三角挡块。

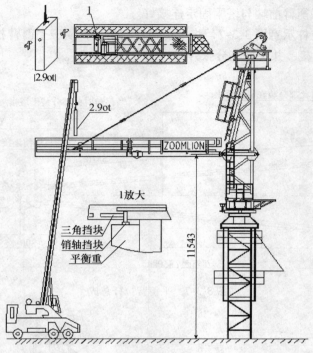

图 3-3-9　安装一块平衡重

6. 安装司机室

司机室内的电气设备安装齐全后，吊到上支座靠右平台的前端（图 3-3-10），对准耳板孔的位置后用三根销轴连接。

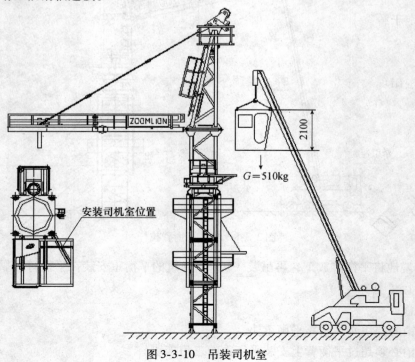

图 3-3-10　吊装司机室

7. 吊装起重臂总成

（1）在塔机附近平整的枕木（或支架，高约0.6m）上按图3-3-11的要求，拼装好起重臂。注意无论组装多长的起重臂，均应先将载重小车套在起重臂下弦杆的导轨上。

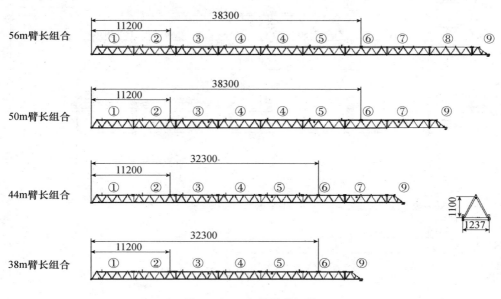

图3-3-11　起重臂的组装

（2）将维修吊篮紧固在载重小车上，并使载重小车尽量靠近起重臂根部最小幅度处。

（3）安装好起重臂根部处的牵引机构，卷筒绕出两根钢丝绳，其中一根短绳通过臂根导向滑轮固定于载重小车后部，另一根长绳通过起重臂中间及头部导向滑轮，固定于载重小车前部（图3-3-12）。在载重小车后部有3个绳卡，绳卡压板应在钢丝绳受力一边，绳卡间距为钢丝绳直径的6～9倍。如果长钢丝绳松弛，调整载重小车前端的张紧装置即可张紧。在使用过程中出现短钢丝绳松弛时，可调整起重臂根部的另一套牵引钢丝绳张紧装置将其张紧。

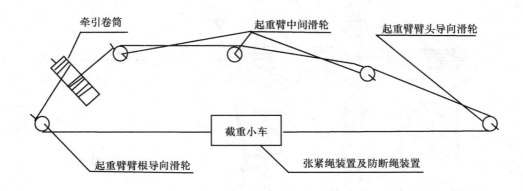

图3-3-12　牵引钢丝绳绕绳示意图

（4）将起重臂拉杆按图 3-3-13 所示拼装好后与起重臂上的吊点用销轴连接，穿好开口销，放在起重臂上弦杆的定位托架内。

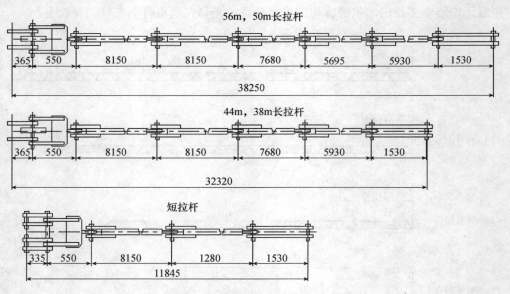

图 3-3-13　起重臂拉杆组成示意图

（5）检查起重臂上的电路走线是否完善。使用回转机构的临时电源将塔机上部结构回转到便于安装起重臂的方位。

注意：组装好的起重臂用支架支承在地面时，严禁为了穿绕小车牵引钢丝绳的方便仅支承两端，全长内支架不应少于 5 个，且每个支架均应垫好受力，为了穿绕方便允许分别支承在两边主弦杆下。

（6）挂绳，试吊是否平衡，否则可适当移动挂绳位置（记录下吊点位置便于拆塔时用），起吊起重臂总成至安装高度。如图 3-3-14 所示用销轴将塔帽与起重臂根部连接固定。

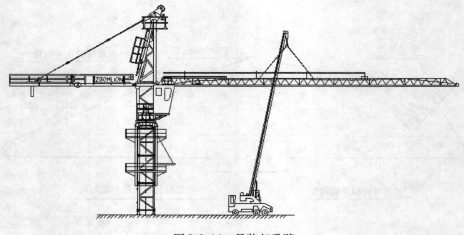

图 3-3-14　吊装起重臂

（7）接通起升机构的电源，放出起升钢丝绳，按图 3-3-15 缠绕好钢丝绳，用汽车吊逐渐抬高起重臂的同时开动起升机构向上，直至起重臂拉杆靠近塔顶拉板，按图 3-3-16 及图 3-3-17 将起重臂长短拉杆分别与塔顶拉板用销轴连接，并穿好开口销。松弛起升机构钢丝绳把起重臂缓慢放下。

（8）使拉杆处于拉紧状态，最后松脱滑轮组上的起升钢丝绳。

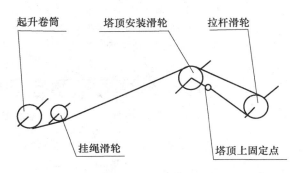

图 3-3-15　安装起重臂拉杆时起升钢丝绳绕法

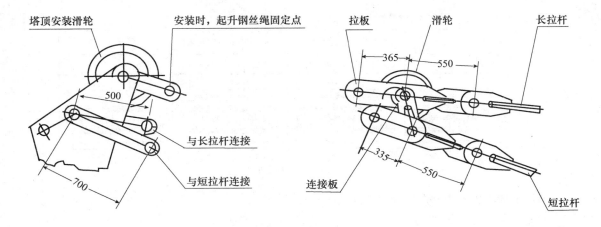

图 3-3-16　与起重臂拉杆连接处塔帽结构　　　图 3-3-17　塔帽与起重臂拉杆连接处结构

8. 配装平衡重

平衡重的重量随起重臂长度的改变而改变，见表 3-3-1 中的值。

表 3-3-1　平衡重配置表

56m 臂长		50m 臂长		44m 臂长		38m 臂长	
平衡重	4×2.9	平衡重	4×2.9	平衡重	4×2.9	平衡重	3×2.9
	2×1.5		1×1.5				1×1.5
	共计 14.6		共计 13.1		共计 11.6		共计 10.2

根据所使用的起重臂长度，按图 3-3-18 要求吊装平衡重。

起重臂三种臂长工况下平衡重的配置及安装位置严格按要求安装。

特别注意：

（1）安装销的挡块必须紧靠平衡重块。

（2）安装销必须超过平衡臂上安装平衡重的三角挡块。

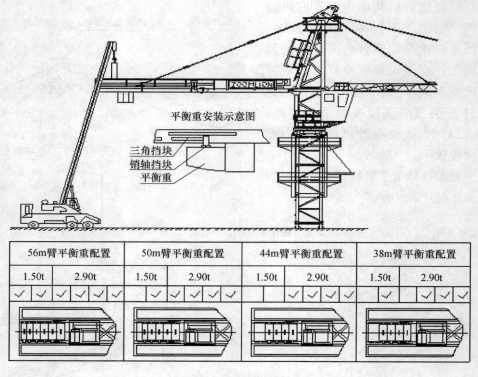

平衡重安装示意图

三角挡块
销轴挡块
平衡重

56m臂平衡重配置		50m臂平衡重配置		44m臂平衡重配置		38m臂平衡重配置	
1.50t	2.90t	1.50t	2.90t	1.50t	2.90t	1.50t	2.90t
√ √	√ √ √ √	√	√ √ √ √	√	√ √ √		√ √ √

图 3-3-18　吊装平衡重

9. 穿绕起升钢丝绳

（1）穿绕起升钢丝绳

吊装完毕后，进行起升钢丝绳的穿绕，如图 3-3-19 所示。起升钢丝绳由起升机构卷筒放出，经机构上排绳滑轮，绕过塔帽导向滑轮向下进入塔顶上起重量限制器滑轮，向前再绕到载重小车和吊钩滑轮组，最后将绳头通过绳夹，用销轴固定在起重臂头部的防扭装置上。

10. 接电源及试运转

当整机按前面的步骤安装完毕后，在无风状态下，检查塔身轴心线对支承面的垂直度，允差为 4/1000；再按电路图的要求接通所有电路的电源，试开动各机构进行运转，检查各机构运转是否正确，同时检查各处钢丝绳是否处于正常工作状态，是否与结构

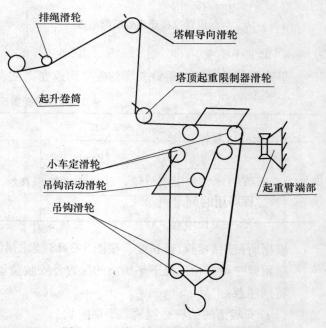

排绳滑轮
塔帽导向滑轮
起升卷筒
塔顶起重限制器滑轮
小车定滑轮
吊钩活动滑轮
起重臂端部
吊钩滑轮

图 3-3-19　起升钢丝绳绕绳示意图

件有摩擦，所有不正常情况均应予以排除。

如果安装完毕就要使用塔机工作，则必须按本章第6节的第3部分的要求调整好安全装置。

11. 换倍率器的使用（图3-3-20）

换倍率装置是一个带有活动滑轮的挂体，当其与吊钩连成一体时，起升钢丝绳系统为4倍率，当挂体与吊钩脱离并顶在载重小车底面时，起升钢丝绳系统则变为2倍率。

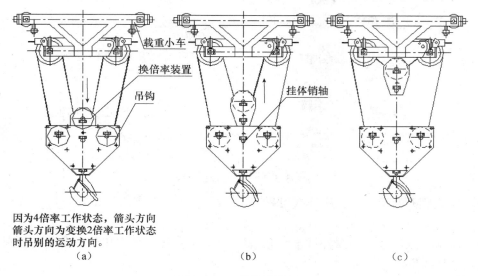

载重小车
换倍率装置
吊钩
挂体销轴

因为4倍率工作状态，箭头方向
箭头方向为变换2倍率工作状态
时吊别的运动方向。

（a）　　　　　　　　　（b）　　　　　　　　　（c）

图3-3-20　换倍率装置

（1）当需要用2倍率工作时，操纵起升机构，使吊钩向下运动并着地，拔出挂体销轴，然后开动起升机构，收紧钢丝绳，使挂体上升至与载重小车接触。注意：起升机构的排绳不得有乱绳情况出现。这样起升钢丝绳系统就转换成2倍率。

（2）若要再将起升钢丝绳系统转换成4倍率，则又操纵起升机构，放下吊钩至地面，并使挂体落回到吊钩的挂体槽内。插上销轴和开口销，并充分张开开口销。这样起升钢丝绳系统就转换为4倍率了。

12. 塔机的顶升加节

1）顶升前的准备

（1）按液压泵站要求给其油箱加油。

（2）清理好各个塔身节，在塔身节连接套内涂上黄油，将待顶升加高用的标准节E在顶升位置时的起重臂下排成一排，这样能使塔机在整个顶升加节过程中不用回转机构，能使顶升加节过程所用时间最短。

（3）放松电缆长度略大于总的顶升高度，并紧固好电缆。

（4）将起重臂旋转至爬升架前方，平衡臂处于爬升架的后方（顶升油缸正好位于平衡臂下方）。

（5）在引进平台上准备好引进滚轮，爬升架平台上准备好塔身高强度螺栓。

2）顶升前塔机的配平

（1）塔机配平前，必须先将载重小车运行到使用说明书规定的配平参考位置，并吊起一节标准节或其他重物（图 3-3-21）。注意：使用说明书中规定的载重小车的位置是个近似值，顶升时还必须根据实际情况的需要予以微调。

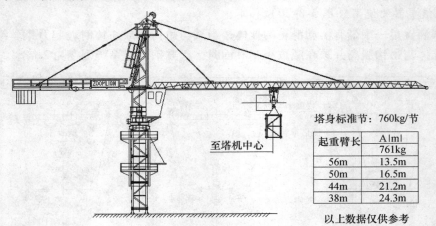

塔身标准节：760kg/节

起重臂长	A|m|
	761kg
56m	13.5m
50m	16.5m
44m	21.2m
38m	24.3m

以上数据仅供参考

图 3-3-21　顶升前的平衡

（2）检查爬升套架与下支座连接可靠以后，再拆除下支座四个支腿与标准节上端的连接螺栓。

（3）将液压顶升系统操纵杆推至"顶升"方向，使爬升架顶升至下支座支腿刚刚脱离塔身的主弦杆的位置。

（4）通过检验下支座支腿与塔身主弦杆是否在一条垂直线上，并观察爬升架 8 个导轮与塔身主弦杆间隙是否基本相同来检查塔机是否平衡。略微调整载重小车的配平位置，直至平衡。使得塔机上部重心落在顶升油缸梁的位置上（图 3-3-21）。

（5）记录载重小车的配平位置。但要注意该位置随起重臂长度不同而改变。

（6）操纵液压系统使爬升架下降，连接好下支座和塔身节间的连接螺栓。

3）顶升作业（见图 3-3-22 顶升过程）

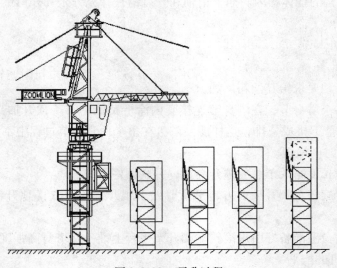

图 3-3-22　顶升过程

（1）将一节标准节吊至顶升爬升架引进横梁的正上方，在标准节下端装上四只引进滚轮，缓慢落下吊钩，使装在标准节上的引进滚轮正确地落在引进横梁上，然后摘下吊钩。

（2）再吊一节标准节，将载重小车开至顶升平衡位置。

（3）用回转机构上的回转制动器，将塔机上部机构处于制动状态。

（4）卸下塔身顶部与下支座连接的 8 个高强度螺栓。

（5）开动液压顶升系统，使油缸活塞杆伸出，将顶升横梁两端的销轴放入距顶升横梁最近的塔身节踏步的圆弧槽内插上防脱插销，并顶紧（要设专人负责观察顶升横梁两端销轴都必须放在踏步圆弧槽内），确认无误后继续顶升，将爬升架及其以上部分顶起 10 ~ 50mm 时停止，检查顶升横梁等爬升架传力部件是否有异响、变形，油缸活塞杆是否有自动回缩等异常现象，确认正常后，继续顶升。

（6）顶起略超过半个塔身节高度并使爬升架上的活动爬爪滑过一对踏步并自动复位后，停止顶升，并回缩油缸，使活动爬爪搁在顶升横梁所顶踏步的上一对踏步上。

（7）确认两个活动爬爪全部准确地压在踏步顶端并承受住爬升架及其以上部分的重量，且无局部变形、异响等异常情况后，打开防脱插销，将油缸活塞全部缩回，提起顶升横梁，重新使顶升横梁顶在爬爪所搁的踏步的圆弧槽内插上防脱插销，再次伸出油缸，将塔机上部结构再顶起略超过半个塔身节高度，此时塔身上方恰好有能装入一个塔身节的空间。

（8）将爬升架引进平台上的标准节 E 拉进至塔身正上方，稍微缩回油缸，将新引进的标准节落在塔身顶部并对正，卸下引进滚轮，用 8 件 M30 的高强度螺栓（每根高强螺栓必须有两个螺母）将上、下标准节 E 连接牢靠（预紧力矩 1400kN·m）。

（9）再次缩回油缸，将下支座落在新的塔身顶部上，并对正，用 8 件 M30 高强螺栓将下支座与塔身连接牢靠（每根高强螺栓必须有两个螺母），即完成一节标准节 E 的加节工作。

若连续加几节标准节，则可按照以上步骤重复几次即可。

为使下支座顺利地落在塔身顶部并对准连接螺栓孔，在缩回油缸之前，可在下支座四角的螺栓孔内从上往下插入四根（每角一根）导向杆，然后再缩回油缸，将下支座落下。

4）顶升过程的注意事项：

（1）塔机最高处风速大于 14m/s 时，不得进行顶升作业。

（2）顶升过程中必须保证起重臂与引入标准节方向一致，并利用回转机构制动器将起重臂制动住，载重小车必须停在顶升配平位置。

（3）若要连续加高几节标准节，则每加完一节后，用塔机自身起吊下一节标准节前，塔身各主弦杆和下支座必须有 8 个 M30 的螺栓连接，惟有在这种情况下，允许这 8 根螺栓每根只用一个螺母。

（4）所加标准节上的踏步，必须与已有塔身节对正。

（5）在下支座与塔身没有用 M30 螺栓连接好之前，严禁起重臂回转、载重小车变幅和吊装作业。

（6）在顶升过程中，若液压顶升系统出现异常，应立即停止顶升，收回油缸，将下支座落在塔身顶部，并用 8 件 M30 高强度螺栓将下支座与塔身连接牢靠后，再排除液压系统的故障。

（7）塔机加节达到所需工作高度（但不超过独立高度）后，应旋转起重臂至不同的角度，检查塔身各接头处、基础支脚处螺栓的拧紧问题（哪一根主弦杆位于平衡臂正下方时就把这根弦杆从下到上的所有螺母拧紧，上述连接处均为双螺母防松）。

13. 塔机的附着

当塔机的工作高度超过其独立高度时，须进行塔身附着。

1）附着点的载荷

图 3-3-23 给出了所示的附着撑杆布置形式和位置条件下建筑物附着点（即连接基座固定处）的载荷值。用户需根据此载荷值的大小、附着点在建筑物结构上的具体位置、安装附着装置的附着点处建筑物局部的承载能力等因素，确定连接基座与建筑物的连接固定方式和局部结构处理方式。

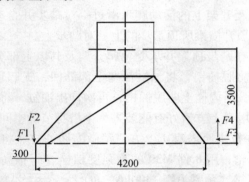

F_1（kN）	± 100.0
F_2（kN）	± 204
F_3（kN）	± 134
F_4（kN）	± 204

图 3-3-23　附着点载荷

注意：附着点的载荷值与塔机和建筑物的相对位置、附着撑杆的布置形式与尺寸、附着框架以上塔身悬出段长度值的变化而改变。因此，塔机附着时，如塔机位置、附着撑杆布置形式及尺寸与图 3-3-23 所示的不同时，须向生产商咨询。切不可盲目套用表中的数值自行制作处理，以免产生重大安全事故。

2）安装附着架

（1）先将附着框架套在塔身上，并通过四根内撑杆将塔身的四根主弦杆顶紧；通过销轴将附着撑杆的一端与附着框架连接，另一端与固定在建筑物上的连接基座连接。

（2）每道附着架的附着撑杆应尽量处于同一水平面上。但在安装附着框架和内撑杆时，若与标准节 E 的某些部位相互干挠，可适当升高或降低内撑杆的安装高度。

（3）附着撑杆上允许搭设供人从建筑物通向塔机的跳板与扶手栏杆，但严禁堆放重物。

（4）安装附着装置时，应当用经纬仪检查塔身侧向的垂直度，附着架以上塔身（悬臂高度）偏差不得大于悬臂长度的 4/1000，允许用调节附着撑杆的长度来达到。

（5）附着撑杆与附着框架，连接基座，以及附着框架与塔身、内撑杆的连接必须可靠。内撑杆应可靠地将塔身主弦杆顶紧，各连接螺栓应紧固好。各调节螺栓调整好后，应将螺母可靠地拧紧。开口销应按规定充分张开，运行后应经常检查是否发生松动，并及时进行调整。

注意：不论附着几次，只在最上面的一个附着框架内安装内撑杆，即内撑杆应安装在最新附着框架内，也就是最高的那层框架内。

二、上回转动臂塔机的安装

1. 支腿固定式上回转动臂塔机的安装顺序

以中联 TCR6055－32 为样机介绍动臂式塔机（图 3-3-24）立塔的安装顺序：

（1）安装基节和标准节（内爬塔机安装内爬基节和标准节）。

（2）安装爬升架。

（3）安装回转支座总成。

（4）安装回转塔身。

（5）安装司机室。

（6）安装平衡臂总成（可先安装平衡臂，再安装变幅机构和起升机构）。

（7）安装 A 字架总成。

（8）吊装四块或三块 5t 的平衡重（根据臂长确定，最大工作幅度为 35m 和 30m 时、只需安装 3 块 5t 的平衡重）。

（9）安装起重臂总成。

（10）安装安全绳。

（11）安装变幅拉杆。

（12）配装其余平衡重。

（13）安装吊钩。

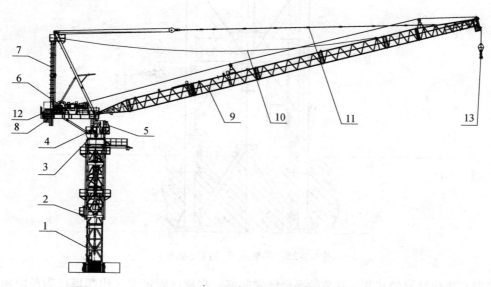

图 3-3-24　支腿固定式塔机安装顺序示意图

注：图示中的序号解释同正文。

2. 支腿固定式上回转动臂塔机的安装方法

（1）安装塔身

先组装片式标准节、组装内爬基节。片式标准节由主弦杆、"K"形片、斜拉杆、平台、爬梯等组成，相互之间采用专用的销轴连接。

注意：所有连接孔及连接销应确保干净，不应带有任何污垢。片式标准节片与片之间连接的销轴、标准节与标准节之间连接销轴均为专用特制件，用户不得随意代用。

在组装内爬基节的时候就要将液压顶升系统，包括内爬顶升活动梁安置在内爬基节内，用销轴将液压顶升油缸（一共两根液压顶升油缸）安装在内爬基节上顶升横梁和内爬顶升活动梁上，油缸体朝上，活塞杆朝下，液压顶升泵站安置在内爬基节下部的平台上，连好液压管道。

要特别注意：内爬基节的上顶升固定横梁和下顶升活动横梁的爬爪先不要安装，在爬升架拆除后才安装，否则该爬爪可能与爬升架的引进梁严重干涉，导致爬升架严重损坏，造成重大的安全事故。

（2）吊装基节（内爬基节）（图3-3-25）

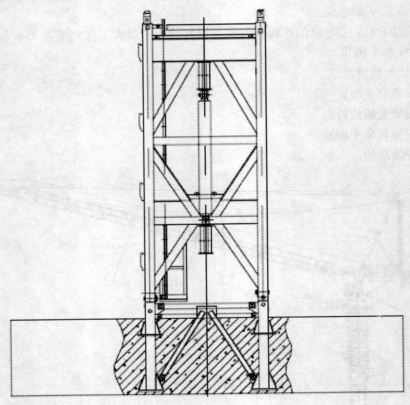

图3-3-25　吊装基节（内爬基节）

吊起预先组装好的基节，基节的平台已安装好、爬梯已固定牢（内爬塔机为吊内爬基节，内爬基节的平台、爬梯已安装好），安装到预埋支腿组件上。用特制的8根ϕ60（ϕ60×208/285）销轴与预埋支腿组件相连（注意：销轴上小销轴孔的位置与防转套小销轴孔的位置要一致）。敲击直至轴肩紧贴弦杆表面，在防转套和销轴的小销轴孔上插入小销轴及弹簧销。

用经纬仪或吊线法检查其垂直度，主弦杆四个侧面的垂直度误差应不大于1.5/1000。

（3）吊装爬升架，如图3-3-26所示。

将爬升架缓慢套装在基节外侧。注意：顶升油缸与塔身踏步在同一侧。将爬升架上的换步顶杆放在由下往上数第三对踏步上，再调整好 16 个爬升导轮与标准节的间隙（间隙为 2 ~3mm）。安装好顶升油缸，将液压泵站吊装到平台中间，接好油管，检查液压系统的运转情况，应保证油泵电机风扇叶片旋向与外壳箭头标识一致，以避免烧坏油泵。如有错误，则应重新接好电机接线。

（4）吊装标准节（图 3-3-27）

吊起预先组装好的标准节（可先将标准节平台组装好，把栏杆固定在平台上，把爬梯固定好），安装到已安装好的内爬基节上，按照安装内爬基节的程序用 8 根 $\phi 60$（$\phi 60 \times 208/285$）销轴将基节和标准节连成一体。再安装好标准节的爬梯及基节平台的栏杆。

（5）吊装回转支座总成（图 3-3-28）

注意：在发货状态，为了方便运输，回转支座总成中的下支座与下支座支腿套架（用来连接爬升架的）是分开的，在立塔前要将支腿套架安装在下支座上。

检查连接回转支承、下支座、上支座的 164 件 10.9 级的 M30 高强螺栓的预紧扭矩是否达到了 1300N·m。将下支座的四根主弦杆对准标准节四根主弦杆连接头缓慢落下，直至下支座主弦杆孔与标准节连接头相应孔对齐。切记：下支座的通行口位置应与塔身标准节爬梯位置一致；下支座与套架连接时，应对好四角的标记。用特制的 8 根 $\phi 60$ 的销轴（$\phi 60 \times 208/285$）与标准节连接。敲入孔内，装上防转套后再插入小销轴及弹簧销。操作顶升系统，将液压油缸伸长至由下往上数第二对踏步上，将爬升架顶升至与下支座连接耳板接触，用 4 根 $\phi 80$ 销轴和下支座相连。

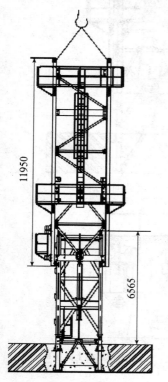

图 3-3-26 吊装爬升架

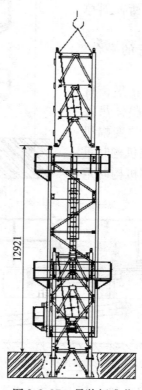

图 3-3-27 吊装标准节

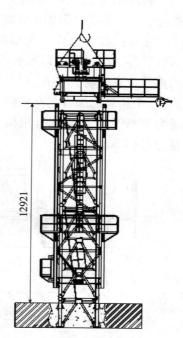

图 3-3-28 吊装回转支座总成

（6）吊装回转塔身

吊起回转塔身，安装时注意用于安装平衡臂爬梯的耳板的方向，应使焊有耳板侧朝向安装平衡臂的那侧（图3-3-29）。用4根 φ110－275/370 销轴将回转塔身与上支座连接。在销轴上插入小销轴及开口销。

（7）安装司机室

首先要检查司机室内的电气设备是否安装齐全。然后把司机室吊到上支座靠左平台的前端，对准耳板上孔的位置，用三根销轴连接并穿好开口销。（也可在地下先将司机室与回转支承总成组装好后，作为一个整体，一次性吊装）。

（8）安装平衡臂总成

先将平衡臂主体结构搁在四张1m高的钢凳上，利用叉车或吊车用2个 φ110 的销轴将平衡臂撑杆与平衡臂主体结构连成一体，将葫芦挂在平衡臂主体结构上，放出链子，将平衡臂斜撑杆用钢丝绳挂在手动葫芦下端的吊钩上，收回手动葫芦链条，将平衡臂斜撑杆吊起（图3-3-30）。

利用吊车或叉车辅助将平衡臂的平台、栏杆、电控柜及电阻柜安装好。

注意：起升机构、变幅机构可在平衡臂吊装后再依次吊装。以减轻平衡臂整体吊装的重量，安装时先装起升机构、再装变幅机构。（平衡臂总成含起升机构和变幅机构时重量为28890kg，不含起升机构和变幅机构时重量为12640kg）

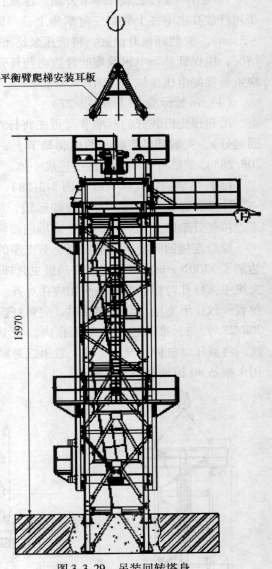

图 3-3-29　吊装回转塔身

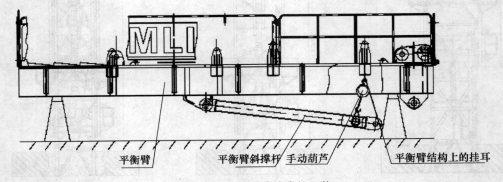

图 3-3-30　平衡臂总成的组装

126

平衡臂总成组装好后，准备起吊平衡臂总成。（图3-3-31）

平衡臂结构上有四个吊耳，穿好起吊钢丝绳。用吊车先将平衡臂吊离铁凳30mm左右。如起吊不平衡，适当调节各钢丝绳长度，调节好后再起吊，直到平衡臂起吊平衡。吊起平衡臂总成，用2件φ110销轴将平衡臂与回转塔身连接，穿好φ20小销轴并穿好开口销，保证充分张开开口销（就位时可利用回转机构与汽车吊配合）。放出手动葫芦链条，转动平衡臂斜撑杆。调节手动葫芦，对准平衡臂斜撑杆和上支座上耳板的连接孔，然后用2件φ110销轴将平衡臂斜撑杆与上支座连接好，穿好φ20小销轴并穿好开口销，保证充分张开开口销。将由上支座平台上的平衡臂的爬梯挂好，穿好开口销。

（9）安装A字架总成

A字架总成包括后撑杆、前撑杆、斜撑杆。

拼装后撑杆的方法是：在平整地面上放置四条1米高的铁凳，先将后上撑杆A吊放在铁凳上摆正放好。然后将后下撑杆A吊起缓慢放在铁凳上，调节后下撑杆A的位置使两连接法兰板贴紧并

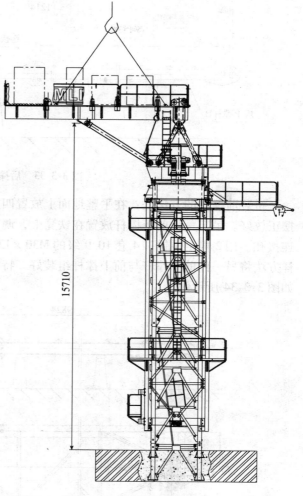

图3-3-31　吊装平衡臂总成

对好连接孔。用2根定位销和4套10.9级的M30×130螺栓将后上撑杆A和后下撑杆A组装好。用同样方法将后上撑杆B和后下撑杆B组装好（图3-3-32、图3-3-33）。

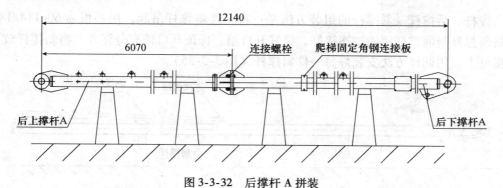

图3-3-32　后撑杆A拼装

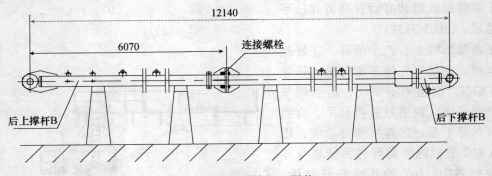

图 3-3-33　后撑杆 B 拼装

拼装前撑杆的方法是：在平整地面上放置四条 1 米高的铁凳，将前上撑杆吊放在铁凳上摆正放好。吊起一件前下撑杆放置在铁凳上，调节前下撑杆位置使两连接法兰板贴紧并对好连接孔。用 2 根定位销和 4 套 10.9 级的 M30×130 螺栓将前上撑杆和前下撑杆组装好。用同样方法将另一件前下撑杆与前上撑杆组装好。特别注意：焊有三根拉手杆的前下撑杆安装在如图 3-3-34 所示侧。

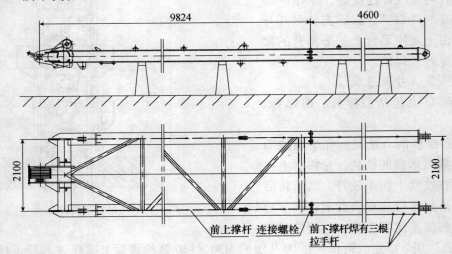

图 3-3-34　前撑杆拼装

前撑杆、后撑杆及斜撑杆的组装方法是：将一件斜撑杆吊起，用一根 $\phi 60a114/184$ 的销轴将斜撑杆与前撑杆用销轴连接好，穿好开口销，保证开口销充分张开，将斜撑杆放下搁在前撑杆上。用同样方法安装好另一件斜撑杆（图 3-3-35）。

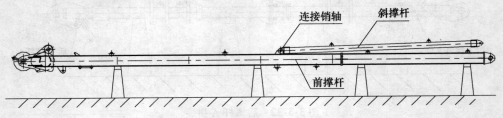

图 3-3-35　前撑杆和斜撑杆拼装

按图 3-3-36，分别将两根后撑杆吊放在前撑杆上并用 2 件 φ 110 − 156/252 销轴将前、后撑杆连接好，穿好 φ 20 小销轴和开口销，开口销必须充分张开。销轴安装好后将后撑杆放在支撑架上，并将前、后撑杆绑牢固定。

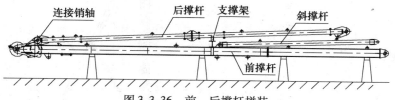

图 3-3-36　前、后撑杆拼装

安装爬梯、上部平台及弹簧缓冲器（图 3-3-37）的方法是：将拼装好的前、后撑杆翻转后搁在铁凳上。将后平台移到后撑杆下面，吊起后平台，用 φ 16 销轴将平台与后撑杆销定，并安装好平台撑杆。吊起一侧平台，将其与前撑杆用 φ 16 销轴销定，安装好平台撑杆。用同样方法安装好另一侧平台。将弹簧缓冲器用 φ 40 销轴与前撑杆销定，并将弹簧缓冲器撑杆用 φ 25 销轴安装好（安装弹簧缓冲器前应先压缩弹簧缓冲器顶杆，检查弹簧缓冲器顶杆伸缩是否有卡滞现象）。将固定爬梯的角钢与后撑杆连接，安装好爬梯。

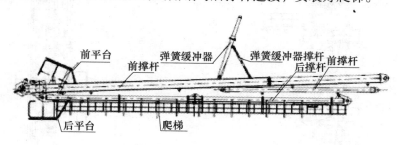

图 3-3-37　安装爬梯、上部平台及弹簧缓冲器

斜撑杆与后撑杆连接（图 3-3-38）方法是：松开固定前、后撑杆的绳子，缓慢吊起前撑杆并取掉支撑架。缓慢将前、后撑杆立起，使前、后撑杆分开。转动斜撑杆，用 2 根 φ 60 − 145/225 销轴将斜撑杆（2 件）与后撑杆销定，插上开口销，保证开口销充分张开。将小平台安装好（小平台在后平台安装好后捆绑在后平台上），安装好小平台与侧平台和后平台之间的连接螺栓。

吊装 A 字架总成（图 3-3-39）的方法是：将组装好的 A 字架总成吊起用 4 根 φ 110 销轴将其与平衡臂销定，安装好 φ 20 销轴和开口销，保证开口销充分张开。

（10）根据不同臂长吊装 20t 或 15t 平衡重（图 3-3-40）

吊装 4 块或 3 块 5t 的平衡重（最大工作幅度为 35m 和 30m 时、只需安装 3 块 5000kg 的平衡重）。

注意：吊车应停在合适位置，以防吊车臂架和 A 字架爬梯护圈碰撞。

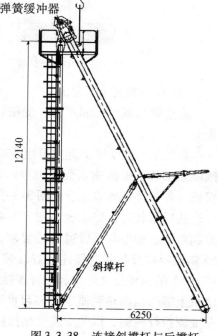

图 3-3-38　连接斜撑杆与后撑杆

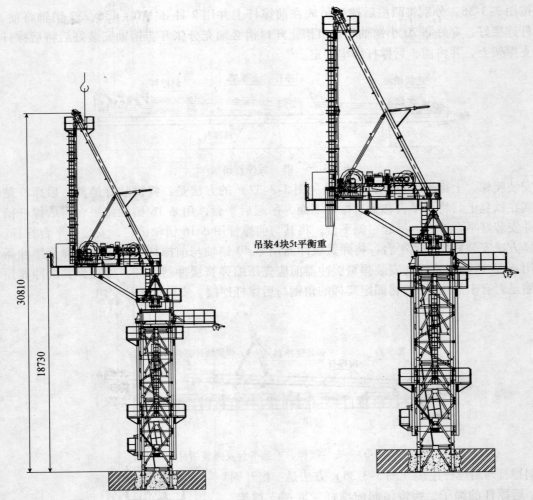

图 3-3-39　吊装 A 字架总成　　　　　图 3-3-40　吊装 4 块或 3 块 5t 的平衡重

（11）安装起重臂总成

起重臂总成包括起重臂、变幅拉杆、安全绳。变幅拉杆和安全绳安放在起重臂上的平面上。

首先组装起重臂。起重臂组装时，必须严格按照每节臂上的序号标记组装，不允许错位或随意组装。根据施工要求可以将起重臂组装成 60m、55m、50m、45m、40m、35m、30m 臂长。各种臂长臂节组合见图 3-3-41。

然后吊装起重臂总成（图 3-3-42、图 3-3-43）方法是：在塔机附近平整的支架上拼装好起重臂。根据起重臂臂长的要求，将变幅拉杆配备好，吊放在起重臂上平面，用 2 件 φ55 销轴将拉杆与起重臂连接好，装好轴端挡板。将两根安全绳吊放在起重臂上平面，用 2 件 φ55 销轴将安全绳与起重臂连接好，穿好开口销并固定好。使用回转机构的临时电源将塔机上部结构回转到便于安装起重臂的方位，按图 3-3-42 挂绳。此时要注意：吊装绳应挂在变幅拉杆内侧，以免安装变幅拉杆时拉杆与吊装绳干涉。试吊是否平衡，否则可适当移动

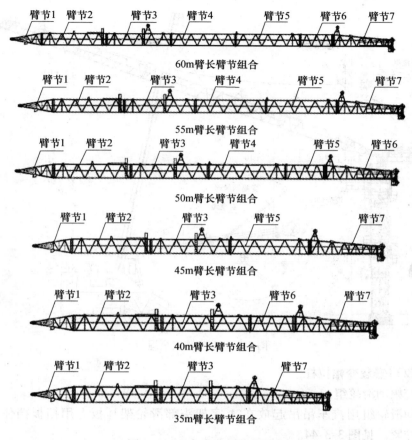

图 3-3-41　各种臂长臂节组合

挂绳位置，起吊起重臂总成至安装高度。用两根 $\phi 140 - 250/320$ 销轴将起重臂和平衡臂用销轴连接，安装好轴端卡板。注意：记录下吊装起重臂的吊点位置，以便拆塔时使用。提升汽车吊起升绳，使起重臂与水平面成 $10°$ 的夹角，接通变幅机构的电源，慢慢放出变幅钢丝绳，将变幅钢丝绳绕 A 字架上部一个滑轮后放下至起重臂与安全绳固定好，安全绳的端部应离变幅绳与安全绳固定点 1.5m 左右。用汽车吊逐渐抬高起重臂后，启动变幅机构收回变幅钢丝绳，将安全绳拉到靠近 A 字架上部固定端，用 $\phi 55 - 130/185$ 销轴将安全绳销定在 A 字架上，穿好开口销，保证开口销充分张开。用同样方法安装好另一根安全绳。缓慢放下起重臂让安全绳处于拉紧状态，这时起重臂角度 $\alpha = 10°$。

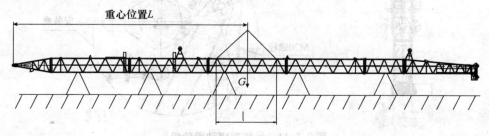

图 3-3-42　起重臂吊装参考图

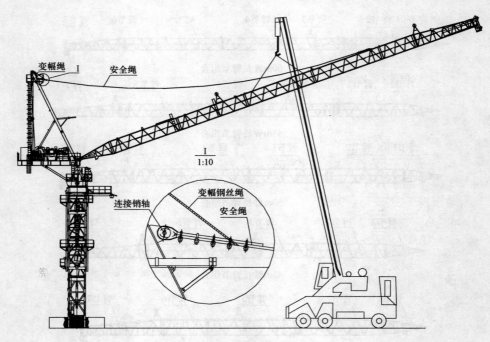

图 3-3-43　安装安全绳

（12）安装变幅拉杆

先吊装变幅动滑轮组。

将变幅动滑轮组用汽车吊吊起放在 A 字架头部滑轮架耳板上用挡板挡住，装好两根 M20 螺栓，拧紧。见图 3-3-44。

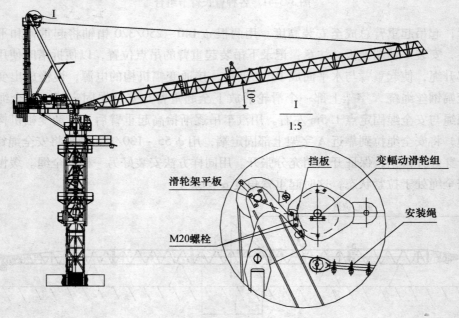

图 3-3-44　吊装变幅动滑轮组

然后缠绕变幅钢丝绳。接通变幅机构的电源，启动变幅机构，慢慢放出变幅钢丝绳，按图3-3-45缠绕好钢丝绳，最后钢丝绳通过楔形接头固定在A字架顶部滑轮架上。楔形接头通过一根ϕ50－95/135的销轴与A字架顶部拉板连接，穿好开口销，保证开口销充分张开。

再安装变幅拉杆，方法是：接通起升机构的电源，启动起升机构，慢慢放出起升钢丝绳。

把起升绳拉至起重臂第一个支架处，将起升绳从支架滑轮下面穿过反绕。用汽车吊将起升绳拉至变幅动滑轮组位置（也可将起升钢丝绳先固定在A字架的安装钢丝绳固定端附近，再将动臂滑轮组吊到A字架固定处，然后再穿绕变幅钢丝绳），利用卸扣和钢丝绳将起升绳端部与变幅动

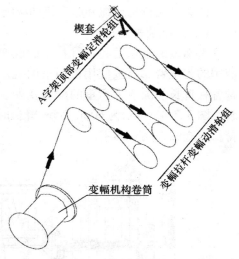

图3-3-45　变幅绳缠绕

滑轮组连接好，见图3-3-46。起升绳端部与变幅动滑轮组连接好后，松开汽车吊，将M20螺栓拧出，扳开挡板，使变幅动滑轮组松开，见图3-3-47。变幅机构放绳（用三挡速度），起升机构收绳（用一挡速度），慢慢将变幅动滑轮组牵引至起重臂变幅拉杆安装平台，拆掉牵引钢丝绳。用一根ϕ65销轴将变幅动滑轮组与拉板销定，穿好开口销，保证开口销充分张开。

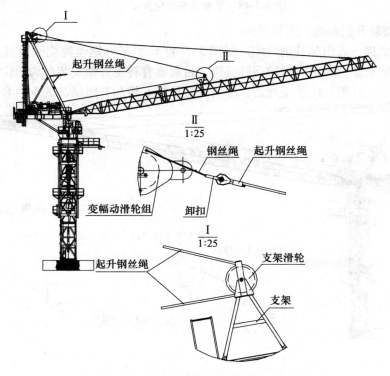

图3-3-46　起升绳端部与变幅动滑轮组连接

注意变幅机构放绳和起升机构收绳速度应协调。

（13）配装平衡重

平衡重的重量随起重臂长度的改变而改变，应根据所使用的起重臂长度按使用说明书的规定配装平衡重。起重臂各种臂长工况下平衡重的配置及安装位置严格按要求安装．图 3-3-48 所示为 60m、55m 臂长时的安装情况，其他臂长可查阅使用说明书。

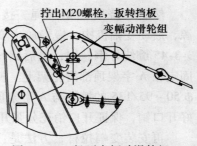

图 3-3-47　松开变幅动滑轮组

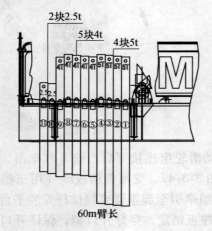

60m臂长

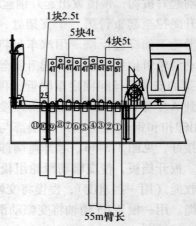

55m臂长

图 3-3-48　平衡重安装位置示意图

（14）缠绕起升钢丝绳，安装吊钩

启动起升机构，放出起升钢丝绳。按图 3-3-49 牵引起升钢丝绳绕起重臂支架滑轮组上面，穿过起重臂头部滑轮组。转动回转机构，将起重臂转至方便安装吊钩的位置，继续放出起升钢丝绳，让起升钢丝绳落至地面，准备安装吊钩。将起升绳端部的重型套环接头用一根

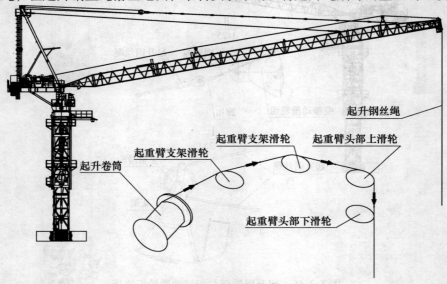

图 3-3-49　缠绕起升钢丝绳

ϕ62 的销轴连接，穿好开口销，保证开口销充分张开（图 3-3-50），此时为 1 倍率状态。若用户要使用 2 倍率工作，则起升绳与吊钩的安装有变化（图 3-3-51）。将起升钢丝绳绕吊钩滑轮，拉至起重臂端部防扭装置处用一根 ϕ80 的销轴将起升钢丝绳与防扭装置连接，穿好开口销，保证开口销充分张开。

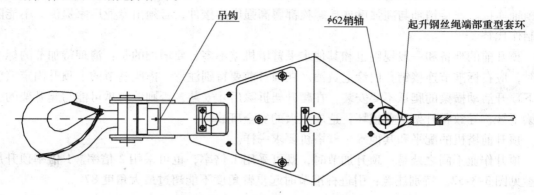

图 3-3-50　安装吊钩（1 倍率）

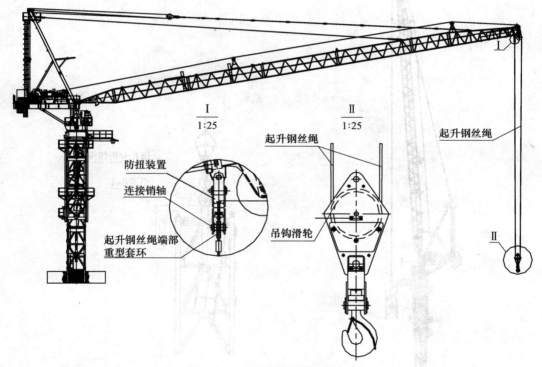

图 3-3-51　安装吊钩（2 倍率）

（15）连接电源及试运转

当整机按前面的步骤安装完毕后，在无风状态下，检查塔身轴线侧向垂直度，允差为 4/1000；再按电路图的要求接通所有电路的电源。试开动各机构进行运转，检查各机构运转是否正确（详见有关章节），同时检查各处钢丝绳是否处于正常工作状态，是否与结构件有摩擦，所有不正常情况均应予以排除。

如果安装完毕就要使用塔机，则必须按要求调整好安全装置。

（16）顶升加节

动臂式塔机的顶升加节和其他水平臂塔机大同小异，故仅对不同之处给予说明。

TCR6055－32动臂式塔机采用片装式标准节，标准节之间（包括标准节与下支座）采用销轴连接。连接销轴与高强度连接螺栓都属高强度连接件，必须由专业厂家提供，不能随意制作代替。

顶升前的准备和一般规则也和其他水平臂塔机差不多，要增加的是：清理待加节的标准节时，应在标准节连接销孔内涂上黄油。在顶升前要特别注意，内爬基节的上顶升固定横梁和下顶升活动横梁的爬爪不要安装，在爬升架拆除后才安装，否则该爬爪可能与爬升架的引进梁干涉，导致爬升架严重损坏，造成重大的安全事故。

顶升前塔机的配平和其他水平臂塔机要求一样。

顶升作业不同之处是：顶升加节时，既可采用1倍率，也可采用2倍率。1倍率顶升加节参见图3-3-52。特别注意：引进标准节时起重臂角度不能超过最大角度87°。

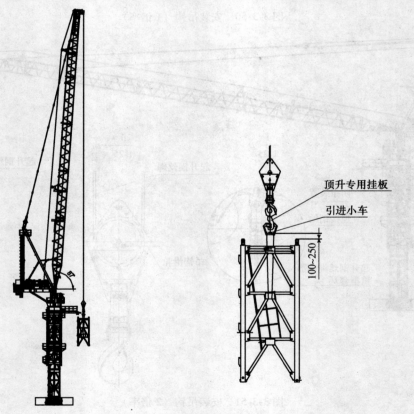

顶升专用挂板
引进小车
100~250

图 3-3-52　1 倍率起吊标准节

通过钢丝绳和卸扣用吊钩吊起顶升专用挂板，将引进小车挂在顶升专用挂板上，通过钢丝绳和卸扣将标准节和引进小车连成一体，并保证标准节上端面与引进小车下端面的距离在100～250mm之间，将引进小车吊至下支座的引进横梁上，然后脱离吊钩（图3-3-53、图3-3-54）。

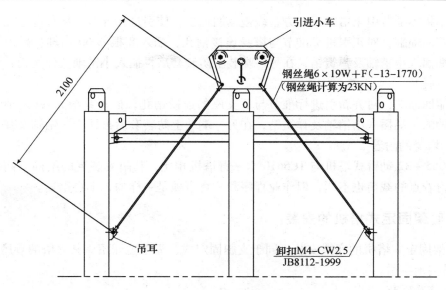

图 3-3-53　标准节在引进小车上的吊装

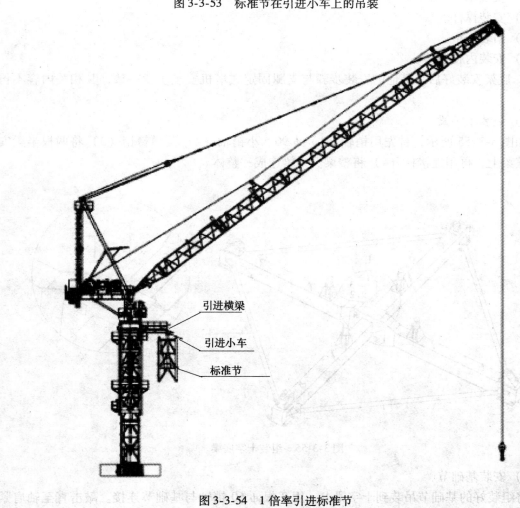

图 3-3-54　1 倍率引进标准节

用引进小车将标准节引至塔身正上方，缓慢缩回油缸，使引进标准节下接头与标准节上接头接触，再缩回油缸，对正引进标准节与塔身连接销孔，插入 8 根 φ60 销轴，敲击入孔，在销轴的一端插入小销轴及弹簧销，在另一端装上防转套后再插入小销轴及弹簧销，将引进小车与标准节脱开。

继续缩回油缸，对齐新引进标准节与下支座的连接销孔，插入 8 根 φ60 销轴，敲击入孔，在销轴的一端插入小销轴及弹簧销，在另一端装上防转套后再插入小销轴及弹簧销。

（17）塔身的附着

TCR6055－32 动臂式塔机与 TC5610 水平臂塔机相比，其附着装置的结构不同，附着距离不同，附着点的载荷也不同，但作业程序和注意事项是一样的，不再重复。

三、底架固定式塔机的安装

1. 底架固定式塔机的底架安装不同于支腿固定式，需单独介绍。其立塔的顺序如下：

1）吊装十字梁。

2）安装基础节。

3）安装撑杆。

4）吊装压重。

5）安装内爬基节。

2. 底架安装好后，其他的安装步骤与支腿固定式塔机安装步骤一致，其相关内容不再重述。

1）组装十字梁

如图 3-3-55 所示，首先用销轴（1）φ90、小销轴（2）及弹簧销（3）将两根半梁安装在整梁上，再用连接杆（4）将整梁、半梁连成一整体。

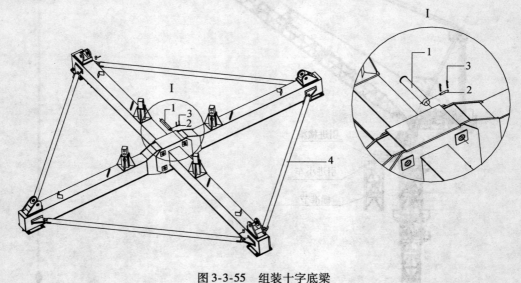

图 3-3-55　组装十字底梁

2）安装基础节

将组装好的基础节吊装到十字梁上，用 8 根 φ60 销轴与基础节连接。敲击直至轴肩紧贴弦杆表面，在销轴上再插入小销轴及弹簧销（图3-3-56）。安装时应注意对好基节与相应连接支座的标记。

3）安装撑杆（见图3-3-57）

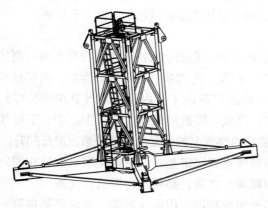

图3-3-56　安装基础节

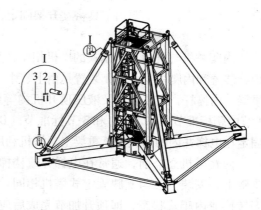

图3-3-57　安装撑杆

吊装撑杆，φ90用销轴将基节、十字梁、撑杆连成一整体。安装撑杆时注意对好撑杆与相应连接耳座的标记。

4）吊装压重

如图3-3-58所示，依次吊装压重1、压重2共12块（总的压重重量100t）。注意压重的方向平行于轨道。

四、内爬式塔机的安装

内爬式塔机都是上回转，通常安装在建筑物的电梯井道内，处于建筑物的中心位置，因此其有效作业空间较大。塔机的这种安装形式在高层或超高层大型建筑施工中使用较多。

由于大型、超高层建筑物的构件重量大（大多为预先制作好的钢结构构件），要求塔

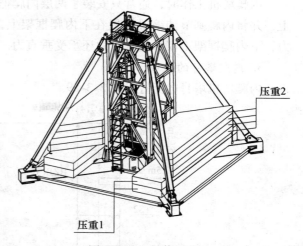

图3-3-58　吊装压重

机具有较大的起重能力，故常用内爬式动臂塔机。为此以TCR6055动臂式塔机为为例予以说明。

实际上内爬式塔机在内爬前就是一台独立式塔机，只是其塔身的下部不是一般的标准节，而是所谓内爬基节。在内爬之前，其安装与使用与一般的独立式塔机完全相同，只是其内爬功能与液压顶升加节差别很大，故单独列为一节介绍内爬作业。

1. 爬升架的拆除

内爬式塔机利用爬升架顶升加节到最大独立式使用高度（TCR6055高度为42m）后，必须转为内爬形式才能继续加高使用。为此，先应将爬升架拆除。

首先把爬升架降到最低高度，将爬升架四根主弦杆分别与塔身主弦杆固定好。将爬升架

周圈的平台、栏杆、爬梯及液压泵站先拆除。用手拉葫芦或其他设备作为辅助工具将组成爬升架框架的各横梁及斜腹杆一一拆除。拆除过程中注意爬升架主弦杆应与标准主弦杆固定好。最后分别将爬升架各主弦杆松开拆除。由于该爬升架的结构不对称，在拆除爬升架的过程中，一定要注意安全，一定要用工具将爬升架固定，防止爬升架从油缸侧倾翻，造成安全事故。

2. 内爬塔机概述

内爬塔机与其他工作型式的塔机相比，其特点就是有一套能使塔机随建筑物升高而升高的内爬装置和内爬塔身。内爬装置是由上、中、下内爬框架、内爬基节、内爬标准节、内爬框承重梁，内撑杆，换步装置及液压顶升机构等组成。内爬塔身由 1 节内爬基节（TCR6055.13）、4 节内爬标准节（BZJK2）和 3 节标准节（BZJK3）组成。塔机整机爬升时，上、中、下框架固定在电梯井内的内爬框承重梁上，塔机利用安装在内爬框上的一套液压顶升系统进行爬升。

内爬塔机立塔前，通常在电梯井或楼梯间内制作支腿固定基础，将内爬塔机安装在固定支腿上，安装方法与支腿固定式塔机相同。在内爬顶升之前，必须先将塔机由支腿固定式状态转换成内爬式状态，即顶升加节完成后应将爬升架及其加节用附件拆除，当建筑物建到一定的高度后安装好内爬装置。

塔机内爬顶升时必须将上、中、下内爬框三层都安装好。在塔机爬升过程中，顶升油缸和换步装置一般安装在内爬中框架上。

内爬塔机工作时，通常只安装了两层内爬框架，固定在电梯井预留洞内的内爬框承重梁上，并将内爬基节伸缩梁搁置在下内爬框架上，承受整机重量，此时上内爬框架只受水平力，下内爬框架不仅承受水平力还承受垂直力。

3. 内爬塔身的组成

内爬塔机塔身的配置见图 3-3-59。

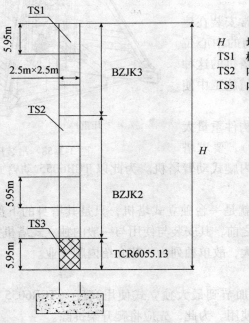

H	塔机的塔身高度
TS1	标准节 BZJK3
TS2	内爬标准节 BZJK2
TS3	内爬基节 TCR6055.13

图 3-3-59　内爬塔机固定支腿状态

4. 内爬附件

内爬附件由内爬装置及内爬塔身组成。如图3-3-60所示，内爬装置主要包括挂板横梁（1）、顶升油缸（2）、换步装置（3）、内爬框架（4）、泵站（5）及内爬框承重梁（6）等部件组成。

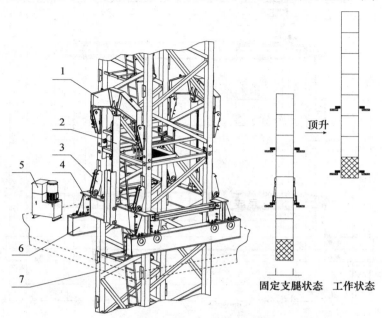

图 3-3-60　内爬附件
1. 挂板横梁；2. 顶升油缸；3. 换步装置；4. 内爬框架；5. 泵站；6. 内爬框承重梁；7. 内爬标准节

内爬塔身由内爬基节（如图3-3-61所示）、内爬标准节（7）及标准节组成。内爬基节中包含伸缩梁（8），塔机工作状态下通过内爬框架（4）及内爬框承重梁（6）可将整个塔机垂直载荷传递给建筑物。

5. 顶升前准备

- 清理各塔身节，防止滚轮导向时与塔身上的杂质（如水泥灰）发生干涉，否则顶升时可能出现卡死现象；
- 放松电缆长度略大于总的顶升高度，并紧固好电缆。

1）电梯井预留洞

当内爬塔机安装在电梯井内时，用户每隔一定距离需预留一组预留洞，内爬间距具体尺寸可根据楼高与现场条件由用户确定。电梯井净空尺寸及预留洞的尺寸要求如图3-3-62所示。

当用户进行第一次顶升后，塔机原有的混凝土

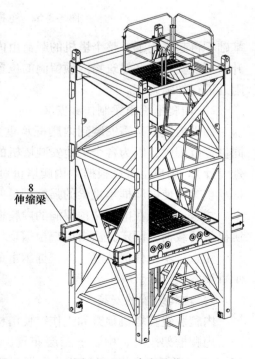

图 3-3-61　内爬基节

141

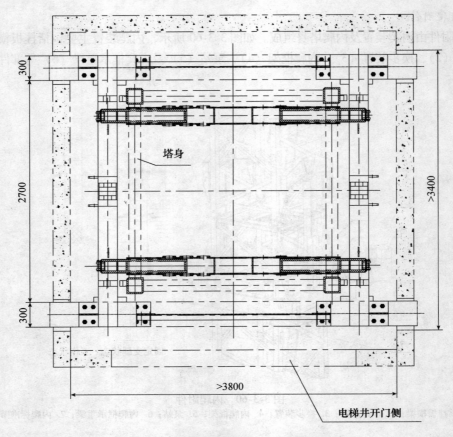

图 3-3-62　电梯井净空尺寸及预留洞的尺寸

基础不再起作用了，整个塔机的载荷由内爬框承重梁经预留洞传递给建筑物，用户在塔机顶升前不仅要计划好建筑物内预留洞的位置，还须根据内爬塔机对建筑物的载荷进行预留洞及附近进行加强施工。

2）内爬框承重梁制作和安装

如果内爬框架需安装到内爬框承重梁上，用户须先制作内爬框承重梁（承重梁不在合同供货范围内，因为各个工地安装塔机的电梯井尺寸不一样，承重梁无固定尺寸，须进行特殊设计）。用户也可以根据"内爬塔机对建筑物的载荷"中的反作用力自行设计及制作内爬框承重梁，使内爬框承重梁的强度满足要求。

注意：搁置在电梯井预留洞的内爬框承重梁一定要固定牢靠，保证内爬框承重梁能承受所提供的载荷，固定方法由用户根据现场情况自行设计。

注意：不论任何情况，内爬框承重梁不能超过内爬框架内部 10mm，以免塔身与内爬框承重梁发生干涉。

3）内爬装置的安装

内爬装置在塔机顶升和工作时使塔机保持稳定和平衡。

内爬框架按上、中、下三层布置，第一次内爬可以不设下框（3），顶升结束，中框（2）成为下框，上框（1）成为中框，整机正常工作时可以不设上框，塔机全部载荷由下框和中框承担，在下次顶升前再装上框，如图 3-3-63 所示。

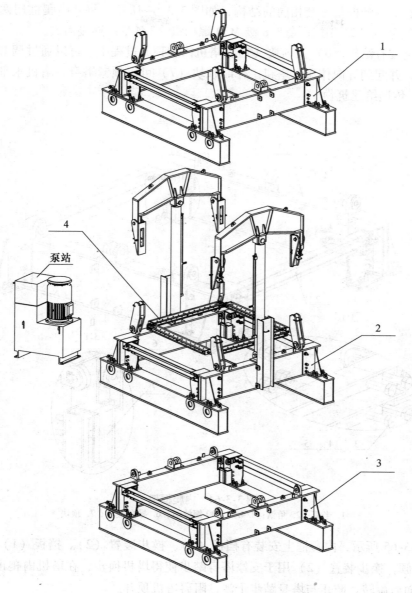

泵站

图 3-3-63 内爬装置（去掉塔身）
1. 上框；2. 中框；3. 下框；4. 内撑杆

当塔机爬升一次后，最下面的内爬框架脱离了内爬塔身，不再起作用，下次内爬顶升前将其拆下并安装到最上面，下框架就成了上框架。上、中、下内爬框架就这样轮换使用。

注意：安装内爬框架时，要保证塔身的垂直度不超过 1.5/1000，内爬框架安装完后，用顶块将塔身主弦杆顶紧。

内爬框架可先安装在内爬框承重梁上，塔机的载荷通过内爬框架传递建筑物上。内爬框架用 8.8 级 M30 的螺栓固定在内爬框承重梁上，螺栓预紧力矩为 1300N·m。

（1）内爬框架

上、中、下内爬框是三套相同的结构，如图3-3-64所示。每套内爬框用两相同的半框（1）通过4根角钢（2）用16套8.8级M30螺栓组（3/4/5）连接而成。

内爬框上装有滚轮（6）及顶块（7），塔机内爬顶升过程中，可以通过调节滚轮调整塔机的垂直度，并起到导向作用。塔机工作时顶块（7）可以顶紧塔身，塔机水平力及扭矩通过顶块（7）传递给建筑物。

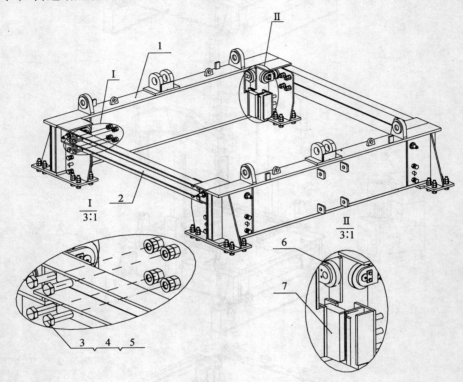

图3-3-64　内爬框架
1. 半框；2. 角钢；3/4/5. M30螺栓组；6. 导向滚轮；7. 顶块

如图3-3-65所示，内爬框上安装有挡板（1）、换步装置（2）。挡板（1）用来换步时防止油缸后倾，换步装置（2）用于支撑塔身踏步使得塔机换步，在塔机内爬顶升时将换步装置（2）向后旋转，防止与塔身踏步干涉，阻碍塔机顶升。

（2）内爬框架的安装

将内爬框套在塔身的外围，注意换步装置安装在塔身踏步侧，然后用螺栓组件连接内爬框和连接角钢，并用32套M30×140螺栓（每套1螺栓、2螺母、2平垫，螺栓预紧力矩为1300N·m）将其固定在内爬框承重梁上，用塔身顶块顶紧塔身主弦杆。

第一次内爬可不设下内爬框架。

注意：在安装内爬框架之前，将塔机起重臂转至塔机配平位置，回转制动，起重臂吊重，塔机基本配平。安装内爬框架时，要保证塔身的垂直度，内爬框架安装完后，用顶块将塔身主弦杆顶紧。

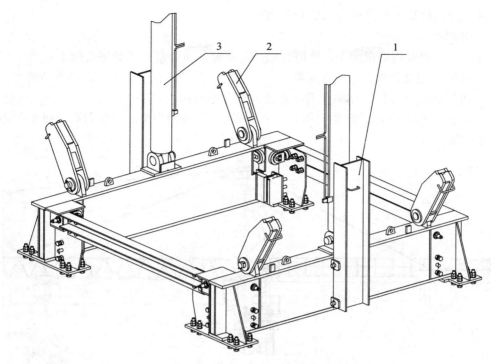

图 3-3-65　换步装置和挡板
1. 挡板；2. 换步装置；3. 油缸

4）检查液压系统

按液压泵站要求给油箱加注液压油，接好泵站油管和电路，并排除液压系统的故障。

注意：配平及顶升之前，应启动液压泵站，使油缸在空载情况下运行 3～5 个行程，以排除油缸缸体内的空气。

6. 内爬顶升注意及禁止事项

（1）顶升时，内爬基节下端面不能被顶出中层内爬框架的下表面，否则会出现倒塔事故；

（2）风力超过 14m/s 时，严禁进行内爬塔机的顶升；

（3）严禁在顶升系统正在顶起或已顶起时进行吊重（上升或下降）；

（4）严禁在顶升系统正在顶起或已顶起时进行小车移动；

（5）顶升过程中必须保证平衡臂位于两油缸连线的垂直方向，并利用回转机构制动器将起重臂和平衡臂制动住，载重小车必须停在顶升配平位置；

（6）搁置在电梯井预留洞的内爬框承重梁一定要固定牢固，使其满足塔机对建筑物的载荷要求；

（7）在内爬顶升时滚轮处于导向状态，其与标准节主弦杆间隙在 2～3mm 左右；

（8）内爬框的四个安装面在同一平面内，平面度误差控制在 1/1000 之内；

（9）同一层内爬框在内爬开始前必须调整，使换步装置上平面处于同一水平高度，高度误差不大于 1mm；

（10）顶升前必须先检查液压系统安装是否正确，各销轴是否装配到位，开口销是否张开，各高强度螺栓是否达到所要求的预紧力矩。

7. 顶升配平

顶升前，一定要将塔机配平，使塔机被顶起部分的重心落在塔身中心线上。

（1）将爬升架及其加节用附件拆除；

（2）将塔机起重臂转至与两顶升油缸连线垂直的方向；

（3）如图 3-3-66 所示，起重臂吊起一节标准节 K3 或相当重量的配重后，将小车运行到配平参考位置；

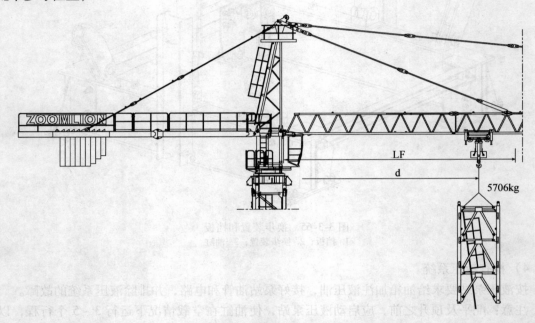

图 3-3-66　内爬顶升前塔机的配平

塔机各臂长顶升配平位置及泵站压力

LF	CE	d	P
70m	5706kg	35.1m	15.7MPa
65m	5706kg	35.4m	15.3MPa
60m	5706kg	37.2m	15.2MPa
55m	5706kg	36.9m	14.8MPa
50m	5706kg	37.9m	14.3MPa
45m	5706kg	38m	13.9MPa
40m	5706kg	38.5m	13.4MPa

LF——起重臂长度；

CE——平衡负载；

d——配平时吊钩至塔身中心距离；

P——内爬顶升时泵站压力表的最大值，此值按各起重臂臂长的最大塔身高度计算。

注意：以上数据供参考，须根据实际情况进行调整。

（4）使用回转机构上的回转制动器，使塔机上部机构处于回转制动状态，不允许有回转运动；

（5）松开内爬框架上的顶块；

（6）顶升挂板向内扳，将液压顶升系统操纵杆推至"顶升方向"，使顶升挂板（2）挂在最近一组的踏步（3）上，插入安全销（1），如图3-3-67所示；

注意：顶升时顶升挂板必须插上安全销。

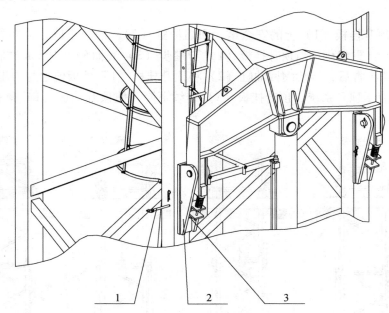

图 3-3-67　安全销操作示意图
1. 安全插销；2. 顶升挂板；3. 踏步

（7）拆除内爬基节和固定支腿相连的销轴；

（8）继续伸出油缸活塞杆，泵站压力表处的压力值开始上升，说明顶升油缸开始承受整个塔机的自重载荷，但压力值不要超过表中所给值；

（9）注意：如果泵站压力值超过给定值，请将油缸收回，并排查各个部件之间的干涉现象；

（10）观察一切正常后，继续伸出活塞杆，将内爬基节下端面稍稍顶离固定支腿20mm左右；

（11）观察各个滚轮与标准节主弦杆的间隙是否一致，如果一致，则塔机处于配平状态，否则，可用最低变幅速度移动小车，将滚轮与标准节主弦杆的间隙调整到一致，对塔机进行配平。

（12）记录载重小车的配平位置，但要注意，该位置随起重臂长度不同而改变。

8. 顶升

为了避免任何事故的风险，顶升操作必须遵守相关注意及禁止事项。且每个顶升动作后，应检查塔身的垂直度。

1）首次顶升

步骤一：

（1）配平完成后停留10分钟，确认一切正常，可继续顶升。

（2）确保内爬框架上的塔身顶块（5）离开塔身，此时塔身由内爬框上的滚轮作为导向，详见图3-3-68-1A。

（3）伸出油缸（2），继续顶升，直到踏步（3）位于换步装置（4）的上方。

步骤二：

（1）将换步装置（4）向前旋转贴紧标准节主弦杆，详见图3-3-68-2A。

（2）回缩油缸（2），使踏步（3）落在换步装置（4）上，详见图3-3-68-3A。

步骤三：

（1）抽出顶升挂板（1）上的安全销，回缩油缸（2），油压下降，说明换步装置（4）开始承受塔机的自重载荷。当顶升挂板（1）与踏步（3）底面分离10mm左右时，停留10分钟，检查一切正常后，继续缩回油缸（2）将顶升挂板（1）外扳使之与踏步（3）分离。

（2）启动液压顶升系统，顶升挂板（1）继续下降，使顶升挂板（1）落在下方最近的一组踏步上。

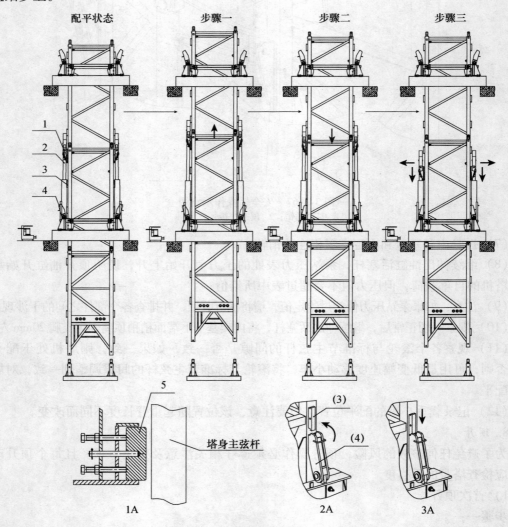

图3-3-68　内爬顶升过程
1. 顶升挂板；2. 油缸；3. 踏步；4. 换步装置；5. 顶块

步骤四：

（1）重复步骤一至步骤三，直至内爬基节中的伸缩梁（6）下底面高于内爬框架（7）上腹板的位置，如图3-3-69-1A所示。

（2）拉出伸缩梁（6），操作液压装置回缩油缸，使内爬基节中的伸缩梁（6）下底面缓慢地落在内爬框架（7）上腹板，待支板（8）位于伸缩梁（6）两耳板中间时，落实伸缩梁（6）并安装螺栓组件（9/10），如图3-3-69-2A所示。注：回缩油缸的过程要平稳，确保塔机伸缩梁可靠地落在内爬框上，并安装螺栓组件（9/10）防止伸缩梁在工况下脱离内爬框。

（3）固定塔身：调节塔身顶块，顶紧塔身，如图3-3-69-1A所示。

至此首次顶升结束，塔身可进入工作状态。

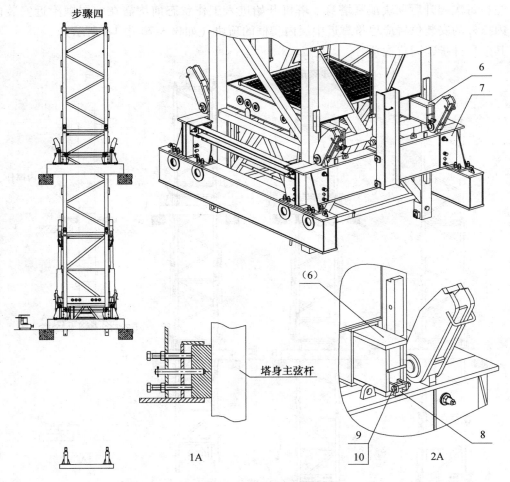

图3-3-69　伸缩梁的安装
6. 伸缩梁；7. 内爬框架；8. 支板；9/10. 螺栓组件

2）多次顶升

步骤五：

（1）为了进行新的顶升，应先安装内爬框架C，如图3-3-70所示。

（2）拆掉内爬框架 A 上的顶升横梁、油缸、液压装置及内爬框架 A 上的所有顶升附件，将这些装置重新装在内爬框架 B 上，如图 3-3-70 所示。注：由于原中层内爬框 B 上已经装有一套换步装置，所以将内爬框 A 上的换步装置拆卸后安装到内爬框 C 上。

步骤六：

（1）起重臂吊起配重后，将小车运行到配平位置。

（2）将顶升挂板挂入最近的一组踏步上，伸出油缸活塞杆，观察泵站压力值，泵站压力表处的压力值上升，说明顶升油缸开始承受整个塔机的自重载荷。

（3）将伸缩梁完全推进内爬基节内，以免顶升过程中与内爬框发生干涉。

（4）对塔机进行配平。

（5）伸出油缸，使得内爬基节从内爬框架 A 中脱离。

注：每次爬升后顶块顶紧塔身、塔机开始进入工作状态前均需在中层框附近安装内撑杆，内撑杆的安装位置应尽量靠近中层内爬框的顶块（如 3.3-70 中 1A 所示）。

其余顶升步骤同首次顶升。

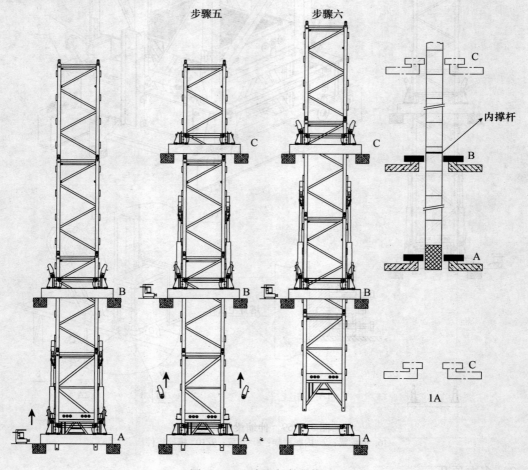

图 3-3-70　内爬部件的搬运

五、行走式塔机的安装

1. 行走式塔机简介

行走式塔机是在底架固定式塔机的基础上增加行走机构而派生出的一种机型（图3-3-71）。其底架及其上部结构（包括底架、压重、撑杆、塔身、爬升架、上、下支座、A字架、起重臂、平衡臂等）以及起重特性与底架固定式塔机完全相同。由于该型塔机具有其他形式塔机所没有的整机行走功能，需增加大车行走机构以及相应的供电装置（电缆卷筒）等。

仍以TCR6055塔机为例。

图3-3-72为TCR6055行走式塔机的行走台车布置图。由图可见，该塔机的行走机构由四个主动台车及电缆卷筒装置等组成。行走机构采用变频调速，启

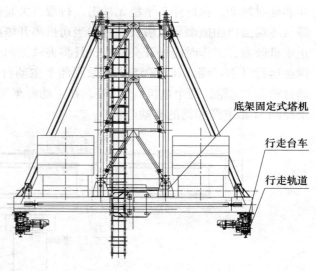

图 3-3-71　行走式塔机

制动平稳。通过联动台控制可分别实现低（12.5m/min）高（25m/min）速两挡连续运行。而且可根据用户需要和实际运行情况，在专业人员的指导下，对两挡运行速度和启制动时间进行个性设置（设置启制动时间时，0~50Hz的时间必须大于13秒）。

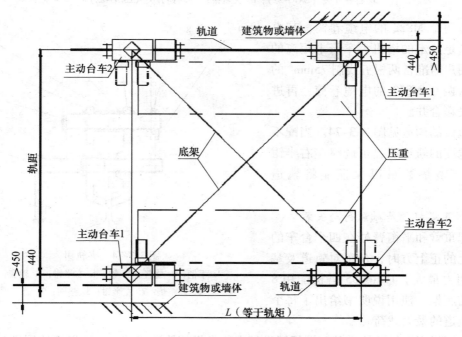

图 3-3-72　行走台车布置

主动台车（图3-3-73）由制动电机、行星减速器、行走轮（三个）、行走台车架、均衡梁、夹轨钳、行程开关等组成。电机为专用的变频电机且带电磁制动器。电机在0～50Hz范围内变频，以保证启动平稳无冲击。停车时，随着频率的自动降低，速度自动降低，同时制动器延时制动，保证停车平稳无冲击。行程开关是防止在误操作情况下，塔机运行至轨道端部与终端挡块相撞而导致塔机倾翻。当司机离开塔机下班时，必须将夹轨钳与轨道夹紧，防止塔机倾翻，工作时应松开夹轨钳，且将夹轨钳向上翻让销轴落入腰形孔的另一端，使夹轨钳在运行时不下翻。TCR6055塔机采用四个主动台车，即两个主动台车1（三轮）、两个主动台车2（三轮，两个电机）。此外，在主动台车架上还配置了一个LX10－22转换开关，用来控制M型电缆卷筒的驱动电机。

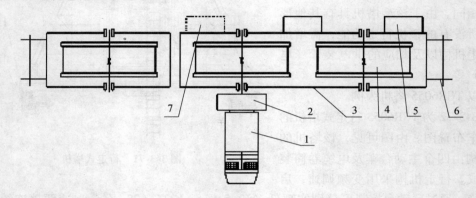

图3-3-73　主动台车
1. 制动电机；2. 行星减速器；3. 行走台车架；4. 行走轮；
5. 行程开关（LXIO-21）；6. 夹轨钳；7. 转换开关（LXIO-22）

配有两个M822的电缆卷筒，其电缆容量满足给定的塔机大车行走距离的要求。用户需准备两根五线制75mm²的电缆接入两个M822的电缆卷筒，再进入刀开关箱合并。

夹轨钳的构造见图3-3-74。当配不同踏面宽度的轨道时，可调整左右半钳之间的调整垫数量以保证能将轨道夹紧。

2. 行走塔机的基础载荷与安装

当起重臂和平衡臂处在四个台车的对角线上的正上方时，台车对轨道及基础的作用力最大。TCR6055塔机配用8米轨距的底架。使用说明书给出了每个台车对轨道的最大载荷。

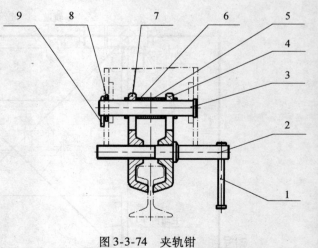

图3-3-74　夹轨钳
1. 手柄；2. 螺杆；3. 轴；4. 右半钳；5. 轴套；
6. 调整垫；7. 左半钳；8. 垫圈；9. 销

用户应根据提供的轨道基础图纸铺设行走式塔机的轨道基础，也可以按使用说明书提供的载荷，按照有关标准自行设计塔机的轨道基础。

行走塔机的安装包括行走台车、电缆卷筒的安装以及行程开关的调整，可根据TCR6055塔机使用说明书要求，一步一步进行。

第四节 下回转塔机的安装

下回转塔机的安装分快装式和拼装式两类。快装式塔机全称为整体拖运快速安装塔机，出厂时已组装成一台完整的塔机，把它按行驶拖运状态折叠起来。拖到工地后，只要设法就位，接通电源再利用自身机构，很快就可把它架设起来，故称为快装式。其架设步骤就是怎么从拖运状态变为工作状态的操作过程，不需要将部件一个一个的安装。拼装式一般是指小型塔机以零部件形式出厂，运到工地后，不需要借助（比如汽车吊等）辅助起重设备，用它自带的设备以及人力就可以完成安装的塔机。

一、整体拖运快装式下回转塔机的安装

整体拖运快装式下回转塔机结构形式多种多样，有塔身为内外套装，安装时内塔身从外塔身中伸出的；有上、下两节塔身铰销连接，拖运时折转，安装时伸直的；还有塔身在地面装好，用撑杆和地锚起扳的。有用滑轮和钢丝绳做安装机构的，也有用液压油缸做安装设施的。形式虽然很多，但大体步骤和安装要点是相同的。这里我们着重介绍伸缩式塔身、轨道行走、小车臂架式塔机的安装。

1. 上轨工作（图3-4-1）

下回转轨道行走式塔机，先由牵引车将整机拖入轨道，并对准整机和轨道的中心线，使前后行走台车大体对准钢轨，用汽车吊将塔机整机吊起，然后拆下拖运行走的后桥轮，再慢慢放下，使塔机工作时的前后台车轮落在轨道上。这时特别要注意汽车吊的起重力矩，足以吊起整机而保证不倾翻。当没有合适的汽车吊可用时，也可用移动式千斤顶上轨。下面介绍用千斤顶的上轨过程。

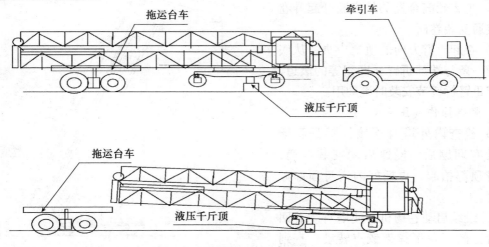

图3-4-1 整体拖运快装式下回转塔机上轨

1）用牵引车将塔机拖入轨道，对准整机与轨道的中心线。用拉杆固定好两边支腿。并将回转平台与底座临时连接。防止回转。

2）在回转平台尾部靠中心线处，设置两台大吨位千斤顶，用支承架和垫块支起。按需要先顶起一台千斤顶，使平台尾部稍稍抬起。

3）在牵引拉杆与前拖行桥架铰接处插入一个销轴，防止牵引拉杆从平台尾部拆下来时前桥架落地，然后拆除牵引杆与平台尾部的连接销。

4）拆除前桥架与塔身连接的销轴，使前桥架完全脱离塔机，再把前桥架从前面移走。

5）慢慢下降千斤顶，使另一个千斤顶受力，拆除不受力的千斤顶下的垫块，这样使两个千斤顶交替下降，逐步拆除下面的垫块，使平台下降，最后使塔机后面的两行走台车逐渐落在钢轨上，再拆除千斤顶的支承架。

6）再用四个千斤顶，在顶杆上部垫一块橡皮软垫，放在底架的边缘上。起升千斤顶，使塔机的前支腿向上抬起。拆下拖运后桥，调整前支腿的位置，使前行走台车对准钢轨，缓慢下降千斤顶，使前行走台车落在钢轨上。

7）用调节拉杆调整前后支腿，使塔机中心对准轨道中线，再用固定拉杆分别固定两对角线支腿，再拆除调节拉杆。

这样一台整体拖运的下回转塔机行走台车完全安放到轨道上。在没有汽车吊的情况下，按以上方法的逆顺序，即可完成塔机的下轨工作。

2. 竖塔前的准备工作

1）把台车上的车轮，用夹轨器夹在轨道上，防止移动。

2）安装内塔身顶部的后撑架，并将塔顶撑架拉索和折臂钢丝绳搁在起重臂根部的导向滚轮上。检查各钢丝绳接头是否连接可靠，滑轮有无脱槽现象。并松开外塔身顶部顶住内塔身的四个螺旋顶紧装置。

3）下回转塔机的起升卷筒和安装卷筒同轴，用一个齿轮离合器控制卷筒的转与不转。在竖塔前，起升钢丝绳已按工作方式绕好。先要用手动拨叉接通起升卷筒的齿轮离合器。开动卷扬机，使起升绳放出足够长度。

4）将齿轮离合器的外齿断开起升卷筒，接通安装卷筒。

5）在起重臂方向的轨道中央，从底架起铺一条与端部折臂长度相等的滚道，作为起重臂拆臂节安装时滚动用。

3. 竖塔操作（图3-4-2）

1）检查内外塔身连接销轴是否插好，没有问题后，慢速启动安装卷筒，使塔身顶部抬起，再插好内塔身顶部撑架拉杆。

2）继续启动卷扬机，使塔身绕着回转平台上的三角形撑架铰点转动，直到塔身竖立，并用销轴将外塔身下端与回

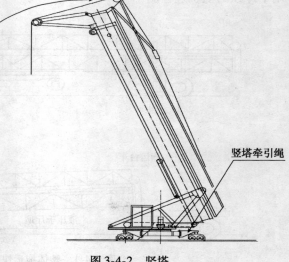

竖塔牵引绳

图3-4-2　竖塔

154

转平台固定。

4. 吊装平衡重

在吊装平衡重前，要注意防止塔机的后倾。当因场地限制，回转平台不能转到平行于轨道的方向时，这时应先将平台的尾部支承好，以防止平衡重加上去后，因后倾力矩太大，塔机可能带动轨道一起向后倾斜。

在外塔身下部后侧装有吊杆，可以绕其下端的铰轴转动，吊装平衡重时，将安装钢丝绳的末端从塔身上卸下，绕过吊杆上的两个滑轮，与吊装平衡重的吊具连接，驱动安装卷筒，即可吊装平衡重。吊装平衡重后，又将安装钢丝绳末端与折臂钢丝绳连接。

5. 放下折臂节

1）将折臂钢丝绳绕过外塔身根部小滑轮，与安装钢丝绳的末端连接好。开动卷扬机，先把折臂钢丝绳收紧，取下起重臂上的运输连接板，并将两臂节摆正成对称位置，以销轴固定。

2）将折臂段靠端部的另一个连接销拔出，开动安装卷扬机，放松钢丝绳，折臂节绕着根部上弦杆端的支点，利用自身的重量向下翻转，直到两臂节的下弦杆销孔能用销轴连接。然后在折臂节端部装上小滚筒，让它落在地面的滑道上。此时要注意小车牵引钢丝绳不能被两节臂之间的拉板卡住。

3）连接好两臂节上弦杆之间的活动拉板。拆开折臂钢丝绳与安装钢丝绳的绳卡，并将安装钢丝绳复位，将折臂钢丝绳从塔身根部小滑轮中抽出。

6. 伸塔和拉臂（图3-4-3）

下回转小车式臂架有两种工作方式：即水平臂架和30°仰臂工作方式。在伸塔和拉臂前，先要确定用哪一种工作方式，然后才能决定起升绳的绕绳方式和选择撑架拉索的长度。

1）水平臂工作方式：起升钢丝绳的末端固定在起重臂端部。主拉索稍长，由力矩限制器拉板、连接套板和拉索组成，具体长度设计时已确定。当内塔身伸出到位时，应使臂头上翘约1°～1.5°。如不满足，可用回转平台上的三个插销孔位调整。

2）30°仰臂工作方式：起升钢丝绳的末端先绕过臂端的滑轮，向后返回固定在

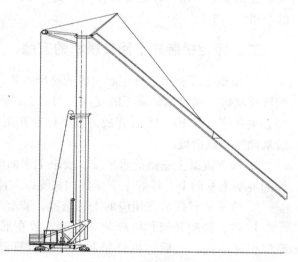

图3-4-3　伸塔和拉臂

起重臂小车上。以此办法抵消重物沿臂架方向下滑分力。否则小车牵引力会不够用。主拉索同样由力矩限制器、连接套板和拉索组成，但总长稍为短一点，具体长度由设计计算确定。

3）将安装钢丝绳绕过内塔身下端的伸缩滑轮，绳头固定在外塔身顶部。再拔出顶部的内、外塔身连接销。

4）开动安装卷扬机，安装钢丝绳通过伸缩滑轮组将内塔身托出。起重臂根部也跟着上升，折臂节的头部开始在铺设的滑道上滚动。当内塔身升到一定高度后，由于后部拉索的作

用，顶部撑杆竖起来，带动起重臂在升塔过程中向外张开。

5）当内塔身下端的轴孔接近外塔上的弹簧销轴时，要注意慢慢点动，不得快速提升，以防冲击过大。

6）提升到位后，将弹簧销轴插入内塔身下部的椭圆形大孔中，固定销轴位置，使卷扬下放，内塔身下的椭圆孔落在销轴上。脱开安装卷筒的齿轮联轴节，合上起升卷筒联轴节。

7）将外塔身顶部的四个顶紧螺栓顶紧，消除内外塔之间的间隙。最后拔出回转平台与底架的连接销轴。一台整体拖运快装式塔机的立塔就算基本完成了。

7. 安装电缆卷筒

行走式塔机，为了防止电缆在地面拖行，一般都应装电缆卷筒。电缆卷筒是由一台力矩电机驱动的一个卷筒，电源电缆绕在其上。电缆的另一端固定在轨道端部对准轨道中心线的配电板上。塔机向配电板方向行走时，电缆松弛，力矩电机带动卷筒把电缆绕到卷筒上；当塔机反方向行走时，电缆受张力，超过力矩电机的力矩，电缆卷筒反转，放出电缆。塔机不动，电缆卷筒也不动。下回转行走式塔机安装好后，接着就要把电缆卷筒安装在底架的侧面对着电源一方，并接好电源。为了安全，在轨道两端的适当位置要固定限位挡块。在两端挡块范围内要设置行程开关，让行走台车及时断电。只有在意外情况下，才靠阻车挡块来限制大车的行走，避免塔机走出轨道范围外而引起倒塔。

电缆卷筒和安全装置全装好后，塔机的架设才算全部完成。然后可以试运转，并把各安全装置调整好，最后才能交付使用。交付使用的塔机一定是安装方和使用方都认可已调试好的塔机。

二、固定拼装式下回转塔机的安装

1. 根据工程要求，确定起重机的基础位置，清理现场障碍物。按照使用说明书的要求，挖坑打基础。对打基础施工的要求，与对上回转塔机的基础要求基本相同。一般情况下，基础必须在施工前 10～15 天完成。且不许选在沉陷不均的地方，不许靠近边坡，以防止受载后基础倾斜或滑坡。

2. 检查混凝土基础的水平度，要求上表面倾斜小于 1/400。合格后将底座安放在已准备好的混凝土基础上。接好十字梁的加长腿，大体上整平。架好底架支座和斜撑。

3. 将平衡臂摆放在相应的安装位置，装上起升机构。

4. 将扒杆爬升架和扒杆装在一起，放在底架靠平衡臂一侧，将起升钢丝绳穿入扒杆，系好扒杆吊钩。然后将扒杆竖起来，使扒杆爬升架靠在底架主弦杆上，用绳系好，防止倾倒。

5. 利用小扒杆，吊起回转下支座，放在底架顶部，然后穿入连接螺栓，并拧紧两个螺母。

6. 用小扒杆分别吊起回转支承和回转上支座，安放在回转下支座的顶部（图3-4-4），紧好连接螺栓，拧好背帽。

7. 解下绳索，移开扒杆和扒杆爬升架。将塔身标准节的底节耳板用铰销与回转上支座耳板连接好（图3-4-5）。然后用拉索起扳的办法把底节装到回转上支座上，穿好连接螺栓，并紧好双螺帽。在起扳时，为防止上回转支座转动，要设法用杆件插入伸出端阻止回转。

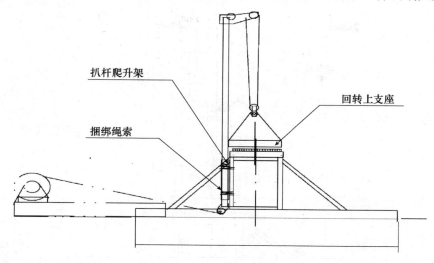

图 3-4-4 回转支承和回转上支座吊装

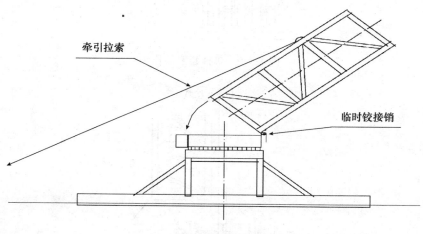

图 3-4-5 塔身底节安装

8. 将扒杆与扒杆爬升架的组合体的下端抬到回转上支座的伸出端上面，将其根部耳板用销轴连接到刚装好的标准节根部耳板上，将扒杆吊钩钩住底节对面顶部的横腹杆。

9. 临时接通起升机构的电源，开动起升机构，提起扒杆的上端，直到扒杆成铅直方向立起来。再把扒杆套架的槽形框架抬到回转上支座上，套住塔身底节，再与扒杆爬升架连接起来，形成爬升套架。此时要注意爬升滚轮嵌在标准节主弦杆外。

10. 用小扒杆吊钩钩住扒杆体上的吊耳，用活动滑轮提起扒杆下面的起升绳，再挂到标准节的顶面（图 3-4-6）。开动起升卷扬机，把套架提到最高位。套架上的翻板会自动定位，不会下滑。然后用扒杆再吊起一个标准节（图 3-4-7）。再提升扒杆和套架，把底节完全脱出套架之外，再进行下一步工作。

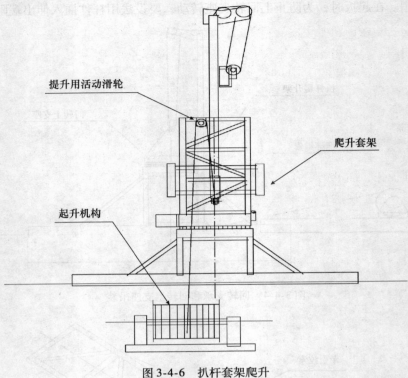

提升用活动滑轮

爬升套架

起升机构

图 3-4-6　扒杆套架爬升

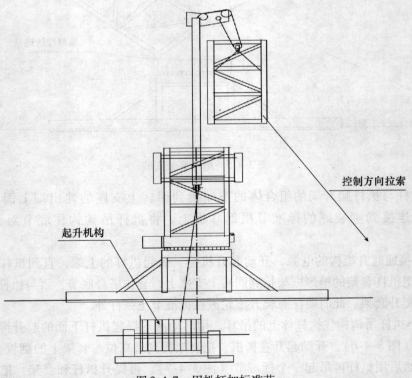

控制方向拉索

起升机构

图 3-4-7　用扒杆加标准节

11．安装回转机构

回转机构安装在回转上支座的尾部，只要将组装好的机构，用扒杆吊起了，从上面放下去，调好齿轮间隙，再用螺栓固定好。

12．提升平衡臂：将起升钢丝绳绕过扒杆座的下滑轮，继续放松，直到扒杆吊钩能钩住套在平衡臂前端横腹杆上的吊索，收紧起升绳，提起平衡臂的前端，使其下面的接头孔对准回转上支座伸出臂端的下接头孔，插好销轴和开口销。

1）起扳平衡臂：将扒杆吊钩钩住平衡臂后部的起扳滑轮。并将起升绳（如图 3-4-8 所示）绕成 5 倍率。收紧起升绳，提起平衡臂的后部，使平衡臂根部的上接头耳板孔对准回转上支座的上耳板孔，插上销轴和开口销。注意：由于起升机构较重，吊钩又是斜拉，为防止扒杆斜拉变形，一定要用 5 倍率起扳，不可大意，也不可图省事。

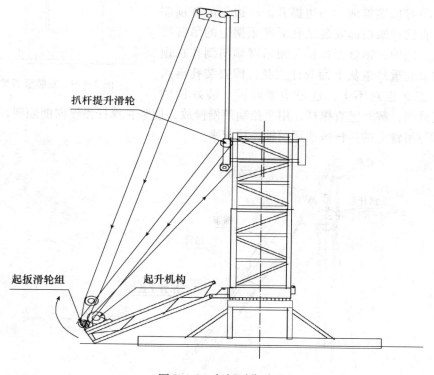

图 3-4-8　起扳平衡臂

2）用扒杆再提起一个标准节，加到已装好的塔身标准节的顶端。再提升扒杆和套架。如此反复增加标准节和提升扒杆，直到完成独立式高度所有标准节的安装。

3）安装顶架：将扒杆升到最高位。仍然用扒杆提升顶架，置于塔身顶端，用螺栓连接好，并拧紧背帽。

13．安装竖直撑杆：先将一段吊臂拉杆和一节连接拉杆装到竖直撑杆的顶端，用扒杆吊起竖直撑杆，超过顶架，其顶部向前倾斜，将其下耳板与顶架上的中间耳板孔用销轴穿好，锁上开口销（图 3-4-9）。然后用手拉葫芦扳动竖直撑架，使顶部向扒杆方向靠近，直到其上部的横梁撑住扒杆的顶部。注意一定要撑好！如撑不上宜加垫块也要撑上。然后用绳子将扒杆和竖直撑架系在一起，形成一临时塔帽，以便起吊重量较大的臂架。注意千万不可用扒杆单独起吊臂架，以免发生折弯的危险。

14. 安装起重臂（图3-4-10）

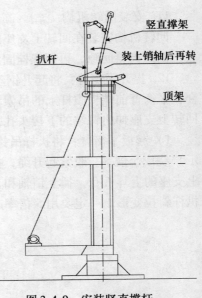

图3-4-9 安装竖直撑杆

先在地面把臂架连接好，注意在完全装好前要把小车套在臂架下弦导轨上。并装好小车牵引装置，在地面就开动牵引装置，让小车沿臂架全长来回跑两遍，看有无障碍。若有，先应及时排除才做下一步工作。再将起重臂拉杆装在起重臂上弦杆上，端部临时用细绳捆扎好。注意起重吊索要从起重臂根部横梁的下面套在下弦杆上，而不是从上面套。这一点很重要！放下扒杆吊钩，钩住刚套好的起重吊索，收紧起升绳，将吊臂根部提起，此时吊臂顶端着地。一边提升，一边使吊臂顶端靠近底架，直到臂架根部安装销孔对准顶架上的吊臂接头销孔，插上销轴，锁好开口销。使吊臂倾斜倒挂在顶架前方。如果起重吊索从上面套住主弦，即安装孔落入顶架下面，怎么也对不上，这是重要经验。装好销轴后，放下起升绳，解开竖直撑杆，用手拉葫芦慢慢放，使竖直撑杆慢慢向前倾斜，直到其上端的拉杆段与吊臂上的拉杆段能用销轴连接起来。

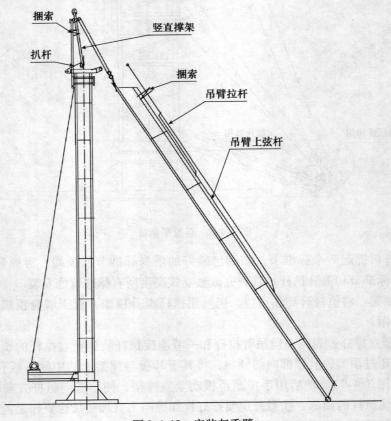

图3-4-10 安装起重臂

15. 安装水平撑架及连接拉杆（图3-4-11）

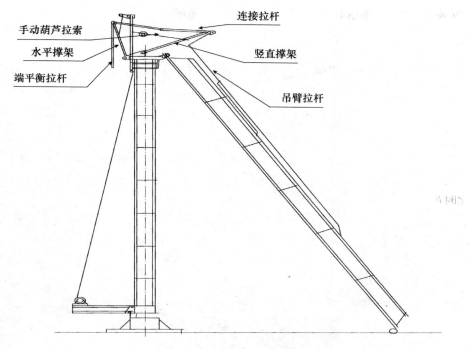

图3-4-11 安装水平撑架及连接拉杆

先把连接拉杆和平衡拉杆套在水平撑架的顶部，再用扒杆起吊水平撑架的根部。为防止碰撞，下面可用绳子略微斜拉。直到水平撑架根部耳板的连接孔对准顶架后面的安装孔，插入销轴和开口销。再用扒杆吊起水平撑架的顶部，使其绕着根部销轴向上方旋转。直到与竖直撑架的顶端能用连接拉杆连接好。

16. 提升和安装操作室

下回转固定式拼装塔机，由于主要机构与电控系统均在下面，可以不设驾驶室，而是用有线遥控或无线遥控操作，驾驶员可以在他认为合适的地方开动塔机。但是塔机360度回转、上下高度差几十米，任何地方都没有上驾驶室视野好，为了保证建筑工地施工人员的安全，还是在塔身上部侧面挂一个驾驶室比较合理。该驾驶室同样可以用扒杆提升，到达从顶部下数的第二个标准节时，就可用横梁和销轴挂在其侧面。再把遥控器和座椅搬到驾驶室里就可以了。

17. 下降扒杆，从最高位降1～2个标准节节距就可。提升平衡重块，仍用扒杆提升。但每块平衡重较重，可能超过扒杆容许的额定起重量。在降低扒杆后，将扒杆的上段，用绳索与塔身腹杆扎好。阻止扒杆顶部过大的弯曲变形。然后才用扒杆将平衡重块一块块地提起，加到平衡臂上。此操作要特别注意检查，不要使扒杆顶部变形过大。

18. 起扳起重臂（图3-4-12）

在平衡拉杆的下端装有力矩限制器，其下部装有滑轮组；在平衡臂的末端也装有滑轮组。将起升绳从扒杆内抽出，如图所示绕到滑轮组上。开动起升机构，收紧钢丝绳，平衡拉杆受力慢慢将起重臂扳起来，直到臂架上翘，使平衡拉杆的下端拉板能与平衡臂末端耳板用销轴连接好。再放松起升绳，吊臂慢慢下放到位，最好能留 1°～1.5°上翘量，这样吊臂就安装好了。

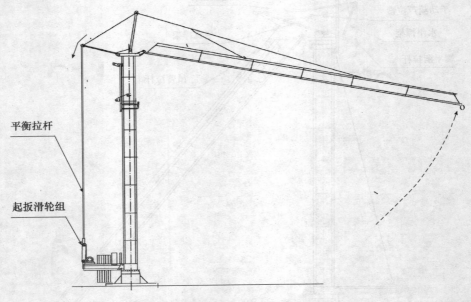

图 3-4-12　起扳起重臂

19. 安装电控柜：电控柜安装在平衡臂根部，通常由电气人员进行安装。

按图纸和安全标准要求，接好全部电气线路。包括动力线、控制线、限制器和限位器的线路。试一试各动力机构，看是否有故障。

20. 按工作状态穿好起升钢丝绳。起升绳的走法与上回转塔机差不多，即由起升机构出发穿过张力限制器滑轮，进入导向滑轮下面，引到变幅小车前滑轮上，向下穿过吊钩滑轮，上升进入小车的后滑轮，最后将绳头系到起重臂前端的系绳轮上。在穿绕钢丝绳时，要求用软绳索提起绳头，使起升绳头能自由旋转，以释放钢丝绳的内扭力，防止打扭。这是消除钢丝绳打扭的经验，用一段时间后如发现钢丝绳打扭，可以拆下来，如上所述再装一次。

至此，一台固定拼装式下回转塔机的安装已经完成。这是用扒杆自装的过程，最有代表性，也是最省钱的安装方式。如果用汽车吊代替扒杆起吊，其步骤基本相同，没实质性差别。但不要考虑扒杆的负载了，这样安装更为容易，只不过要多付出点汽车吊租费用。

第五节　塔机安装后的检查和验收

为了保证塔机的使用安全，塔机安装完成以后，都要进行检查和试验，要求达到使用性能后，才能投入使用。特别是委托专业安装队伍安装的塔机，是否达到要求，甲乙双方应有验收记录和签字，这样可以防止很多潜在事故发生。

一、一般性技术检查

1. 检查塔机的金属结构，包括底架、塔身、起重臂、平衡臂、塔帽、回转支座、回转塔身等结构件的焊缝是否可靠、饱满，有无锈蚀、开裂等情况。连接螺栓是否拧紧，有无防松措施，有无脱扣窜牙现象。销轴是否插好，开口销是否张开。发现问题要及时排除。

2. 检查各传动机构，要求运转灵活，齿轮啮合状况良好，运转正常，不发生过大的噪声。制动器可靠灵活，轴承间隙适中。

3. 检查钢丝绳和滑轮系统。钢丝绳是否断股，滑轮的润滑是否良好，钢丝绳是否排列整齐，有无跳出现象，护绳挡板是否起作用。各连接部位是否可靠。

4. 检查电气元件是否良好，接线是否正确，导线的绝缘是否可靠，对地绝缘有没有达到要求。操作指令发出后各触点是否正常工作。有没有虚脱的连接点。

5. 检察各安全装置，包括力矩限制器、起重量限制器、高度限位器、变幅限位器、回转限位器是否起作用，是否调整好，灵敏度和重复度能不能达到要求。

6. 行走式塔机，要检查有没有限位开关，有无阻车设施，行走轮与轨道接触是否正常，夹轨器是否可靠等。

二、运行试验

1. 空载运行。起升吊钩在全高范围内上下 2 ~ 3 次；变幅小车，全幅度范围来回跑 2 ~ 3 次；回转左右共 3 圈范围运行，观察运转是否平稳，有无冲击现象，有无不正常声响。各限位开关是否起作用。减速机有没有漏油、渗漏现象。起升制动是否正常。如有异常，应立即采取措施解决。

2. 负载试验

1）先按最大幅度额定负载吊重，吊起来后，从内向外变幅，直到最大幅度，观察臂架和塔身变位情况，有无不正常现象。

2）按最大起重量的 70% 吊重，吊起来后，上下几次，同时在相应幅度范围内来回几次，左右回转几次。看运行是否正常，结构变形正常否，起升机构减速机温升是否过快。

3）吊最大额定起重量，在容许范围内运行，看运行情况。再略微超幅度，看力矩限制器是否起保护作用。再在 5% 范围内超载，看起重量限制器是否动作，报警断电。如一切正常，证明安全装置已调试好。如安全机构不起作用，必须找出原因，排除故障。

第六节　塔机的拆卸

一般地说，塔机的拆卸过程就是安装过程的逆过程。在架设过程中先做的，在拆卸过程中后做，在架设过程中后做的，在拆卸过程中先做。但是架设和拆卸时，条件不完全相同，不同的塔机安装和拆卸的方法也不完全一样，因此要涉及一些不同的注意事项。拆卸时建筑物已经存在，场地受到限制，故要更加小心谨慎。严格遵照塔机拆卸安全规程进行。

一、塔机拆卸安全规程

1. 塔机拆卸作业宜连续进行。当遇特殊情况拆卸不能继续时，应采取措施保证塔机处于安全状态。

2. 用于拆卸作业的辅助起重设备设置在建筑物上时，应明确设置位置和锚固方法，并应对辅助起重设备的安全性及建筑物的承载能力进行验算。

3. 拆卸前应检查塔机主要结构件、连接件、电气系统以及各工作机构，发现隐患应采取措施解决，否则不得进行拆卸作业。

4. 拆卸作业的安全注意事项大体与塔机的安装相同，务必遵守。

5. 附着式塔机应明确附着装置的拆卸顺序和方法。

6. 自升式塔机每次降节前，应检查顶升系统和附着装置的连接，确认完好后方可进行作业。

7. 拆塔时务必先降节后再拆除附着装置。

8. 拆卸完毕后，应清理现场。

二、上回转自升塔机的拆卸

1. 降低塔高。

自升式塔机架得很高，首先是拆除标准节降低塔高。

1）吊臂转到正前方，回转制动。小车往外开，平衡后倾力矩，使顶升部分的重心大致与顶升油缸轴线重合。必要时还要吊点附加重量。

2）检查爬升套架与下支座连接确实可靠以后，拆掉最上面那个标准节的上下连接螺栓，将引进滚轮架套在其四根主弦下端，滚轮对准引进横梁。启动泵站，使顶升油缸活塞杆伸出。将扁担梁准确嵌入下一个顶升踏步槽内。再顶起塔机上部，带动引进横梁升高，使引进滚轮落在引进横梁上，再略提起，使最上面的标准节与下面的标准节完全脱离，将标准节拉出来。

3）使油缸回缩，同时人工操作将活动爬爪的尾部立起来，躲开最上面一个顶升支板，继续下降，使活动爬爪搭在下一个顶升踏步的顶面。

4）油缸再略回缩，将扁担梁从顶升踏步槽内抽出。然后油缸再伸出，使扁担梁搭到下一个顶升踏步槽内。油缸略伸出，顶起塔机上部，使活动爬爪翻转，躲开刚搭接的顶升踏步。油缸回缩，塔机上部继续下降，直到回转下支座接触下一个标准节顶部。

5）将回转下支座与顶部标准节所有的连接螺栓连接起来，此时可以只装一个螺母。开动起升机构，将刚拉出来的标准节吊至地面。

6）按照以上步骤，如此反复，继续卸除标准节，降低塔机高度。当顶升套架下部离附着架不到一个标准节高度时，应先拆附着架，然后再拆标准节。当套架下部快碰到底架撑杆时，先拆除撑杆，再继续拆标准节，直到顶升套架完全降下来为止。

2. 拆除后装的平衡重。

用汽车吊拆除后装的平衡重。按照使用说明书的要求，需要保留 1~2 块平衡重，以平衡起重臂过大的前倾力矩。

3. 拆除起重臂

用汽车吊吊起起重臂，略微上翘，拆除起重臂拉杆，使其搁在臂架上弦的固定卡板槽内，然后再拆除起重臂根部的连接销。

4. 拆除剩余的平衡重块，然后拆除平衡臂。

5. 拆除塔顶和回转塔身。

6. 拆除回转总成。

7. 拆除顶升套架。

8. 拆除底节和底架。

三、内爬式塔机的拆卸

内爬式塔机也属于上回转塔机，其安装过程与上回转外爬式塔机一样。与外爬式塔机区别在于爬升方式不一样。它是利用建筑物内部特定开间或电梯井道逐步爬升的。爬升过程有点类似自升式塔机的顶升，但受力点是爬梯和井道支承梁。当建筑物完工以后，就不能按反程序再放下去，而必须在屋面逐步拆除并放下来，由于现场工作条件和采用的辅助设备不同，拆卸方法多种多样，并没有完全统一的拆塔模式。这里介绍一种典型的内爬塔机拆塔过程。采用的辅助工具是一台屋面吊（图3-6-1）。

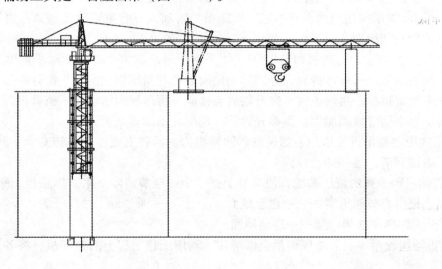

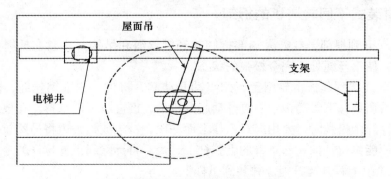

图 3-6-1 内配式塔机拆卸

1. 用塔机将屋面吊吊到楼房顶面，并安装在能承受较大力量的剪力墙的顶部，用预埋螺栓将屋面吊的工字梁底架连接牢固。

2. 降低高度。利用下边的内爬爬升装置，先把内爬塔机往下放，直到回转支承靠近屋面，无法再下降为止。

3. 将变幅小车开到臂头，以减少不平衡力矩。

4. 将平衡臂转到屋面吊的工作区，利用屋面吊逐块拆除平衡重块，并一一卸至地面。随着平衡重的卸除，后倾力矩减小，可以把变幅小车开到臂根附近。并将其捆扎好。

5. 将塔机回转 180°，使起重臂靠近屋面吊。

6. 拆除起重臂

1）先把起升钢丝绳从臂端拆下，拆除吊钩，再把起升钢丝绳绕在安装拉杆时用的在塔顶处的动滑轮组上，并卡好绳卡。开动起升机构，收紧起升绳，拉杆就带动臂架稍稍上翘，而拉杆顶部的拉板松弛，拆除靠近动滑轮的拉杆销轴，放松起升绳，起重臂慢慢落下，在臂端方向安置一支承架，使起重臂落在支架上。

2）临时用钢丝绳将臂架与屋面吊底座连起来，以防拆除臂架根部铰销后向外滑移。

3）开动起升机构收回起升钢丝绳。将臂架拉杆从起重臂上拆下来。

4）利用屋面吊将起重臂根部吊起，拆除根部销轴，将起重臂放在楼面。再逐节拆除臂架，用屋面吊卸到地面。

7. 拆除平衡臂。再将塔机回转 180°，使平衡臂靠近屋面吊。先拆除平衡臂上的起升机构，如起重力不够，可解体拆除，分别卸到地面。再利用屋面吊吊住平衡臂端部，略向上提起，拆除平衡臂拉杆。再慢慢将平衡臂端放至楼面。再用屋面吊吊住平衡臂根部，拆除连接销轴，将整个平衡臂放到屋面。再拆开臂节，用屋面吊卸到地面。

8. 依次用屋面吊拆除塔帽、驾驶室、回转机构、回转上支座、回转支承、回转下支座、顶升套架内顶升节，逐项卸至地面。

9. 启动内爬装置的液压系统，使塔身上升一个标准节，停下来，拆除顶上来的标准节。如此反复，把所有节架拆完，一一送至地面。

10. 拆除爬梯和框架，都一一送至地面。

11. 拆除屋面吊本身。将屋面吊全部解体，利用土建工程上的升降机，将各部件一一送到地面。

四、固定拼装式下回转塔机的拆卸

1. 将臂架小车开到根部，载人去端部拆卸起升钢丝绳和吊钩。注意在拆绳头时，要让吊钩先放到地面，使钢丝绳处于完全松弛的状态。

2. 将起升钢丝绳绕到起扳滑轮组上，用点动开动起升机构，收紧钢丝绳，使平衡拉杆下端放松，拆下平衡拉杆下段的销轴。再开动起升机构，慢慢放下起重臂。在放起重臂过程中，当起重臂拉杆开始松弛时，要用绳索系住上面一段，一边放松一边将吊臂拉杆往臂根的上弦方向拉，以便能将拉杆捆在起重臂的上弦杆上，最后再拆除起重臂拉杆的连接销。

3. 从起扳滑轮组上解开起升绳。并装到扒杆上。

4. 用扒杆将平衡重一块块卸下。注意拆卸平衡重时，扒杆的上段要用绳索扎在塔身腹杆上，以免吊平衡重时扒杆发生过大的弯曲变形。

5. 将扒杆提升到最高位，拆下张力限制器和引导滑轮。

6. 用手动葫芦将竖直撑架横腹杆和扒杆连起来，以控制其上翘角度。再用扒杆吊钩钩住水平撑架的上部，拆除连接拉杆的连接销，慢慢放下水平撑架。

7. 用扒杆吊钩钩住水平撑架的根部横梁，拆除水平撑架和平衡拉杆。

8. 用手动葫芦拉起竖直撑架往上翘，使其靠拢扒杆，撑住扒杆的额头，用绳索将两者扎好，形成临时塔帽，然后准备拆除起重臂。注意！此时绝对不许单独用扒杆去起吊起重臂根部！在拆除起重臂时，先用吊索从臂根横梁下面套住下弦杆，挂在扒杆吊钩上，点动起升机构，让起吊索受力，但不可过分，目的只在于使臂根铰点的销轴减轻负载。拆下臂根铰点的销轴。开动起升机构，下放钢丝绳，起重臂根部下落，同时将臂端借助滚轮往外拉，直到臂根接近地面，用支架把起重臂架好。这是拆塔过程中最关键的一步，必须细心谨慎操作。

9. 用扒杆吊钩从后侧钩住竖直撑杆中上部横梁，慢慢将竖直撑杆往前推，使向前倾，同时放松起升绳。当前倾到一定的程度，拆下竖直撑杆根部的连接销。吊起竖直撑杆放到地面。

10. 拆除顶架，用扒杆吊起放到地面。

11. 将扒杆下降一个标准节距离，然后用扒杆吊钩钩住套在标准节内水平框架上的起吊索。拆下该标准节的连接螺栓。吊起刚拆下的标准节放到地面。如此反复，一步步降扒杆，一步步拆除上面的标准节，直到只留下一个标准节。

12. 将起升绳绕成 5 倍率吊起平衡臂尾部，其方法与安装时相同。慢慢放下平衡臂尾部。然后再吊起平衡臂根部横梁，拆除根部销轴。放下平衡臂。

13. 拆除回转机构。

14. 拆除扒杆套架，放下扒杆。

15. 拆除塔身标准节的底节。

16. 把扒杆带爬升架立在底架的后侧，捆扎在底架主弦上。用扒杆起吊来拆除回转上支座。

17. 依次拆除回转支承和回转下支座。

18. 拆除底架和底梁。至此，固定拼装式下回转塔机拆卸工作完成。

五、整体拖运快速安装式下回转塔机的拆卸

在这里仍以前面述说过的小车臂架伸缩式塔身的快装式塔机为代表，来说明拆卸过程。

1. 将塔机开到适合拆卸的位置，在行走台车上装好夹轨器。臂架转到平行轨道的方向。并将回转平台与底架用销轴连接好。如因条件所限，臂架回不到与轨道平行方向，则应将回转平台尾部支撑好。

2. 松开外塔身顶部的四个顶紧螺栓。

3. 脱开起升卷筒齿轮联轴节，合上安装卷筒齿轮联轴节。开动安装卷扬机，使安装钢丝绳受力。拔出内外塔身的连接销轴。

4. 开动安装卷扬机，慢慢将内塔身往下放，起重臂在下放过程中同时也慢慢向内折转，靠向塔身，当臂架端部触地时，注意把折臂节端部往外拉。直到内塔身与外塔身连接销孔快到位时，以点动方式对准连接孔位，将连接销插入。

5. 提升折臂节

1）将折臂钢丝绳绳端绕过外塔身下的小滑轮，与安装钢丝绳连接起来。

2）取下两臂节之间的活动拉板，用销轴将两臂节的上弦杆端部支点连接，拆开两臂节

下弦杆的连接销轴。

3）开动安装卷扬机，收紧安装钢丝绳，提起折臂节绕上弦杆端支点旋转。一直到两臂节上一个连接销孔对准，插上连接销。

4）将折臂节转动一个角度，装上运输连接板。

6. 卸下平衡重块。

7. 将安装钢丝绳绕到起扳塔身的滑轮组上．．拆除外塔身与回转平台的连接销。在外塔身顶部的后方系上牵引绳。开动卷扬机，放松安装钢丝绳，同时用力拉牵引绳，使整个塔身慢慢向后倾斜，倾到一定程度，拆除内塔身顶部的拉杆，收紧撑架。再放下塔身。

8. 拆除电缆卷筒，拆除电源。

9. 用四个千斤顶顶起底架的边缘，让前行走台车抬起，将拖运后桥装到底架下面。

10. 再用两个千斤顶，搁在支架上，用交替加垫块顶升的办法，顶起回转平台，将拖运前桥装上，与塔身用连接销轴连接好，并装上牵引拉杆。拆除工作基本完成。

11. 将牵引车倒退，与前桥牵引架连上。就可将塔机整体拖走了。

第四章　建筑起重机械使用维护要求与安全知识

　　建筑起重机械是大型产品，使用在人员密集的地方，安全生产要求很高，因此正确掌握建筑起重机械使用维护安全知识，对避免事故发生，延长机械的使用寿命具有特别重大的意义。建筑起重机械好不好用，固然与设计质量、制作质量关系很大。但同种型号的建筑起重机械，在不同用户手里，发挥的作用与效益差别会很大，这说明用户使用维护得好与不好，对设备的使用好坏起了很大的作用。

第一节　对用户使用、维护和管理的基本要求

一、使用、维护和管理的要求

　　1. 用户对建筑起重机械应当建立管理档案。包括产品使用说明书、发货清单、备品备件、安装移交记录等，作到有据可查。

　　2. 必须制定建筑起重机械的维护保养制度，并严格执行。要求设备管理人员能了解自己使用的设备运行状况，是否有过什么故障，如何解决的，都要详细记录。

　　3. 正确处理好使用和维护保养的关系，不能只重使用，放松保养。实际上维护保养得好，可以大大提高使用效率，减少事故发生。

　　4. 必须对操作人员进行技术培训，加强使用、维护和保养的基本知识教育，培养他们自觉地爱护机械设备的习惯和风气，掌握基本技能和技巧，严格遵守操作规程。禁止无证人员上岗操作。

　　5. 建筑起重机械常用工具、用具齐全，如工具箱、油壶、注油枪、油杯、漏斗和专用工具设备，按期按量提供棉纱、润滑油，按时供应所需的备品和配件。

　　6. 在特殊施工条件下，要改变建筑起重机械的安装施工条件（如基础、附着达不到使用说明书的要求），必须与供应单位取得联系和协商，不可自以为是地做出变更。

二、对机手的要求

　　机手是建筑起重机械的直接使用者，其素质的高低与建筑起重机械能否正常运行有着密切的关系。机手应该遵守国家有关建筑起重机械安全操作规程和规章制度，合理使用建筑起重机械。在此基础上，要定期做好维护保养，如对建筑起重机械的清洁、润滑、紧固、调整、防腐、检查、排除故障、更换已磨损或失效的零部件，使建筑起重机械保持良好的工作状态。这就是对机手的主要责任要求。要做到这一点，要求机手具有如下素质：

　　1. 清楚自己工作的重要性，对工作尽职尽责，作风正派。

2. 具有一定的文化水平，经过专业的技术培训和技能考核，获得国家颁发的建筑起重机械特种操作证书。

3. 熟知建筑起重机械安全操作规程、安装技术和吊装信号。

4. 清楚自己所用设备的结构、原理及技术性能。

5. 懂得各种货物的绑扎、装卸、起吊的操作方法。

6. 了解自己所用设备的日常保养和一级保养的内容与方法。

7. 具有判断和排除常见故障的能力。

8. 具有高空作业的身体条件和攀爬塔机的能力。

三、操作使用的要求

塔机操作过程变化多端，但一个基本的要求就是：稳、准、快、安全、合理。这就要求机手多练基本功。

1. 稳：塔机运行中要使吊钩和重物不发生大的摆动。达到这个要求，需要通过长期的操作实践积累经验，如何柔和换挡、稳钩、送钩，掌握一定技巧后，就可以稳定操作塔机了。

2. 准：指就位正确。要求在稳的基础上，正确地把物料吊送到指定位置。

3. 快：在稳和准的前提下，合理协调四大工作机构的操作，用尽量少的时间和最短的运行路径完成每一次起吊作业。

4. 安全：严格执行安全操作规程，不发生设备和人身事故，有预见事故的能力，能及时消除事故隐患。对设备能做到经常性的预检、预修，保证设备状态完好。在意外故障情况下，能机动灵活并正确地采取措施，制止事故发生或使事故损失降低到最小。

5. 合理：了解所用设备的特性，根据起吊对象的具体情况，能正确做出起吊方案，合理发出操作指令。

第二节　操作人员应具备的基本安全知识

建筑起重机械使用是否正确，维护保养是否周到有效，关键是操作人员。而操作人员要清楚地意识到，自己掌握的不仅是一台大型设备，而且掌握着自己和工地上一部分人的生命安全。责任很重，必须时刻小心谨慎。作为一个操作人员，必须深刻地懂得：最可怕的是倒塔，其次就是高空坠物、碰撞和机构损坏。因此应千方百计防止塔机失去平衡、妥善操作、防止碰撞、防止过载。

一、基本安全意识

1. 超力矩很容易造成倒塔，因此操作人员要绝对防止塔机超力矩。

1) 造成超力矩有如下一些原因：

力矩限制器失灵或没有调整好就使用。力矩限制器只有超力矩才动作，平时不动作，因此往往不引起注意。操作人员平时要有意识地检查一下，压一压力矩限制器上行开关的触头，看一看报警铃响不响。响即证明能正常动作。如不响，就证明有故障，应先修后操作，至于没调整好就使用，是严重违章，非常危险。操作人员应拒绝在力矩限制器不正常的情况下上塔机操作。

2）水平斜拉起吊。塔机是禁止斜拉起吊的，但工地上完全垂直状态起吊也难做到。一般计算时，考虑了吊索倾斜3°（tan3°＝5%）的水平力。水平分力约为垂直力的5%，但产生的力矩可不是5%，因为水平分力的力臂是独立式高度，是比较大的。所以不可小看3°的倾斜角。最可怕的是用吊索斜拖物品，你不知道阻力系数是多大，危险性很大。所以操作人员要主动拒绝斜拉起吊。

3）风力过大起吊。风荷载会增加倾翻力矩。在使用说明书上规定禁止6级风以上作业。操作人员应引起注意，风力太大，不应起吊。

4）为了超载，故意短路掉力矩限制器，这是严重违章作业！严重威胁工地现场人员以及操作人员人身安全，应坚决抵制。

2. 防止碰撞

1）塔机操作人员，应在得到地面的指挥信号后进行操作，而且操纵前应当按响电铃，以提醒相关人员知道，起重机将要运行了。

2）操纵时应当精力集中，随时观察吊钩的运行情况和位置，注意周围是否有障碍物存在。下班时，吊钩必须升到最高障碍物以上位置。

3）要熟练掌握重物惯性作用，提前降速和停车，还要学会稳钩技术。尤其是对回转惯性，一定要提前停车，不可到位才停车，否则臂架和重物都停不下来，对不准工位，容易碰撞。当然具体提前多少，要靠自己积累经验亲自体会才能掌握。

4）当下面有碰撞对象时，尽量提早提升吊钩避免相碰，不能等快到了才提升吊钩。因为惯性摆动常常看不准，容易发生碰撞。反之在放吊钩时，不能放得过低，以免吊钩摆动伤人。

6）当有人在塔机上进行维修调整工作时，不得启动塔机运转。

3. 防止超起重量。造成超起重量常常有如下一些情况，操作人员要注意防止。

1）起重量限制器失灵或没有调整好就使用塔机。与力矩限制器同样的原因，因为动作不常发生就没有引起重视和注意，失灵后不知道。因此要常按一下起重量限制器开关触头，看电铃是否报警。如有故障及时排除。不调整好起重量限制器就使用塔机，是严重违章作业。

2）用起重机起吊一些超重物品，故意短路掉起重量限制器，同样是严重违章，很容易发生事故。

3）连续不断的满载起吊，虽然不一定超载，但会超过起升机构的负荷率。塔机设计时起升机构的负荷率 $JC=40\%$。不可以连续满载起吊，否则对机器同样会有损害。

4）在高温下连续作业。在炎热的夏天，环境温度很高，对机器散热很不利。连续发热，会使机器超负荷，应注意防止。

5）连续使用低速起升。低速起吊，散热条件不好，特别是使用涡流制动器，负荷很大，电流值大，很容易使电机发热，以至烧坏电机，所以操作者应当明白这个道理，不许连续使用低速起升。一般规定，低速挡的负荷率 $JC=15\%$，也即每10分钟低速挡累计使用时间应当小于1.5分钟，单次连续使用时间不宜超过1分钟。

二、安全操作技巧

塔机安全操作技巧主要指稳钩操作。塔机起升高度大，钢丝绳悬挂长，因而运转时吊钩容易摆动。稳钩操作就是使摆动尽快停止，或者使吊钩在塔机开始运行时尽量减小摆动的操作方法，是合格机手应当掌握的操作技巧。

塔机吊钩之所以发生摆动，其原因是吊钩受到水平方向力的作用，这个力常常是由于重物的惯性滞后而产生。一旦发生，吊钩就会来回摆动，水平力的方向交替变化。如果设法使这个水平力消除，就会消除摆动。

1. 吊钩做圆周摆动

这要靠操纵回转机构来消除。在吊钩摆到某一方向的最大幅度时但尚未摆回来的瞬间，短时启动回转机构，使起重臂朝吊钩摆动方向回转，就能减小吊钩的摆动。

2. 吊钩做径向摆动

这要靠操纵变幅机构来消除。当吊钩朝内摆到最大摆动幅度但尚未向外摆的瞬间，短时启动变幅机构，使变幅小车朝内变幅，就会消除吊索的倾斜角度，减小水平分力，从而消除径向摆动。反之亦然。

3. 综合的斜向摆动

此时要抓住主要矛盾，先消除最大方向上的摆动，再消除与之垂直方向上的摆动，或者回转与变幅同时并用。运行得当可很快消除摆动。

4. 稳钩方法的技巧

关键是掌握好稳钩的时机和方向。如果方向搞反了，不仅稳不住吊钩，反而会加大摆动。二次启动应当是向着较小吊索倾斜角的方向，减小吊索的倾斜也就是减小了水平力。

第三节　塔机工作机构的操作要求及注意事项

当电控系统启动成功后，即可进行各机构的操作了。操作时使用联动台上的两只操作手柄和各种按钮。在使用操作手柄时，应先将手柄头的零位开关上拉或者下压，解除零位自锁，方能推动自如。操作时请留意电控系统发生的声光报警信号。一般来说，当声光报警信号发生时，电控系统会自动做出相应的反应（如禁止某机构的运动，某方向运动减速等）。

一、起升机构的操作及注意事项

起升机构通过右联动台上的手柄控制。往里拉时吊钩上升，往外推时吊钩下降。上升和下降各分几个挡位。对应于不同速度。

1. 起吊重物时，应按低到高调速顺序起钩，每挡至少停留 4 秒以上，不得越挡操作，以免引起冲击；反之停车时应由高到低调速顺序操作，这样就位准确，制动平稳可靠，且制动器磨损小。

2. 除变频调速的起升机构外，其他起升低速挡主要用于慢就位，不得长期连续使用，以防烧坏电机。

3. 对于双速绕线带涡流制动器的起升机构，不仅低速挡、而且带电阻运行的次低速挡也不宜使用时间过长。因为此时速度较低，电阻一直处于发热状态，时间一长会烧毁电阻、电机。稳定的使用状态是切除电阻后的中速挡和高速挡。

4. 重载下不宜打高速，特别在所吊重物的真实重量不知道的情况下，更不要轻易打高速。高速挡主要用于轻载和落钩。重载时以切除电阻后的中速挡为最合适的运行挡位。

5. 当重物已吊起到一定高度后发现有下滑现象，应立即打回低速挡，切勿打向高速挡。因为起升功率一定的情况下，起重量与起升速度成反比，重载低速轻载高速。如发现重物下滑，本已是力量不够的表现，再打入高速，提升力更不足，只会加速向下溜车，很危险。这时返回低速挡即可解决问题。因为开始已经吊了起来，那么现在也应能吊起来。如果担心电机或电阻过热，也应在低速挡下停车。

6. 不要过多地使用点动。点动是一个启动过程，电流和力矩都有很大的冲击，多次使用点动对电机、电气元件和传动机构都不利。特别在满载情况下，冲击更大。

7. 下放吊钩时，注意不要使吊钩落地。吊钩一旦落地，钢丝绳就会松弛反弹，这是造成起升钢丝绳乱绳的主要原因。如卷筒乱了绳，很容易损坏钢丝绳造成安全事故，必须整理好以后再进行工作。

8. 接近上限位和重物落地时，应提前降速，采用低速就位，防止对目标的冲击。

9. 发现钢丝绳打扭时应停止操作，采取有效办法释放钢丝绳内扭力。

二、变幅机构的操作及注意事项

变幅机构通过左联动台上的手柄控制。将手柄往前推时向外变幅，将手柄往里拉时向内变幅时。外变幅和内变幅各分数挡，对应于从低到高几种速度。

1. 要严格按从低挡到高挡逐挡进行启动操作，停车时按由高到低的速度顺序操作。

2. 减小幅度不仅减小起重力矩，也会减小回转线速度。因此远端起吊时，一旦提起重物宜先将小车往内走，减小一定幅度后再进行回转。在回转快到位前再对着落钩点向外变幅就位，从而避免过大的回转力矩。

3. 在接近落钩处前应提早减速。一般采用低速实现慢就位。如果是单速变幅结构，则要考虑变幅惯性的影响，提前停车，等摆动停止后再通过点动实现就位。在接近障碍物或人的情况下，宜先提升一点然后再下放，以避免摆动碰撞。

4. 当小车变幅的牵引绳因伸长而松弛下垂时，变幅小车将出现不均匀的爬行现象。应先张紧牵引钢丝绳再进行操作。

5. 对于动臂式塔机，其变幅机构本身就是一台大功率的卷扬机，在变幅时，重物和起重臂都在升降，安全问题尤其突出。一般不容许在额定起重力矩情况下进行变幅，这点应特别注意。动臂变幅对制动要求很高，绝不容许制动打滑，否则越打滑力矩越大，制动越困难，因此一定要低速下进行制动停车。另外还采用双制动器设计方案确保可靠制动。

动臂变幅就位时，通常从外往内就位比较安全，此时的变幅就位力矩越来越小，变幅制动比较可靠。

三、回转机构的操作及注意事项

回转机构通过左联动台的手柄进行控制。将手柄往左扳时塔机左转，将手柄往右扳时塔机右转。手柄左右方各分数挡，对应于从低到高几种回转速度。对回转操作总的要求是：平稳准确。塔机回转时惯性很大。启动时静态惯性大，不容易启动，启动力矩过大又容易造成冲击；停车时动态惯性大，停下来也很困难，急停又会发生扭摆。而且回转时起重臂臂端回转线速度大，就位更困难。这就要求机手善于总结经验掌握操作技巧。

在某些场合，驾驶员想让吊臂锁定在某一位置，这时可在塔臂停稳后使用制动功能。即将左联动台上的"回转——制动"开关扳至"制动"位置，连在回转电机轴上的机械式制动器将投入工作，将塔臂固定住。

1. 由于塔机起重臂很长惯性很大，回转操作必须平稳。加速时手柄必须逐步地扳，减速时也必须逐步地退回。因为回转加速度越大，惯性也就越大，扭摆也就越严重。

2. 对于变频调速的回转机构，想停车时，将手柄扳至第一挡（注意：不要立刻回零），这时变频器会提供制动力矩（如回零则没有了），使起重臂停止运转（因为一挡的速度极低，近似于停车）。这一功能还能提供抗风能力（即在风吹动下起重臂不动）。另外，变频回转机构的降速停车可以一下打到低频挡，如果一步步降低频率，反而会产生扭摆。原因是频率逐步降低时，回转电机可能时而处于发动机状态，时而处于电动机状态，很难掌握而造成扭摆。一步打到低频，回转电机只会处于发动机状态，等速度降下来了就不会有太大的扭摆。

3. 对于变极调速的回转机构，在回转到位前，就应提早降速和停车，让起重臂靠惯性滑转到目标处，这需要经验和技巧，掌握提前角度为多少最合适。绝不容许使用回转定位用的常开式电磁制动器进行制动，因为在回转过程中进行制动会造成扭摆。

4. 低速下可以使用逐步点动实现回转就位。

5. 鼠笼电机驱动的回转机构如发现启动冲击较大时，可以将液力耦合器内的油适当放掉一点，以软化启动特性。

6. 当风速超过 6 级，严禁使用"制动"开关。

7. 注意，有些塔机电控系统的回转制动回路配有免维护蓄电池。当外部电源停电后，如果"回转—制动"开关仍扳至"制动"位置，则回转盘式制动器仍然正常工作至少一小时。机手下班时应将"回转—制动"开关扳至"回转"位置，以免蓄电池过度放电造成损坏。

四、大车行走机构的操作及注意事项

操作塔机的大车行走，最重要的是防止惯性力过大造成整机倾翻。尽管大车行走速度不高，但行走惯性力仍然很大。防止倾翻最佳办法是：适时降速和制动、先降速后制动、制动力矩先小后大。大车制动停车位置要离开轨道端部限位挡块 5m 以上，不容许过于靠近端部。

第四节　液压顶升系统使用要求及注意事项

一、液压顶升系统使用与维护

塔式起重机的液压系统还算比较简单，只要使用维护得好，一般说来，故障率是比较少的。但是如果忽视维护或者使用不当，就会出现各种故障。而且由于系统内部不易观察，出了故障往往不易一下子就找出原因，以致影响塔机的使用。下面是使用中应当特别注意的问题。

1. 液压油的使用与维护

液压传动系统以油液作为传递能量的工作介质。除了正确选用液压油外，还必须使油液保持清洁，特别要防止油液中混入杂质和污物。经验证明，液压系统经常发生的各种故障、堵塞和损坏事故，往往就与液压油变质、杂质、污染及密封不严有关。

因此，液压系统使用维护的关键是保持系统和液压油的清洁。为此应注意：油箱中的液压油应经常保持正常的油面。液压油必须经过严格的过滤。滤油器应当经常清理，去除滤油网上的杂质，发现损坏要及时更换。系统中的油液应经常检查，并根据工作情况定期更换。尤其是新投入使用的系统设备，容易混入金属屑或其他杂质，要提早换油。

一般情况下，液压元件不要轻易拆卸。但是在发生堵塞，往往又必须拆卸时，要用煤油清洗干净。特别是小孔，一定要防止堵塞。而且清洗后要放在干净的地方，及时装配好，特别注意防止金属屑、锈块、灰尘、棉纱等杂质落入元件中。

2. 防止空气进入液压系统

空气进入油液中会产生气泡，形成空穴现象。到了高压区，在压力作用下，这些气泡急剧受到压缩，产生噪声，引起局部过热，使液压元件和液压油受到损坏。空气的可压缩性大，还会使油缸产生爬行现象，破坏系统工作的平稳性。为此，要注意做到：

1）系统的回油管，必须插入到油箱的油面以下，防止回油带入空气。

2）油箱的油面要尽量大些，吸入侧和回油侧要用隔板隔开，以达到消除气泡的目的。

3）在管路及液压缸的最高部分设置气孔，在启动时应放掉其中的空气。

3. 防止油温过高

注意检查工作温度，一般应保持在 35°C ~ 60°C 之间，应尽量控制油的温度，使其不超过上述允许值的上限。

1）经常注意保持油箱中的正确油位，使系统中的油液有足够的循环冷却条件。

2）在系统不工作时，油泵必须卸荷。

正确选择系统中所用油液的黏度。黏度过高，会增加油液流动时的能量损耗。黏度过低，泄漏就会增高，两者都会使油温升高。

二、液压系统常见故障和排除方法

1. 油温过高

油温过高是由多种因素产生的，综合各用户使用经验，油温过高的原因及排除方法列于

表 4-4-1。

表 4-4-1　液压油温升过高的原因及排除方法

产 生 原 因	排 除 方 法
1. 液压泵效率低，其容积、压力和机械损失较大，因而转化为热量较多	选择性能良好的、适用的液压泵
2. 系统沿途压力损失大，局部转化为热量	各种控制阀应在额定流量范围内，管路应尽量短，弯头要大，管径要按允许流速选取
3. 系统泄漏严重，密封损坏	油的黏度要适当，过滤要好，元件配合要好，减少零件磨损
4. 回路设计不合理，系统不工作时油经溢流阀回油	不工作时，应尽量采用卸荷回路，用三位四通阀
5. 油箱本身散热不良，容积过小，散热面积不足，或储油量太少，循环过快	油箱容积应按散热要求设计制作，若结构受限，要增添冷却装置，储油量要足

2. 噪声（表 4-4-2）

表 4-4-2　噪声原因及排除方法

产 生 原 因	排 除 方 法
1. 系统吸入空气，油箱中油量不足，油面过低，油管浸入太短，吸油管与回油管靠得太近，或中间未加隔板，密封不严，不工作时有空气渗入	加足油量，油管浸入油面要有一定深度，吸油管与回油管之间要用隔板隔开，利用排气装置，快速全行程往返几次排气
2. 齿轮泵齿形误差大，泵的轴向间隙磨损大	两齿轮对研，啮合接触面应达到齿长的 65%，修磨轴向间隙
3. 液压泵与电动机安装不同心，换向过快，产生液压冲击	重新安装联轴节，要求同轴度小于 0.1mm，手动换向阀要合适掌握，使换向平稳
4. 油液中脏物堵塞阻尼小孔，弹簧变形、卡死、损坏	清洗换油，疏通小孔，更换弹簧

3. 爬行现象（表 4-4-3）

表 4-4-3　油缸爬行原因及排除方法

产 生 原 因	排 除 方 法
1. 空气进入系统，油液不干净，滤油器不定期清洗，不按时换油	定期检查清洗，定期更换油液
2. 运动件间摩擦阻力太大，表面润滑不良，零件的形位误差过大	改进设计，提高加工质量
3. 液压油缸内表面磨损，液体内部串腔	修磨液压缸，检修
4. 压力不足或无压力	提高回油背压

4. 压力不足或无压（表4-4-4）

表4-4-4　油压不足原因及其排除方法

产生原因	排除方法
1. 液压泵反转或转速未达要求，零件损坏，精度低，密封不严，间隙过大或咬死，液压泵吸油管阻力大或漏气	检查，修正，修复，更换
2. 液压缸动作不正常，漏油明显，活塞或活塞杆密封失效，杂物、金属屑损伤滑动面，缸内存在空气，活塞杆密封压得过紧，溢流阀被污物卡住处于溢流状态	排气，减少压紧力，清洗，更换阀芯、阀座，对溢流阀位作调整
3. 其他管路、节流小孔、阀口被污物堵塞，密封件损坏致使密封不严，压力油腔或回油腔串油	清洗疏通，修复更换

第五节　日常使用维护要求及注意事项

建筑起重机械是建筑工程中的大型设备，又是安全要求很高的设备。因此，保持建筑起重机械的正常使用性能，具有特别重要的意义。从工地领导、设备管理人员、使用人员都要高度重视建筑起重机械的正常使用维护。不仅会用，而且会保养维护、会洞察各种故障、会修理和排除各种故障。只有这样，才能充分发挥出建筑起重机械的工作效益，延长其使用寿命，确保人民生命财产安全。

一、塔机的日常维护保养

一台塔机要想充分发挥作用，除了正确的操作，维护保养得好也是重要环节。塔机的检查维护工作，直接关系到起重机的寿命、工作效率和安全生产。检查维护保养是司机责任范围内的一个重要工作，绝不可轻视。塔机的日常检查维护工作主要内容包括交接班检查、加注润滑油、预检、预修和排除临时故障等。

1. 交接班检查和维护的注意事项

1）交接班时，当班人员应认真负责地向接班者介绍当班工作情况，交接班人员应共同做好检查维护工作。下班时，若无人接班，当班人员应写好交接班记事簿，特别是在何时何处发生过设备故障及修复情况，需详细纪录。

2）连续工作的塔机，每班应有15～20分钟的交接班检查维护时间。不连续工作的塔机，检查维护工作应在工作前进行。

3）为了防止漏检，交接班检查应按一定的顺序进行，形成惯例。主要检查内容有：

（1）检查销轴连接板、卡板、开口销、螺母是否完好，有无松脱，发现问题及时更换。

（2）检查钢丝绳在卷筒上的缠绕情况，有无跳槽、重叠、乱绳情况，绳尾压板螺栓是否有松脱或缺少现象。

（3）紧固好各机械联轴器、销轴、机座、电机的螺栓。

（4）检查配电箱、电路接线端子、控制器主触头是否良好。

（5）检查调试各安全装置，工作性能是否正常。

（6）检查塔身标准节等钢结构连接螺栓、螺母是否有松动现象。

（7）检查制动器松紧情况是否合适，如不正常应进行调试。

（8）检查各机构的减速机，是否有漏油、渗油现象，发现问题及时排除。

2. 钢结构的维护与保养

1）对主要受力的钢结构应检查金属疲劳强度、焊缝裂纹、结构变形、破损等情况，对主要受力结构件的关键焊缝及焊接热影响区的母材应经常进行检查，若发现异常，应及时进行处理。结构件的检查应按下列程序进行。

（1）日常检查：塔机每工作80小时应进行一次日常检查。塔机司机在交接班时，应检查各连接部位螺栓的紧固情况，如有松动应及时紧固，并检查高强螺栓是否达到规定的预紧力矩。

（2）当塔机出现异常声响，或出现过误操作，或发现塔机安全保护装置失灵等情况时，应进行检查，并做好记录。

（3）当一个工程完成，塔机拆卸后，应由工程技术人员和专业维修人员进行详细检查，并做好记录。

2）严格执行塔机钢结构件报废标准。

3）在运输过程中应尽量设法防止结构件变形和碰撞损坏。

4）每年喷刷油漆一次。喷油漆前应除尽金属表面的锈斑、油污及其他污物。

3. 钢丝绳的维护保养

1）钢丝绳在使用过程中，应防止钢丝绳打环、扭结、弯折或黏上杂物，防止与机械或其他杂物相摩擦。

2）塔机安装完毕正式使用前，应对钢丝绳进行润滑，用润滑脂涂抹一遍，以后对钢丝绳的润滑按"塔机润滑表"进行。

3）起升机构钢丝绳达到《起重机械用钢丝绳检验和报废实用规范》（GB 5972—2009）规定的报废标准应立即予以报废。

4. 机械部分的保养和修理

1）日常保养

（1）经常保持各机构的清洁，及时清扫各部分灰尘。

（2）检查各减速器的油量，如低于规定油面高度应及时加油。

（3）检查各减速机的透气塞是否能自由排气，若阻塞，应及时疏通。

（4）检查各制动器的效能，如不够灵敏可靠应及时调整。

（5）检查各连接处的螺栓，如有松动和脱落应及时紧固和增补。

（6）检查各种安全装置，如发现失灵情况应及时调整。

（7）检查各部位钢丝绳和滑轮，如发现过度磨损情况应及时处理。

（8）检查各润滑部位的润滑情况，及时添加润滑脂。

2）小修（塔机工作1000小时以后进行）

（1）进行日常保养的各项工作。

（2）拆检清洗减速机的齿轮，调整齿侧间隙。

（3）清洗开式传动的齿轮，调整后涂抹润滑脂。

（4）检查和调整回转支承装置。

（5）检查和调整制动器和安全装置。

（6）检查吊钩、滑轮和钢丝绳的磨损情况，必要时进行调整、修复和更改。

3）中修（塔机工作4000小时以后进行）

（1）进行小修的各项工作。

（2）修复或更改各联轴器的损坏件。

（3）修复或更换制动瓦。

（4）更换钢丝绳、滑轮等。

（5）检查回转支承部分各连接螺栓，必要时更换，注意：更换时采用高强螺栓。

（6）除锈、油漆。

4）大修（塔机工作8000小时以后进行）

（1）进行小修和中修的各项工作。

（2）修复或更换制动轮、制动器等。

（3）修复或更换减速机总成。

（4）修复或更换回转支承总成。

5. 其他主要部件的维护和保养

1）制动器

有下列情况之一的应予报废。

（1）裂纹。

（2）制动块摩擦衬垫磨损量达原材料厚度的50%。

（3）制动轮表面磨损量达2～5mm。

（4）弹簧出现塑性变形、弹力变小。

（5）杠杆系统空行程超过其额定行程约10%。

2）吊钩

禁止补焊，有下列情况之一的应予报废。

（1）用20倍放大镜观察表面有裂纹及破口。

（2）钩尾和螺纹部分等危险断面及钩筋有永久性变形。

（3）挂绳处断面磨损量超过原高的10%。

（4）心轴磨损量超过其直径的5%。

（5）开口度比原尺寸增加15%。

3）卷筒和滑轮

有下列情况之一的应予报废。

（1）裂纹和轮缘破损。

（2）卷筒壁磨损量达原壁厚的10%。

（3）滑轮绳槽底的磨损量超过相应钢丝绳直径的25%。

4）车轮

有下列情况之一的应予报废。

（1）裂纹。

（2）车轮踏面厚度磨损量达原厚度的 15%。

（3）车轮轮缘厚度磨损量达原厚度的 50%。

5）安全装置

操作人员必须经常检查力矩限制器、重量限制器、行程限制器的灵敏程度及有效情况，如发现失灵应及时调整或维修，决不允许随意将安全装置乱调或者拆掉。

6）回转支承

（1）安装回转支承的上下支座必须有足够的刚度，安装面要平整。上下支座机加工以前应进行消除焊接残余应力的处理，减少上下支座的变形。装配时支座和回转支承的接触面必须清理干净。

（2）使用中应注意噪声的变化和回转阻力矩的变化，如有不正常现象应拆检。

（3）回转支承必须水平起吊或存放，切勿垂直起吊或存放，以免变形。

（4）在螺栓完全拧紧以前，应进行齿轮的啮合检查，其啮合状况应符合齿轮精度的要求：即齿轮副在轻微的制动下运转后齿面上分布的接触斑点在轮齿高度方向上不小于 25%，在轮齿长度方向上不小于 30%。

（5）齿面工作 10 个班次应清除一次杂物，并重新涂上润滑脂。

（6）为确保螺栓工作的可靠性，避免预紧力不足，回转支承工作的第一个 100 小时和 500 小时后，均应分别检查螺栓的预紧扭矩。此后每工作 1000 小时应检查一次预紧扭矩。

（7）连接回转支承的螺栓和螺母均采用高强螺栓和螺母；采用双螺母紧固和防松。

（8）拧紧螺母时，应在螺栓的螺纹及螺母端面涂润滑油，并应该用扭矩扳手在圆周方向对称均匀多次拧紧。最后一遍拧紧时，每个螺栓上预紧扭矩应大致均匀。

（9）在回转支承的齿圈上表面对准滚道的部位均布了 4 个油杯，由此向滚道内添加本塔机使用说明书中规定的润滑脂。在一般情况下，回转支承运转 50 小时润滑一次。每次加油必须加足，直至从密封处渗出油脂为止。

6. 加注润滑油

塔式起重机工作机构的润滑是日常维护工作的主要内容之一。润滑情况好坏，不仅直接影响各机构的正常运转与机件的寿命，而且还会影响塔机安全和生产效率。各机构零部件的润滑工作，应该遵循的原则是：凡在有轴和孔配合的地方，以及有摩擦面的机械部分，都要定期进行润滑。由于塔机机构各种各样，对不同部位的润滑，操作人员要视具体情况灵活掌握。润滑时使用油枪或油杯对各润滑点分别加注润滑油，并保持各润滑点的清洁。

塔机润滑工作的主要内容包括：

1）对各大传动机构的减速箱，观察油面、检查有无渗漏，发现油面过低或传动箱温度过高，要适时加注齿轮油。

2）所有的滑轮、轴承座里面的轴承都要抹黄油，要适时补注润滑脂。

3）所有的开式齿轮传动，要经常抹润滑脂，包括回转支承和回转小齿轮之间的传动。

4）滑动轴套和轴之间，要注意加注润滑脂。

5）卷筒上的钢丝绳，应适时涂抹黄油，以减小彼此之间的磨损。

二、施工升降机的日常维护保养

施工升降机是安全要求很高的产品，因此检查维护是非常重要的工作，切不可忽视。

1. 每天应作的日常检查

1）目测检查随行电缆与固定电缆的外观状况应良好，无扭转、破损现象。

2）目测检查各紧固螺栓的紧固状况应良好。

3）目测检查各导向滚轮、背轮的运行状况应良好，无运行偏摆现象。

4）检查外护栏门的联锁开关，打开门，吊笼应不能启动。

5）检查上、下限位及极限开关应灵敏可靠、安全有效。

6）逐一分别进行下列开关的安全试验。试验中，吊笼不能启动：

（1）打开吊笼进料门或出料门；

（2）打开外护栏门；

（3）触动断绳保护装置；

（4）按下急停按钮；

7）检查吊笼及对重通道应无障碍物。

8）检查电缆、电缆轮、标准节立管或齿轮、齿条上有无黏附如水泥或石头等坚硬杂物，如有发现，应及时清理。

2. 每周检查

1）检查传动板螺栓紧固状况应良好。

2）检查齿轮、齿条、导向滚轮、背轮及所有附墙架、标准节的连接螺栓状况应良好。

3）检查电缆臂架及电缆护线架的连接螺栓状况应良好，无松动或位置移动。

4）检查各润滑部位润滑应良好。

5）检查传动系统的油液状况，如渗、漏油或油液不足，应及时补充润滑油。

6）检查天轮架上的天轮、绳轮应转动灵活，无异常声响。连接部位紧固应良好。

7）检查对重装置导向轮应转动灵活。对重钢丝绳无断丝、变形及严重磨损等情况。绳端连接部位紧固良好。

8）检查电机及减速器应无异常发热与声响。

3. 月检

1）检查吊笼门，确保吊笼门不会脱离门框轨道，可通过调整门轮的位置，使门与两轨道之间的间隙保持一致。

2）检查吊笼及底部护栏门锁是否有松动或变形。

3）检查齿轮齿条的啮合间隙，保证啮合间隙在 0.2～0.5mm。

4. 季检

1）检查各导向滚轮、背轮及滑轮的轴承运行情况，酌情进行调整与更换。

2）检查各导向滚轮的磨损情况。调整各导向滚轮与标准节立杆的间隙，应符合 0.3～0.5mm 的规定间隙。

3）检查制动盘及制动块的磨损情况。（用塞尺检查）最小极限尺寸为 0.3mm。

4）检查防坠安全器的可靠性，按防坠安全器的规定试验周期，做坠落试验。

5）检查附墙架的连接部位，紧固应良好。

6）检查电机冷却风扇，应无异常振动与声响。

7）检查电机的绝缘电阻、电气设备及金属外壳、钢结构的接地电阻应符合规定要求。

5. 年检

1）检查随行/固定电缆的外观状况，如有严重扭转、破损及老化等现象，应立即更换。

2）检查电机与减速器之间的联轴器的弹性元件（聚氨酯橡胶），如有破损及老化等现象，应立即更换。

3）检查所有可能腐蚀的结构件、磨损的零部件，对其进行专门的鉴定；对于严重腐蚀、磨损及损伤的结构件/零部件应予以更换。

第五章 塔机事故分析及经验教训

塔机工作在人员密集的地方，是作业范围最大的起重机。起吊高度高，工作幅度、回转半径、行走范围都很大，每次转移工地都要重新安装架设，如果没有一定的技术水平和安全意识，常常会出现各种事故，造成生命财产的重大损失。每年，我国总要发生几十起重大的塔机事故，令人痛心和惋惜。本章，汇集我国多年来所发生的种种事故实例，进行分析，以便从中吸取经验教训，同时给那些对塔机安全掉以轻心的人敲敲警钟。

第一节 倒塔事故及原因分析

一、基础不稳固，达不到防倾翻要求，或意外风暴袭击倒塔

1. 地基设在沉陷不均的地方，或者地耐力没有测量准确、地沟没有夯实就浇混凝土。用久了以后，发生局部下沉，而又没有采取补救措施（图 5-1-1）。

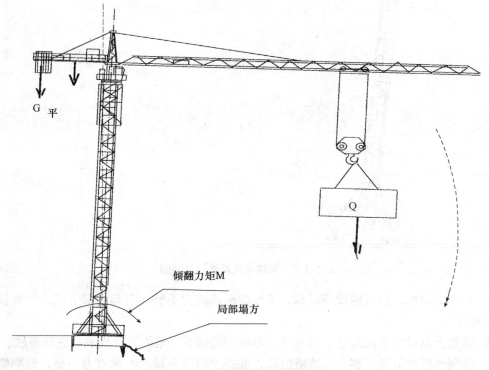

图 5-1-1　地基不稳而形成倒塔示例

2. 地基太靠近边坡，尤其是在有地下室的建筑物，基础离开挖坑边太近，在受载或大的暴风雨后，容易滑坡倒塔。凡是离边坡很近的塔机，在浇灌基础前一定要打桩或加固。

3. 混凝土基础浇灌不合要求，配比不对，达不到抗拉强度，提早破裂。地脚螺栓松脱，发挥不了作用。

4. 基础浇灌后，没注意养护，没及时浇水降温，混凝土内部产生水化热而形成裂缝，达不到强度要求。

5. 基础浇灌后，时间太短就使用，混凝土达不到强度要求，满足不了负载的要求。

6. 地脚螺栓钩内没穿插横杆，螺栓拉力传不下去，引起钩头局部混凝土破坏。

7. 有的塔机用埋入半个钢架作基础，重复使用时不是用螺栓连接，而是将地上地下部分用气焊切割后又对焊，容易发生焊缝开裂，或产生脆性疲劳断裂而倒塔。

8. 行走式塔机压重平衡稳定储备量不足，在超载情况下易于发生倾翻倒塔。

9. 行走式塔机，下班后忘记锁夹轨器，晚上突遭风暴袭击而倒塔（图5-1-2）。

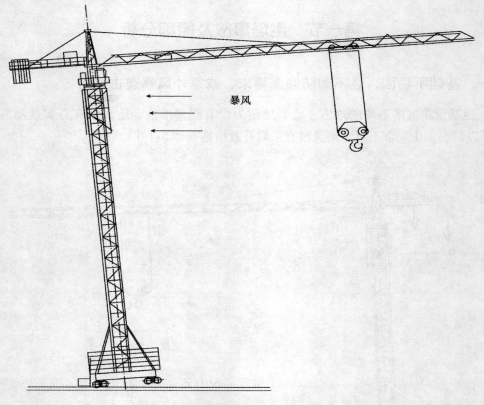

图 5-1-2 未锁夹轨器被风暴刮倒

10. 行走式塔机，轨道铺设不可靠，或地面承载能力不够，引起局部下沉，导致倾斜过量而引发倒塔。

11. 混凝土基础内的配筋达不到要求，基础提前破裂，地脚螺栓松脱，造成事故。

12. 混凝土强度等级不够，安装塔机后，混凝土对地脚螺栓的握着力不够，地脚螺栓被拔出，造成事故。

184

二、安装、顶升、附着、拆卸引发的倒塔事故

1. 违背安装顺序、没掌握好平衡规律。

最突出的是塔机安装时根据使用说明书的要求要先装平衡臂，再装 1～2 块平衡重，使之有适当后倾力矩，然后才能装起重臂。装了起重臂后塔机向前倾，最后再装余下的平衡重，使塔机在空载状态有后倾力矩。有的人一装平衡重就一直装下去，没掌握适当后倾力矩，就会引发后倾倒塔。反之在拆塔时，一定要先拆平衡重，最多留 1～2 块，然后才能拆起重臂，最后再拆留下的平衡重和平衡臂。但是有的人在拆卸起重臂前，不先拆平衡重，后倾力矩太大，结果一拆了起重臂就倒塔。这些经验教训要引起重视（图 5-1-3）。

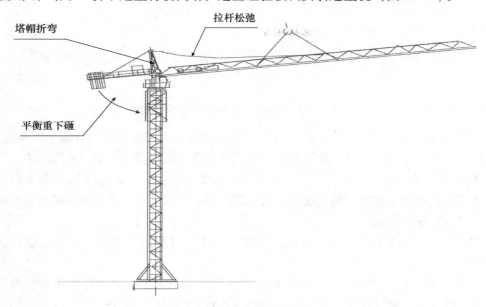

图 5-1-3　违章拆装塔的严重后果

2. 在爬升套架准备连接下支座时，用顶升机构顶起爬升套架，但顶升横梁在塔身踏步上没有搁好，或一边只搁了一点点，且没有插顶升防脱销，当爬升套架的连接孔与下支座的孔对不好时，用撬杆去撬爬升套架，甚至违章左右回转摆动塔机来就位，使顶升横梁移动，单边搁空，爬升套架坠落，造成安装人员伤亡，爬升套架报废，这类事故每年都要发生多起。

3. 装拆塔身标准节时，爬升套架与下支座还没有连接好就开始顶升，或者拆卸塔身标准节与下支座连接螺栓时把爬升套架与下支座的连接螺栓也同时拆掉，造成塔机上部与下面没有任何连接，这样极容易造成塔机倒塌。这是严重的违章操作事故，近年来统计资料显示，这种事故占塔机倒塌事故一半左右，应该引起我们高度重视。

4. 塔身标准节顶升时，顶升横梁没有在塔身踏步上搁好，有一头只搭上一点点，或者只搭在爬爪的槽边上，当顶升到一定高度后发生单边脱落，造成整个上部倾斜，甚至导致倒塔。经验教训是每次顶升油缸开动前，工作人员都应检查一下扁担梁的搭接情况，插好顶升防脱销。

5. 早期生产球形油缸支座的扁担梁没有防横向倾斜的保险销，在顶升时扁担梁向外翻又没引起注意，结果横向分力导致扁担梁横向弯曲，在得不到限制的条件下，过大的弯曲变形会引起扁担梁端部从爬爪的槽内脱出，造成倒塔事故（图5-1-4）。

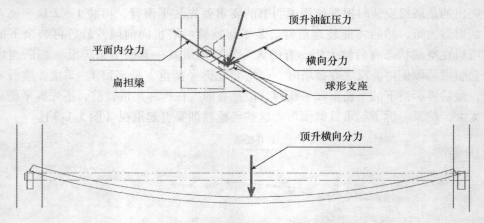

图 5-1-4　顶升时扁担梁侧弯变形脱槽原理图

6. 顶升时装在顶升套架上的两块自动翻转的爬爪没有可靠地搁置在标准节踏步的顶部，当油缸回缩使爬爪受力时，发生单边脱落，造成单边受力而使顶部倾斜，引发倒塔。

7. 私自更换的顶升油缸行程长度与套架滚轮布置不相配，当油缸全行程伸出时，可以使套架上部滚轮超出标准节顶端，从而引起上部倾斜，导致倒塔。所以更换塔机顶升油缸时一定要按设计要求规格配置。

8. 顶升时回转机构没有制动，在偶然的风力作用下臂架发生回转，导致上部失去平衡而倾斜倒塔。

9. 顶升套架下面的滚轮上下距离太短，含入量太少，在不平衡力矩作用下，引起滚轮轮压太大，标准节主弦在轮压作用下局部弯曲，导致上部倾斜而倒塔。

10. 套架已顶起一定高度后，液压顶升系统突然发生故障，造成上不能上，下不能下。作业人员缺乏经验，为排除故障，想吊配件，而去操作回转、起升、变幅机构，破坏了塔机的平衡，造成倒塔；或无法及时排除液压顶升系统故障，塔机上部重量靠油缸单点支撑停留过久，遇到过大的风力，引发倒塔。

11. 塔机打附着时，没有设置结实可靠的附着支点，当附着架受力时，把支点毁坏，导致上部变形过大而发生重大事故。

12. 非标附着时，附着距离远远超过说明书上的附着距离，不经咨询计算，随意增加附着杆的长度，结果导致附着杆局部失稳，上部变形过大而发生倒塔。

13. 塔机超高使用，不经咨询计算，随意增加附着高度，在高空恶劣的天气条件下，因风力太大，而发生附着失效，引发倒塔事故。

14. 在拆塔和降塔时粗心大意，没有注意调节平衡就拆除回转下支座与标准节的连接螺栓，结果同样会引发顶升时局部轮压过大问题。

15. 在已拆除回转下支座与标准节之间的连接螺栓情况下，开动机构进行起吊，结果导致不平衡力矩失控而发生顶部倾斜倒塔。

16. 前面所述顶升时容易倒塔的各种因素，在拆塔时同样存在。因为拆塔时，为了把标准节从套架内拉出来，先要顶升一小段距离，所以操作中的粗心大意，同样存在事故危险。

17. 在安装中，销轴没有可靠的防窜位措施。有的用铁丝、钢筋代替开口销，日久因锈蚀而发生脱落。销轴失去定位而窜动脱落，发生重大的倒塔事故。所以加强检查很有必要。

18. 多次安装和拆卸中丢失高强螺栓，不按原规格购买补充，而是随意就近购买普通螺栓代用，结果因强度不够而发生断裂，导致倒塔。这种事故也较多发生。

三、使用维护管理不当引起的倒塔事故

1. 把小塔当大塔用，故意使力矩限制器不起作用，或者加大力矩限制值，抱侥幸心理，不知道如此做的严重后果，从而导致超力矩倒塔。

2. 日常保养不善，力矩限制器失灵而没发现，塔机早已超力矩还在往外变幅，造成折臂而失去平衡，引发倒塔。

3. 力矩限制器没有调好就开始使用塔机，很容易造成严重超力矩而折臂倒塔。

4. 斜拉、侧拉起吊重物。不知道斜拉、侧拉会使吊臂产生很大的横向弯矩，吊臂下弦杆很容易局部屈曲，从而发生折臂。根部折臂会失去前倾力矩，引起平衡重后倾往下砸，打坏塔身而倒塔（图5-1-5）。

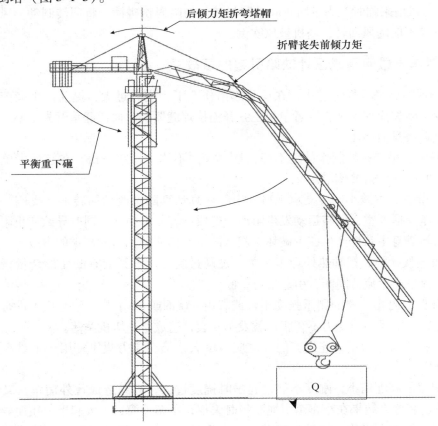

图 5-1-5 斜垃、侧拉起吊重物而发生倒塔

5. 重量限制器和高度限位器没有调好就使用塔机，当塔机吊钩冲顶时，很可能拉断钢丝绳，吊重突然卸载，使起重臂猛烈反弹，塔机向后倾倒。

6. 在有障碍物的场合下操作回转，快接近障碍物才停车，因惯性太大停不下来，撞坏吊臂，失去平衡引发倒塔。

7. 在塔机安装吊臂各节连接过程中，因销轴敲击过重而冲坏卡板的焊缝，而检查维护管理中又没发现，使用中销轴慢慢内滑而脱出，造成吊臂突然折断而引起倒塔。有的销轴卡板用螺钉固定，使用中螺钉松脱而没有发现，或者忘了装开口销，同样引发上面的严重后果。

8. 塔机年久失修，臂架下弦导轨磨损锈蚀严重，检查保养又不注意，造成薄弱处折臂而倒塔。故塔机超过使用年限应该报废。

9. 塔机零部件储存运输中不注意，杆件局部砸弯，已失去应有的承载能力，检查维护时又没有引起注意，没有及时补强，从而引发事故。

10. 连接塔身的高强度螺栓不按预紧力矩拧紧，高强度螺栓松动，螺杆直接承受塔身扭力，螺栓被剪断，从而引发事故。

11. 在做基础时，把高强度的地脚螺栓与上下层主筋焊在一起，使高强度螺栓焊接部分产生裂纹，立塔螺栓受力后，高强度地脚螺栓被拉断或拔出造成倒塔。

12. 在暴风雨来临时，为了防止起重臂与其他的障碍物碰撞，将回转制动，风越来越大时，起重臂已不能随风回转，塔机被风吹倒。

四、制作质量问题或设计缺陷引起的事故

1. 塔顶或回转塔身焊缝过小，在反复起吊作业下，应力过大，提前产生疲劳破坏，使顶部突然发生断裂而掉下来，或者单根主弦杆连接焊缝撕裂，而使起重臂先下坠，接着平衡臂下坠，砸坏塔身而倒塔。

2. 超静定双吊点拉杆制作精度不好，造成受力不均，一紧一松，在起吊中单根拉杆受力过大而折断，导致折臂倒塔。

3. 为了节省成本减小回转支承规格，未经认真计算随意改动回转上下支座。因刚度不够，上下支座变形严重，回转运动发生阻滞，造成回转支承损坏。同时导致产生附加的交变应力，使回转塔身主弦杆产生疲劳破坏，腹杆产生剪切变形，引发严重的事故。

4. 塔身连接螺栓、销轴热处理不过关，过硬过脆，达不到应有的变形余量指标。在交变应力下，提早产生疲劳脆断，引起塔身折断倒塔。

5. 爬升架、内爬装置的爬爪强度不够或者由 45#钢或 40Cr 制作的爬爪不进行热处理或热处理不过关，刚受力或受力不久爬爪就发生断裂，造成整个塔机坠落。

6. 塔身截面尺寸偏小，连接套的焊缝应力偏大，又有应力集中，用久了易产生疲劳开裂，引发倒塔。

7. 臂架截面高度偏小，刚度不够，起吊时挠度过大，容易造成往外溜车，又未设置防断绳溜车保护装置，结果在小车牵引绳断裂时失控，小车外溜，加大起重力矩而导致倒塔。

8. 用焊接性能不好的含碳量高的钢板替代原设计含碳量低的钢板，做焊接耳板，在焊接时又未采取特殊的焊接工艺，产生了裂纹，在交变载荷作用下，很快发生疲劳断裂事故，

造成倒塔。

9. 为降低成本，买劣质钢材，尺寸没保证，含碳量没保证，焊接性能没保证，强度指标和塑性指标都没有保证。结果造成主弦杆脆断，臂架折断或塔身折断而导致倒塔。

10. 在吊臂拉杆设计时，只作了宏观应力分析，没考虑到拉杆耳板和圆钢焊接处开槽角点的应力集中，耳板边宽留得不够宽，结果该角点容易产生疲劳断裂，导致拉杆断裂而倒塔。

11. 使用说明书不够细致，有些过程没说清楚。尤其是拆塔过程过于简单，易于引起误会造成事故。

12. 很多建筑物下面大上面小，建到高层时，附着距离越来越远，用户随意自制加长的附着架撑杆不符合受力要求，很容易造成倒塔。例如三亚刮台风吹倒六台没有及时降塔的塔机，有五台是用户自制加长附着架撑杆不符合要求，一台是用户违反安全规程，将吊钩放到地面固定，吊臂不能随风转动使塔机倒塌。

第二节 安全装置失效引起的事故

国家规定塔机必须安装的安全保护装置包括载荷限制器和行程限位器。载荷限制器有：起重力矩限制器，起重量限制器。行程限位器有：起升高度限位器，回转限位器和幅度限位器。这些安全装置出厂时都没有调整，需要在工地现场由专业人员进行调试。有的塔机没有调整好安全保护装置就开始使用，或者为了多吊、快吊，故意使安全保护装置失灵，这样极容易引起塔机事故。下面以力矩限制器为例，说明安全装置失效后果的严重性。

2012 年底，XX 公司有关人员操作塔机吊两块钢模板（重 5t 以上）向东南吊运摆放时发生事故，钢模板突然坠落。塔顶四根主弦杆断了三根，其中，靠起重臂方向的两根主弦杆均被折断。由于塔顶主弦杆折断失去支点作用，起重臂、平衡臂拉杆也失去吊拉作用，致使起重臂、平衡臂向下坠落。起重臂砸在建筑物上严重扭曲变形，平衡臂砸在塔身上严重损坏。

经查明，本次塔吊作业的幅度应大于 30 ~ 34.34m。超载率大于 12% ~ 28.1%。可以看出本次塔吊作业本身就是一次超载作业。塔吊上有一系列防止超载的安全装置，但是关键时刻这些装置没有发生作用。从拆卸塔吊时在塔吊事故现场拍摄的照片可以清楚地看出，本台塔吊力矩限制器的三个锁紧螺母均处于未锁紧状态。这就是说，本台塔吊最重要的安全装置——力矩限制器处于失效状态，根本不起作用。

力矩限制器是塔吊上控制起重力矩的安全装置，是塔机上最重要的安全装置。联系到本台塔吊，若力矩限制器起作用，则起吊 5t 重物后，当变幅小车向臂端运行到 26.8 ~ 29.4m 之间时，变幅机构就应断电，使变幅小车停止向臂端运行。在此之前，当小车运行到 21.44m 左右时，变幅小车就应自动提前减速至每分钟 7.5m 慢速前进。同时驾驶室内红色信号灯亮，发出警告。由于本台塔机操作人员为了使塔机多吊快吊，让力矩限制器的三套安全装置的锁紧螺母都处于未锁定状态，安全装置不能起到保护作用，这就使得本塔机能自由地将 5t 重物送到危险幅度，直至发生倒塔事故。按照本台塔机设计要求，起吊 5t 重物时的额定幅度为 26.8m，超载 10% 的情况下幅度为 29.4m，而这次事故中 5t 重物已运行到幅度大于 30 ~ 34.34m 以外，超载率大于 12% ~ 28.1%，严重超载加上安全装置失效是导致本次事故的原因。

第三节　重物下坠事故及原因分析

重物突然下坠，虽然不及倒塔事故严重，但照样威胁人们的生命财产安全，同样要引起高度重视。

一、使用维护管理不善方面的原因

1. 不重视起重量限制器的维护保养，不调节好起重量限制器就使用塔机，有的甚至故意不用，或加大限制值，使其起不到应有的限制保护作用。操作人员以为重量过大反正吊不起来，不限制也没什么了不起，不知道吊不起来会烧毁电动机、损坏钢丝绳。不知道塔式起重机的起升机构，是多速运行，重载低速，轻载高速，在低速下吊起来的物件，吊到一定的高度后，如切入到高速，就有可能吊不起来，而产生向下溜车。当装有起重量限制器时，这时它就会自动切换回低速，而没有起重量限制器就没有这个功能。溜车时司机若处理得当，打回低速，还不致造成事故，但不熟练的操作者，凭感觉用事，反而往高速打，就会使重物快速下坠造成事故。

2. 起升机构制动器没调好，太松。在超重情况高速下放时，因惯性作用而制动不住，产生溜钩下坠。尤其是盘式制动起升机构，更容易发生这种事故。电磁铁抱闸制动器也容易损坏，造成突然溜钩下坠。所以塔机的起升机构，要经常检查调整制动器。

3. 自动换倍率机构，由 2 倍率换 4 倍率时切换不到位，也没注意检查，或者没有加保险销，在起吊中，活动滑轮突然下落，引发重大事故。所以自动换倍率装置虽然好，但换倍率后需要加保险销。

4. 钢丝绳打扭乱绳严重，没及时排除，强行使用。或钢丝绳黏上砂粒，又没有抹润滑油，磨损严重。有断股现象，没有及时更换引起钢丝绳断绳，造成吊重下坠事故。

5. 更换钢丝绳后，未进行高度限位器的重新调整，而司机还以为高度限位器能起作用，麻痹大意，造成吊钩冲顶，钢丝绳绷断，吊钩吊物坠落，造成事故。

6. 因吊钩落地，钢丝绳松动反弹，钢丝绳跳出卷筒外或滑轮之外，严重挤伤或断股，又没有及时更换，在满载或超载起吊时，引发钢丝绳断绳吊物坠落，造成事故。

7. 排绳轴上的润滑油使用、维护不当，如冬天润滑油凝固，夏天干枯，排绳轮不能沿轴向滑动，起升时，钢丝绳在卷筒档边处扎堆，或跳出卷筒，而司机不知，继续起升，钢丝绳极易断裂，造成事故。

8. 钢丝绳末端绳扣螺母没有锁紧，使绳头从中滑出，造成事故。

二、设计或制作质量方面的问题

1. 起升机构卷筒直径太小，又长又细，一方面使起升绳偏摆角太大，容易乱绳。另一方面钢丝绳缠绕直径小，弯曲度太大，弯曲应力反复交变，容易产生脆性疲劳。过大的弯曲也容易反弹乱绳，增加钢丝绳的磨损。

2. 起升卷筒和滑轮，没有设置防止钢丝绳跳出的挡绳板，或者挡绳板与轮缘距离太大，或者挡绳板设置的位置不当，不能有效阻止钢丝绳跳出。

3. 起升卷筒安装位置不对，与塔顶滑轮不对中，造成排绳一半好，一半不好，影响钢丝绳的寿命。安装钢丝绳时下层钢丝绳没有排紧，吊重时，上层钢丝绳压入下层，极易把钢丝绳压坏。

4. 自动换倍率装置没有设置防脱扣的保险销。因为这需要人上去检查和插拔，增加了麻烦，有些人不愿意设置和使用。

5. 起升钢丝绳运动中某些地方和钢结构有轻微摩擦干涉现象，没有及时发现和排除，导致钢丝绳磨损过快。

6. 有些起升机构采用电磁铁换挡调速，而电磁铁换挡离合器质量不过关，容易磨损打滑。实际使用中很难判断在什么情况下会打滑，不好预防。所以会发生突然下坠事故。一般地说，凡用电磁铁换挡的起升机构，不容许在起升机构运行中换挡。

7. 有些起升机构，仍然在使用带橡胶圈的销轴式联轴器，在反复交变负载下，连接销很容易破坏，发生吊重下坠。

第四节　烧坏起升电机故障原因分析

塔机使用中，烧坏起升机构电机的事发生较多，虽然它不算什么大事故，然而造成停机停产，在高空更换维修又非常麻烦，故带来损失也不小。可以称得上重大故障，很值得综合分析一下故障原因。

一、低速挡使用太多，使用时间过长

不管是什么电机，使用低速挡风扇转速低，风力太小，散热条件差，这是温升容易上去的直接原因。要使通风改善，只有增加强制通风。然而设置强制通风会增加设备成本，并不是所有人都愿意加起升机构，很多电机没有加设强制通风。这就要求操作人员必须注意低速挡不可使用太多。大约每10分钟内使用时间累计不要超过1.5分钟，每次连续工作时间不宜超过40秒。低速挡是慢就位用的，这个时间是足够用的。问题是要理解为什么不能使用过多，自觉避免使用过多。特别是带涡流制动器的绕线式电机，低速时工作在大电流下，更容易发热。鼠笼式电机，启动时也是电流很大，启动次数太多对电机电气元件都不利，一定要避免快速连续点动操作。

二、没有调整好起重量限制器

没有调整好起重量限制器，或者没有设置电机在不同速度下的起重量限制，或者有起重量限制器故意不用，以小塔机代替大塔机工作，造成电机经常连续严重超载。这种情况常发生在中小塔机上，因为中小塔机为了压低成本，以小代大，功率不富裕的情况较多。而实际施工中的起重量往往会超过它的容许额定重量。一些施工单位没有负荷率概念，认为只要能吊起来就行。而设计时，功率选择的大小是与负荷率有关的，负荷率越大，发热越严重。塔机起升机构的负荷率是40%，不是100%，并不容许满负荷连续工作。对小吊车来说，能吊起来往往已是接近满负荷或超满负荷，连续使用当然就容易烧坏电机。

三、连续使用高速提升载荷

塔机高速挡主要是用来落钩的，或者也可以吊很轻的负载。但有的操作人员，当塔机吊索发生摆动时，不是去学会稳钩技术，而是用高速提升的办法去缩短吊索，以此来稳钩，这并不是好方法，容易造成电机发热。比如一个 8t 起升机构额定功率为 30kW，高速 120m/min，理论吊重 1.3t，吊钩重量 140kg，综合传动效率 0.8，那么这时电机实际功率会达到 35kW。早已超过额定的电机功率。而 1.3t 是 80 塔机的最常用的吊重量。如果经常用高速提升，很容易导致电机发热。

四、电气线路设计上有缺点

在使用带涡流制动的绕线电机作起升机构驱动，当切除电阻时，如果没有切断涡流制动器或降低其励磁电流，就会使绕组在大电流下工作时间过长。因为切除电阻，会加快电机转速，而转速加快后，若励磁电流不变，涡流制动力矩就会加大，相当于给电机增加了额外负载，只会加大电流。这是很不合理的。最好只有最低挡使用涡流制动，第二挡就将它切除。如果一定要用，就要降低励磁电流，这样涡流制动力矩减小，电机就不至于电流太大。即使如此，一、二挡也都不可使用过久。

第五节　塔机事故实例及经验教训

前面已经列举了塔式起重机所发生的一些重大事故或故障实例。但除这些以外，在塔机安装使用中，还常发生有一些其他事故，同样值得引起注意，吸取教训。

一、小车单边走轮脱轨，从吊臂上掉下来，或半边挂在空中

这种事故有两个方面的原因：
1. 小车单边负荷过大，另一边被抬起，使轮缘脱离轨道单边滑动。造成这种单边负荷过大，多是不正常的使用，如侧向斜拉，或者违章，小车吊篮超载严重。
2. 小车没有设置防下坠卡板，或者卡板制作不标准，侧面间隙过大，没有起到限位作用。

二、吊重撞人

吊重撞人主要是指挥人员或操作人员对吊重和臂架惯性估计不足引起，没有及时停车，或者现场人员对吊重的摆动力量缺乏认识，直接用手去推或拉重物，想让重物停下来，结果把人撞伤。这种现象在场地受限制，缺乏退路的情况下更容易发生。

三、人员从高空掉下来

一般情况下，塔机作了很多安全考虑，只要小心谨慎，人员不容易掉下来。发生这种现象，多是有关人员不注意安全保护。比如不带安全带到危险地方去，不穿工作鞋上高空，还有的人有爬梯不爬，非要从标准节外上下，有的人攀吊钩或站在吊重篮内上下。所有这样作

的人，不一定会发生事故，但发生事故就无法挽回。当然也有极少数塔机上、下回转支座通道设计缺少脚蹬，使人员上下有困难，容易引起事故。最根本的问题是要树立安全自保意识。有了安全意识，自然就不会去做这些违章的事了。

四、小件物品坠落伤人

大家都听说过，在空中一只小鸟可以击穿一架飞机。小件物品重量不一定很重，但是从几百米的高处自由落体掉下来，破坏力还是很大的。塔机在安装过程中，有小件物品遗忘在塔机上很难避免，比如工具、螺钉、螺帽、销轴、开口销之类。一般要求安装人员把这些东西装在工具袋内，安装完后，应清理好这些小东西，但实际工作中常常发生丢下一些小件物品没有清理干净的情况。所以在塔机安装和使用中，往往就会有小件物品掉下伤人的事发生。尽管安全使用知识中有规定，不准乱放和乱丢小件物品，然而很难保证大家都那么重视和认真执行。而且有些小件物品下掉并不是人为的，这种事也只有靠加强安全教育和检查来避免。在塔机现场自觉做到每个人都戴安全帽。

第六节　关于提高建筑起重机械安全管理的建议

从 1954 年抚顺重型机械厂生产了我国第一台塔机算起，我国建筑起重机械研究、开发、生产和使用已经历整整 60 年历史。特别是改革开放以后，随着我国经济建设的快速发展，建筑起重机械的产量和拥有量迅速增长。据不完全统计，目前我国注册塔机生产企业已达到 400 多家，可生产超过 100 种型号的塔机，年产量达到 60000 台以上，已经成为世界上塔机年产量最多的国家。现在，全国各地城乡建设热火朝天，使用建筑起重机械也越来越多，技术含量、产品质量、工作能力都有不同程度的提高。但是，由于我国幅员辽阔，人口众多，各地区的经济、技术、文化发展水平很不平衡，对建筑起重机械的需求、使用、管理差别非常大。生产、安装、操作使用水平差别更大。随着建筑起重机械的大量增加，不可避免地带来了各种安全隐患。每年都要出现几十起重大安全事故，造成机毁人亡，损失惨重，影响社会安定团结。实际上发达国家塔机的械发展史也是一样，同样付出了不少血的代价。我们应该从国内外许许多多事故中，分析原因、吸取教训、认真整改、落到实处，加强对建筑起重机械从业人员的安全知识教育培训，只有这样才可能防止或者减少事故发生。作者所在单位，每天都要和全国各地建筑起重机械用户打交道，与"国家建筑城建机械质量监督检验中心"（中国工程机械工业协会检测技术工作委员会理事长单位）在同一个大院内上班，所以经常能够在最短的时间内了解到各种建筑起重机械事故典型案例，通过原因分析、经验教训和实际工作的体会，特提出下面一些对建筑起重机械安全管理的建议。

一、加强安全教育，掌握产品知识是减少事故的有力手段

建筑起重机械是安全性要求很高的设备，无论是操作人员、指挥人员或工地上的工作人员，都应当具有一定的安全知识和产品知识，缺乏知识、瞎干蛮干是造成事故最重要的原因。可是迄今为止，很多施工企业对有关人员的安全教育、技术培训做得并不十分到位。出了事故以后，上级管理部门主要是忙于追查原因、追究责任、提出处理办法。而平时真正强

调和组织安全教育、技术培训工作的很少。很多省、市、区的有关管理部门很少组织从业人员培训，也缺少适用的培训教材。如果不作切合实际的培训工作，单靠登记、发证，安全意识、技术水平很难真正提高，事故隐患不能根本消除。比如有的用户买了产品后，使用说明书等资料都放在设备科存档。操作人员连说明书都见不到，这就很难了解他们所用设备的性能特点。也就很难保证操作不会失误。所以建议管理部门把加强从业人员建筑起重机械安全使用知识教育培训作为一项日常重点工作来抓。如果各地真正把安全教育、技术培训工作落到实处，让有关人员多懂一些专业知识，那很多安全事故就可以从根本上避免。就会大大减少人民生命财产的损失。

二、完善现有的安全装置，增加状态显示系统

我国塔机安全装置载荷限制器使用的是机械式的，它的优点是直观、可靠、成本低。缺点是精度稍低（误差5%），不能显示载荷大小、过程变化。还有一种电子式的载荷限制器，精度高（误差1%），能显示载荷大小、过程变化，但是由于电子元件本身存在的问题，可靠性稍低。所以国家规定我国塔机安全装置——载荷限制器，必须使用机械式的。

机械式的载荷限制器——力矩限制器、起重量限制器在调整好了的情况下也只能控制几个点，超载使用时，它会起保护作用，但平时工作正常与否，操作人员并不知道。一旦限制器不正常，如被人为破坏，超负载了，操作人员还蒙在鼓里，这就存在很大的安全隐患。如果塔机上同时安装有电子式的状态显示系统，随时告知操作人员塔机工作状态，载荷大小，过程变化，一旦出了问题，操作人员立即停止操作进行检查，这就可以防止塔机重大事故的发生。目前这种状态显示系统在国产塔机上已作为选配件开始使用，有的还能够提供远程控制等服务，以无线方式与远程监控平台联网，向远程监控平台实时传输运行数据和报警信息，并通过自动触发报警、手机短信或电话语音方式告知。能够完整存储塔机全部运行，记录历史数据和违规操作报警信息，同时提供数据和信息的综合条件查询和统计分析功能，查询和统计分析结果可方便地输出为书面报表和 Excel 电子文档。塔机管理人员、政府安监部门人员坐在办公室里，就可以了解所管理的塔机是否超载等情况，相当于增加了很多双眼睛在关注着塔机的安全运行。只是由于要增加一些成本而且国家也没有强制的非要安装这种设备等原因，状态显示系统目前还不被用户普遍接受。如果政府有关部门制定相关政策、积极推广，那么工地上的塔机倒塔事故一定会大幅度减少。

三、塔机配置多样化，低层建筑工地可使用下回转塔机

目前，我国几乎是上回转塔机一统天下。但发达国家并非如此，下回转塔机占的比重很大，而且多种多样。上回转塔机，最突出的优点是能自升，可以架得很高，因而可以适应各种高低不同的建筑物，所以目前在我国到处是青一色的上回转塔机。但这并不一定是最合理的设备配置。上回转塔机主要的传动机构和平衡重都在上面，重心高，稳定性低，顶升麻烦，维修不方便。而下回转塔机，尤其是固定式下回转塔机，主要传动机构和平衡重都在下面，维护管理方便，重心低，稳定性好，塔身不受弯，工作平稳，不需顶升，安全性高。但它的缺点是不能升高，只能适应低层建筑。事实上，上回转和下回转塔机，各有各的优缺点，建筑施工塔机配置时，应当因地制宜、高低搭配、互为补充。

第六章 施工升降机的安全使用

施工升降机是建筑工地上用来解决物料或人员垂直提升问题的一种重要机械设备。它虽然没有水平方向的运动，但同样存在失去平衡而倒塔和吊笼失控下坠危险。由于它是直接载人的，因此，属于安全要求很高的特种设备。施工升降机分为齿轮齿条式和钢丝绳式两大类，这两大类由于驱动方式不一样，架设升高的方式也不一样，安全保护装置有较大差别。下面我们分别进行介绍。

第一节 齿轮齿条式施工升降机

齿轮齿条式施工升降机是工程上正式命名的施工升降机，它是依靠驱动板上的一个或多个小齿轮和装在导轨架上的齿条啮合传动升降的。它具有性能稳定、安全可靠、搬运灵活、装拆方便、适应性强等优点。但由于其成本较高，在建设中高层建筑物中使用较多，而在低层建筑物中使用还不太多。

一、齿轮齿条式施工升降机的型号编制

根据 GB/T 10054—2005 的规定，齿轮齿条式施工升降机用 SC 来代表类组。例如：

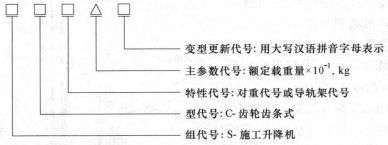

变型更新代号: 用大写汉语拼音字母表示
主参数代号: 额定载重量$\times 10^{-1}$, kg
特性代号: 对重代号或导轨架代号
型代号: C- 齿轮齿条式
组代号: S- 施工升降机

1. 特性代号：表示施工升降机两个主要特性的符号。

1）对重代号：有对重时标注 D，无对重时省略。

2）导轨架代号：三角形截面标注 T，矩形或片式截面省略；倾斜式或曲线式导轨架则不论何种截面均标注 Q。

2. 主参数代号：单吊笼施工升降机只标注一个数值，双吊笼施工升降机标注两个数值，用符号"/"分开，每个数值均为一个吊笼的额定载重量代号。

3. 型号编制示例：

SC100 表示：单吊笼，额定载重量为 1000kg，导轨架横截面为矩形的齿轮齿条式施工升降机；

SC200/200 表示：双吊笼，每个吊笼额定载重量为2000kg，导轨架横截面为矩形的齿轮齿条式施工升降机。

二、常用齿轮齿条式施工升降机的性能参数（表6-1-1）

表 6-1-1

参数名称	单位	产品型号			
		SC100	SC100/100	SC200	SC200/200
额定载重量	kg	1000	2×1000	2000	2×2000
额定安装载重量	kg	800	2×800	1000	2×1000
额定乘员人数	人	12	2×12	24	2×24
额定速度	m/min	36			
最大提升高度	M	450			
电机功率	kW	2×11	2×2×11	3×11	2×3×11
吊笼内空尺寸	M	3.2×1.5×2.5			
标准节尺寸	M	0.65×0.65×1.508			
标准节重量	Kg	145			
防坠安全器型号		SAJ30－1.2		SAJ40－1.2	

三、齿轮齿条式施工升降机的主要构造

一台完整的齿轮齿条式施工升降机包括：底架护栏及层门、导轨架、吊笼、传动板、限速机构、限位装置、电缆卷筒或电缆滑车、护缆架、附墙架、对重系统、天轮装置、安装吊杆、电控系统、电缆以及钢丝绳等。整机布置见图6-1-1。这种施工升降机不会只使用到独立高度，因此一般都要打附墙架，而且附着层数较多。下面我们分别介绍各组成部件。

1. 底架：用来支撑导轨架，用螺栓与预埋基础紧密相连。其上有基础节，再与齿轮齿条式施工升降机轨架相连。底架是整机承载的基础，所有重量及倾翻力矩，都通过底架传给预埋基础。

2. 护栏：在施工升降机底部设置的护栏，主要用来防止无关人员进入工作区。当吊笼升到高空以后，人员进入工作区有空中坠物的危险，也影响吊笼上下。因此应设护栏。护栏由护栏门、小门、防护钢板网组成。护栏门由机械和

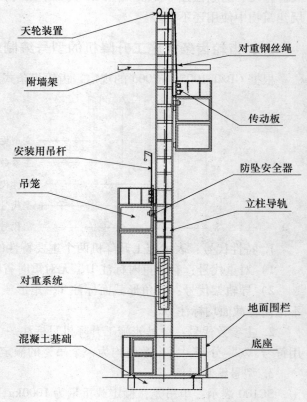

图 6-1-1 齿轮齿条式施工升降机

电气锁定，当吊笼下降未到位时，护栏门将不能打开；当护栏门或小门未关好，吊笼将不能启动。

3. 导轨架：也有把它叫立柱的，这是施工升降机传递提升载荷和其他载荷的主体，它是吊笼上下的导轨，是施工升降机的主要结构件。导轨架由标准节通过螺栓连接而成，通常取其截面积尺寸为 650mm×650mm。其下部与底架、基础节相连，上部通过附墙架与建筑物连接固定。

4. 吊笼：是施工升降机的提升工作装置。是一焊接结构体。它主要由司机室、单开门、双开门、底板、顶架、天窗盖、安全护栏、钢板网和导向轮等组成。吊笼门由机械和电气锁定，吊笼升降不到位，吊笼门将不能打开；如吊笼门没关好，吊笼将不能启动。

5. 传动板：传动板是吊笼的驱动装置，一般安装在吊笼的顶部，也有装在吊笼内靠上部的。它由一块底板上装 2~3 个传动机构和导轮组成。传动机构主要由带制动器的电机、联轴器、减速机、小齿轮等组成（图6-1-2）。

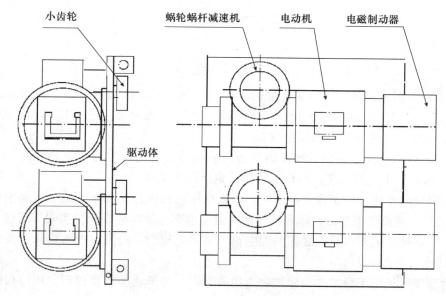

图6-1-2　齿轮齿条式施工升降机传动板

6. 限速机构：是限制吊笼下行速度的安全机构。不管是什么原因造成的吊笼下行超速，它都将产生紧急制动，使吊笼不至于坠底。这是齿轮齿条式施工升降机最突出的优点。限速机构安装在吊笼内，由防坠安全器、传动齿轮、导轮等组成。

防坠安全器是限速机构的核心组件，它由外壳、制动锥鼓、带拉力的离心块、螺杆、碟形弹簧等组成（图6-1-3）。当吊笼超速时，防坠安全器里的离心块克服弹簧拉力而带动制动锥鼓旋转，与其相连的螺杆同时旋进，带动制动锥鼓与其外壳接触，逐渐增加摩擦力，使与锥鼓相连的传动齿轮逐渐停转，依靠齿轮齿条的啮合，使吊笼平缓地停在空中。

7. 天轮装置：是安装在导轨架顶部的绳轮组合件。只有带对重的施工升降机才有天轮装置，其作用是支承吊笼与对重连接的钢丝绳。

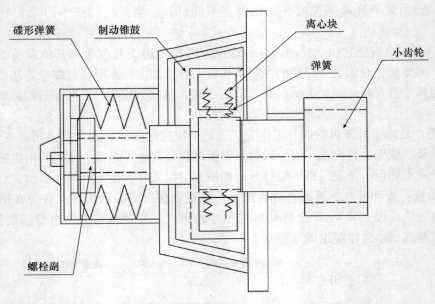

图 6-1-3　防坠安全器

8. 对重：是用来平衡吊笼和载重量的。有了对重，驱动机构就只要克服两边的重量差就可以了，因而可以降低驱动机构的功率。但是对重要增加导轨，使施工升降机的布置较为困难，尤其是单柱双笼施工升降机更难布置。

9. 安装吊杆：是在安装和拆卸时用来起吊标准节、天轮、附墙架等物件的。吊杆安装在吊笼的顶部，由小起升机构、吊钩、吊具、钢丝绳等组成。

10. 电缆导向系统：用于张紧电缆线，防止在振动和风载作用下，发生运动干涉，减小电缆线的张力，延长使用寿命。该系统主要由电缆滑车、挑线架以及护缆架等组成。

11. 电气系统：主要由设在底部的配电箱、吊笼电控柜、司机室内的操作台及安全开关等组成。具体以后介绍。

12. 附墙架：是用于导轨架与建筑物连接的装置。当导轨架架高以后，用以保障导轨架的稳定性。沿导轨高度一般每隔 3～10.5m 左右，要安装一个附墙架。

四、施工升降机的操作

施工升降机是一种安全要求很高的特种设备，各施工单位一定要重视安全操作要领。

1. 安全要求

1）施工升降机操作人员必须经过培训，熟悉各个零部件及仪表的性能和操作技术，并必须经过考试合格者才能独立操作。

2）遇到下列情况之一时，不得开动施工升降机：

（1）天气恶劣，如雷雨、大风、大雾、下雪、电缆及导轨架结冰，风速超过 20m/s 时；

（2）施工升降机出现机械、电气故障时；

（3）对重钢丝绳出现断丝、断股，已超过安全规定时；

（4）夜间施工照明不足时。

3）经常观察吊笼运行通道有无障碍物。

4）吊笼内放置物品，应尽量使载荷均匀分布，并严禁吊笼超载运行。

5）施工升降机必须始终保持所有的零部件齐全、完整。

6）施工升降机的基础，不允许存有积水。

7）施工升降机在下班以后应停靠在地面站台，并将极限开关锁住，切断电源。

8）按要求定期进行检查、保养及做坠落试验。

9）做好交接班记录，并将机器存在的问题或事故隐患汇报给有关人员。

10）检查导轨架上各限位开关的挡板和挡块的位置应灵敏可靠、安全有效。

11）检查底部护栏门和吊笼门的机电联锁装置应良好。

12）吊笼停在地面站，逐一分别打开和关闭底部护栏门、吊笼单开门、吊笼双开门和顶门应性能良好，这时吊笼不能启动。

13）让吊笼向上运行后停在约 3m 高度上，此时，吊笼单开门和外护栏门应被锁住，无法打开。

14）检查上、下限位开关和极限开关的功能：断开上限位开关、下限位开关、极限开关时，吊笼应不能动作。

15）对于有对重的施工升降机还需在吊笼顶部检查偏心绳具上松绳限位开关的功能，断开此开关时，吊笼应不能启动。

16）工作时吊笼顶上的安装吊杆应拆除，禁止在安装吊杆上带载运行。

17）安装工况下，必须采用笼顶操作。

18）吊笼启动前要提醒所有人员注意，运行中若发现异常情况，应立即按下急停按钮。

19）每次检修电路，必须断主电源，停机 10 分钟后才能检修。

20）禁止吊笼内的人员或物件倚靠、挤压吊笼门。

21）施工升降机在遭受暴雨或强台风袭击后，应由专业的工程技术人员检查所有的要害部件。

2. 操作方法及注意事项

1）接通配电箱和吊笼电控柜内的开关，检查操作台面板上的电源指示灯是否工作。

2）关闭护栏门、小门、吊笼门和顶门。

3）按下操作台面板上的启动按钮，如一切正常，工作指示灯亮，电压表指示电源电压正常。

4）依照操作面板上指示的运行方向操作，就可实现所要求的运行。

5）在运行中如发生异常，应立即停车，如停车指令接收不正常，可按急停按钮。在排除故障前，不许复位；注意：急停按钮不可随便按下，以免整机经常处于紧急制动状态。

6）当施工升降机在运行中由于断电或其他原因，在不到停靠位置就停车时，可用手动下降，使吊笼下滑到下一个停靠点。手动下降时，将电动机尾端制动电磁铁手动释放拉手缓缓向外拉出，使吊笼缓慢地向下滑行。但必须注意：吊笼下滑时，不允许超过额定滑行速度，否则限速器将动作。而且每下降约 20m 后，要休息 5 分钟，使制动器冷却下来后再继续下降。而且要特别注意：手动下降必须由专门维修人员进行操作。

7）如果施工升降机启动不了，请注意检查：

（1）底部配电箱的总电源开关是否合上，施工升降机上电源是否接通；

（2）急停按钮是否复位；

（3）极限开关是否在"ON"位置；

（4）顶门、吊笼门是否关闭；

（5）底部护栏门是否关闭；

（6）断绳保护开关有无动作；

（7）电气保护开关是否掉闸；

（8）超载保护器是否动作。

如果施工升降机仍启动不了，就得请维护人员依据"故障手册"处理解决。

五、施工升降机的安装和拆卸

1. 基本安全要求

1）参与安装和拆卸的人员必须熟悉施工升降机的性能、结构和特点，并有熟练的技术和排除故障的能力；

2）安装过程中，必须有专人负责，统一指挥；

3）安装场地应清理干净，并用标志杆等围起，禁止非工作人员入内；

4）采取有效措施，防止安装场地上方掉落物体；

5）施工升降机运行时，司乘人员的头、手不得外露，吊笼顶上不能有露出安全护栏之外的物件；

6）如果有人在导轨架上或附墙架上工作时，绝对不允许开动施工升降机；施工升降机升、降运行时，严禁进入底部围栏内；

7）利用安装吊杆进行安装时，严禁超载！除安装、拆卸外，吊杆不得用于其他起重用途；

8）吊杆上有悬挂物件或吊钩未钩好时，不得随意开动吊笼；

9）安装运行时，必须按施工升降机额定安装载重量装载，不允许超载运行；

10）安装作业人员应按空中作业的安全要求，携带必要的安全用具，包括必须戴安全帽、系安全带和穿防滑鞋等，不要穿过于宽松的衣服，应穿工作服，以免被卷入运动的零部件中；

11）遇有雷雨、大雪、浓雾及风速超过13m/s的恶劣天气，不得进行安装和拆卸作业；

12）安装和拆卸施工升降机，必须在吊笼顶部采用"优先操纵"，不允许在吊笼内部操作；

13）吊笼启动前，应先进行全面检查，消除所有安全隐患。

2. 安装步骤

1）安装底架及基础节：先清理好混凝土基础，安装好底架，在底架上装好基础节，并加三个标准节。然后测量导轨架的垂直度，要求偏差≤1/1000；再紧固好螺栓；

2）安装吊笼：用起重设备将吊笼从标准节上方准确就位，粗调好吊笼的下摆轮及侧向滚轮；安装好吊笼顶上的护栏；调好各门的机械门锁；

3）安装传动板：用起重设备将传动板从标准节上方准确就位，粗调好滚轮；用销轴连接好传动板和吊笼；

4）安装吊杆：将吊杆放入吊笼顶部安装孔内，接通电源后即可使用；

5）安装对重系统（指带对重的施工升降机）：先在底架的对重位置上，安装好缓冲弹簧；用起重设备吊起对重，从导轨架顶部放入对重轨道；调整好滚轮间隙；

6）安装导轨架：用安装吊杆吊起一个标准节（注意带锥套的一端向下），置于吊笼顶部放稳，启动吊笼向上，使吊笼顶离导轨架顶大约差300mm左右停下，注意不要冲顶！再用安装吊杆提起标准节，略高于导轨架顶端，转动安装吊杆，使标准节对准导轨架顶端，下放，拧紧连接螺栓。如此反复，一步步加高导轨架。待到达打附墙架的位置，及时安装附墙架；

7）安装附墙架：先在导轨架上安装前附着杆，再安好附墙架；然后调整垂直度，紧固螺栓；最后慢慢启动吊笼，检查它是否与附墙架相碰；

8）天轮和对重钢丝绳的安装：当导轨架安装到所要求的高度后，带对重的施工升降机应在导轨架顶部安装天轮，并用钢丝绳悬挂好对重。先把天轮吊到吊笼顶部，吊笼上升到顶部后，再吊到导轨架顶部，安装好螺栓；然后穿好对重钢丝绳，上好绳卡。注意绳卡要3个以上，间隔100mm以上，绳卡底板在钢丝绳的受力边；

9）调整对重钢丝绳的长度，使吊笼达到最大高度时，对重离地距离≥550mm；

10）安装电缆系统：施工升降机起升高度较高，动力驱动装置在吊笼上，因而电缆的收放也很重要。电缆系统有带电缆滑车的导向系统，也有不带电缆滑车导向系统，或将电缆外置的导向系统。不管是哪一种，都要由专门的电气人员配合进行安装；

11）安装后的检查：安装完成后，在运行前必须检查。检查要点有：各紧固件的紧固情况；各限位开关、机电连锁装置动作是否正确无误。

3. 施工升降机的拆卸

1）进行拆卸前，对久置不用的施工升降机，应进行一次大检查，确认各部件功能正常，动作无误，方可投入拆卸作业；

2）将安装吊杆安装就位；

3）先拆下对重钢丝绳和天轮（有对重的施工升降机）；

4）然后按与安装相反的步骤进行拆卸。各安全注意事项同安装要求。

第二节 钢丝绳式施工升降机

钢丝绳式施工升降机是依靠钢丝绳来提升吊笼的。它具有简单适用、经济实惠的突出特点。目前我国中小型施工场地，应用相当广泛。

一、钢丝绳施工升降机的种类

钢丝绳施工升降机起源于工地的技术革新，没有很统一的设计形式。经过很长时间的实际应用，现在大体上可以归纳为井架式、门架式、单柱单笼和单柱双笼式等几种。

根据GB/T 10054—2005的规定，钢丝绳式施工升降机用SS来代表类组。

例如：

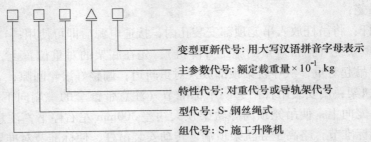

变型更新代号：用大写汉语拼音字母表示

主参数代号：额定载重量×10^{-1}, kg

特性代号：对重代号或导轨架代号

型代号：S-钢丝绳式

组代号：S-施工升降机

1. 特性代号：表示施工升降机两个主要特性的符号。

1）对重代号：有对重时标注 D，无对重时省略；

2）导轨架代号：导轨架为两柱时标注 E，单柱导轨架内包容吊笼时标注 B，不包容时省略；

2. 主参数代号：单吊笼施工升降机只标注一个数值，双吊笼施工升降机标注两个数值，用符号"/"分开，每个数值均为一个吊笼的额定载重量代号。

型号编制示例：

SSE100 表示：单吊笼，额定载重量为 1000kg，导轨架为两柱的钢丝绳式施工升降机；

按提升方式分，钢丝绳式施工升降机又可分为：卷扬提升式和曳引提升式两大类。卷扬提升式是应用最普遍的提升方式，市场上已有各种各样的卷扬机可采购，方便实惠。然而由于它是单绳提升，一旦断绳，吊笼就有下坠趋势，就有出大事故的危险。尽管人们也想出了各种各样的防下坠装置，然而没有一个像齿轮齿条式施工升降机的防坠安全器那么可靠，那么平稳制动。所以 GB/T 10054—2005 规定：SS 型人货两用施工升降机，吊笼提升钢丝绳不得少于两根，且应是彼此独立的。这是一个非常重要的安全要求！然而至今很多人不重视，不理解。钢丝绳式施工升降机，要想人货两用，只能采用曳引机提升。因为只有曳引提升，才能作到几根独立的钢丝绳同时同步提升，即使断了一根，还不至于发生吊笼下坠。这是曳引提升式钢丝绳式施工升降机的突出优点。建筑施工单位及管理部门的负责人，应当了解这些知识。

二、钢丝绳式施工升降机的主要构造

以一台单柱双笼的钢丝绳式施工升降机为例，整机主要由底架、立柱导轨、平衡卷扬机、吊笼、自升平台、顶升滑轮架、提升扒杆、起重量限制器、附着装置、外围护栏、安全保护装置和电控系统等组成（图6-2-1）。现分述如下：

1. 底架：是整台机器的支承基础。由槽钢焊接而成，其下面焊有垫板，钻有地脚螺栓的连接孔使底架与水泥地基牢牢连在一起，以防止倾翻。搁置吊笼的底框周围设有 4 个缓冲弹簧，以减小吊笼下放冲击。

2. 导轨：由多个标准节组成。标准节用槽钢作主弦，吊笼的滚轮在槽内运动，在两个方向均起限制作用，是较理想的导轨。

3. 平衡卷扬机：这是施工升降机的动力源，装在立柱下面的底架上。该机构由一台直连式摆线针轮减速机作传动装置，输入端接锥形转子电机，断电时自动制动，输出端接一根

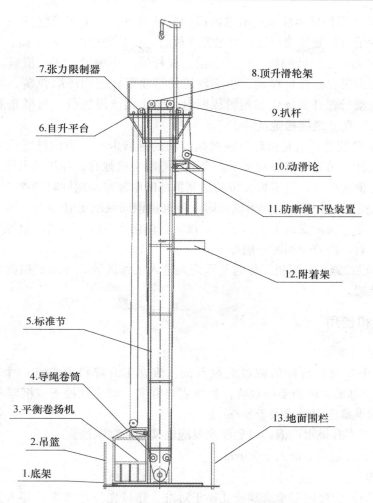

图6-2-1　钢丝绝施工升降机构造

横轴，其上装有一双联齿轮联轴节。横轴上装有两个卷筒，合上哪一个卷筒的齿轮联轴节，卷筒就可作提升工作，当两吊笼做正常平衡提升送料时，两个联轴节都合上；当安装加节时，把其中一个卷筒联轴节合上，另一个脱开，就可以起吊标准节和提升顶部平台。

4. 吊笼：是提升物料的主要工作机构。由型钢组焊而成。靠立柱侧有滚轮，可在主弦槽钢内上下滚动，起导向作用。为确保安全，本施工升降机吊笼装有开关门与搁架卡板连锁装置，不关好门，施工升降机不能正常运行，只有关好门，才能顺利运行。

5. 自升平台：是改变施工升降机提升高度的主要机构。由四根角钢扣方的方管作主弦，通过水平槽钢焊成套架，其上再搁置平台。平台上放有张力限制器、提升扒杆、自翻卡板等。张力限制器为安全机构，用来控制提升重量；扒杆用来提升标准节；自翻卡板能自动把套架平台卡在所需的高度。这些装置是新型施工升降机与传统施工升降机的主要区别所在。

6. 顶升滑轮架：为了使吊笼能顶升套架，此时钢丝绳的力必须通过装在立柱顶部的滑轮，才能传到立柱上去。这就是顶升滑轮的作用。它总是安装在所加的标准节顶部，以使吊笼和套架一起提升。

7. 扒杆：其作用是把标准节从吊笼内提到安装高度。其上提升绳的一端有小吊钩，另一端穿过扒杆管子与吊笼顶端相连，当吊笼下放时，可带动标准节向上提。

8. 张力限制器：它由栓绳轮、杠杆支架、杠杆臂、小滚轮、活动滑板、支承弹簧等组成。当钢丝绳受力时，杠杆臂摆动，小滚轮压住活动滑板进而压缩弹簧，当达到额定载荷时，活动滑板碰动行程开关，引起报警或断电，防止钢丝绳超载；当吊笼落地钢丝绳松弛时，调整下限位，防止继续松弛乱绳。

9. 防断绳下坠装置：这是由起升钢丝绳带动的翻转卡板，当钢丝绳受力时，卡板头部避开立柱的横腹杆，吊笼可以正常上下；当钢丝绳断裂松弛时，弹簧拉力使卡板翻转，其头部就会卡到立柱横腹杆上，且卡板会带动吊笼顶部的摩擦制动副同时制动。

10. 附着装置：它由钢管组焊而成，附于建筑物钢筋混凝土骨架上。因为它主要用于防止立柱的过大变形，实际受力不大，不会对被附着结构产生破坏作用。只要发现立柱摆动过大，就可以打附着。附着架间距一般取 6m。

11. 外围护栏：施工升降机工作时是不许人进入工作区的，外围护栏就是防止闲人进入吊笼工作区的装置。

三、安装和使用

1. 安装场地的要求

1）为了防止立柱自行倾斜或被大风刮倒，该施工升降机要求有一个 4.0m × 4.0m × 0.3m 深的混凝土基础。因而要挖地坑，且坑底要夯实。禁止在松土或沉陷不均的基础上安装。基础土壤的承载能力要求大于 $8t/m^2$。

2）基础周围要有排水沟槽，以免积水浸泡底架和地脚螺栓。

3）基础水平面偏差不得大于 15mm。

2. 安装步骤

1）安装底架：为使底架地脚螺栓孔易于对准，建议先将地脚螺栓穿入孔内，然后架在地坑上，调平，在地脚螺栓下钩内穿入横杆，横杆可用 8 根 3m 长的螺纹钢直通，兼作基础钢筋，共 4 纵 4 横，然后再浇灌混凝土。

2）放置自升平台的套架就位，使套架的滚轮嵌入底节的导轨。

3）将平台安放到套架上，连接好螺栓。

4）将套架平台抬高约 700mm，用横杆插在其下面，留出空位。上面用木块之类的物品将套架主弦和底节导轨挤紧。

5）将卷扬机安装到位，并接好电路。安装前应绕好起升钢丝绳。

6）将扒杆下端抬起，搁到平台上。

7）将扒杆用的小钢丝绳引入扒杆内，穿好小吊钩。将扒杆下端插入扒杆座，竖起扒杆，装好扒杆座销轴。将小钢丝绳下端绕到平衡卷扬机的一个卷筒上，与起升绳临时扎结在一起。

8）将与扒杆相连的卷筒的齿轮联轴节合上，另一卷筒的齿轮联轴节脱开。开动卷扬机，用扒杆吊起第一个标准节，此时特别注意检查套架与底节不可松动歪斜。如出现歪斜，立即用楔块塞好。然后慢慢将标准节从上面插入套架。将标准节与底节用螺栓连接好。

9）将导绳滑轮组、张力限制器、绕绳卷筒、护栏等装到平台上。

10）提升自升平台：用扒杆将顶升滑轮架安装到标准节顶面。取下小吊钩，钩住扒杆上的扣环，解开卷筒上的扒杆钢丝绳，使卷筒反转，放出起升钢丝绳，将起升钢丝绳绕过顶升滑轮和套架上的提升滑轮，将绳端固定在顶升滑轮架上。开动卷扬机，提起自升平台，当套架顶部快接近标准节顶面时，只要听到自翻卡板的响声，就立即停下。

11）将吊笼之一置于安装位置。注意该吊笼应在扒杆下面一侧。将滚轮嵌入导轨槽内，检查是否有卡滞的可能。调整好搁置卡板和防坠卡板，使提升吊笼时不会有卡阻现象。

12）用步骤（7）和步骤（8）所述办法，借助于扒杆把顶升滑轮架吊到平台上暂搁，再吊起一个标准节，加到立柱顶面，上好螺栓。

13）同时提升吊笼和平台：再把顶升滑轮架安装到刚加的标准节顶面，然后解开扒杆钢丝绳。卷筒反转，放出起升绳，绕好起升钢丝绳。开动卷扬机，将吊笼提起，吊笼再顶住套架，将套架平台一起提起，慢慢升到顶部，听到自翻卡板响声停下。这时钢丝绳是4倍率，内力并不很大。

14）将吊笼临时系到套架上，放松起升绳，把起升绳从顶升滑轮上取下，放到张力限制器的滑轮上。用扒杆吊钩钩住顶升滑轮架，小钢丝绳另一头系在吊笼上。放下吊笼，提起顶升滑轮架，把它暂搁在平台上。再把吊笼放到地面，装上一个标准节，提升到最高位置，再用扒杆吊钩钩住标准节，放下吊笼，将标准节提升到立柱顶面，用螺栓连接好。

15）重复步骤（13）、（14）把立柱导轨加到独立式高度，把平台和吊笼都升到最高处。

16）将另一个吊笼就位。把平衡卷扬机的另一个卷筒的钢丝绳按工作状态绕好，再将其齿轮联轴节也合上。将定位套顶住卷筒，拧紧定位螺钉。这时，一台独立工作高度的平衡施工升降机就算基本上安装好了。但在正式使用前，还要再按操作使用注意事项的要求，调好安全保险机构。

17）轮流将吊笼放下，打开吊笼门，调整搁置卡板钢丝绳的松紧，以卡板头部能搭入立柱横腹杆区域10mm以上为准。再关闭吊笼门，小钢丝绳自动松弛，弹簧拉动卡板，应使卡板头部离开横腹杆5mm以上为宜。

18）轮流在吊笼内装砝码1000kg，调整张力限制器，使其报警断电。至此，独立式的平衡施工升降机已安装完毕。

19）地面上吊笼两侧应加围栏，以防止其他人员进入吊笼下面。

20）随着建筑物的增高，要求施工升降机继续加高时，应在20m高处先安装附着架，以后每隔6m增加一个附着架，最上一个附着架的上面立柱的悬臂高度不超过9m。以起吊时立柱不发生明显变形为限，请用户自己掌握。在有附着架时，自升加节方式完全同步骤（13）、（14）。

3. 安装中的注意事项和技术要求

1）立柱兼作导轨架，为吊笼滚轮的运行轨道，其标准节接头处阶差应小于0.5mm，安装加节时必须注意调整。

2）立柱全高的垂直度偏差，应小全高的千分之四。

3）各连接螺栓必须拧紧。扳手不必加套筒，以一个人拧不动为准。

4）高空安装作业人员必须具有高空作业的身体条件，系好安全带，吊笼下和立柱周围

2m 内禁止站人，以防物品吊落和其他不测事件伤人。

5）凡上吊笼内作业，必须打开吊笼门，使搁架卡板伸到立柱横腹杆区内，不可轻视事故隐患危险。

6）4 级风以上禁止安装和顶升作业。

四、操作使用注意事项

1. 操作者应经过训练，能熟练地掌握吊笼升降。要求操作时精力高度集中，反应要迅速。特别是提升自升平台时，要注意不可过卷扬，以防套架上的滚轮超出立柱顶端，发生钢丝绳超载或套架倾斜。

2. 使用吊笼前必须检查各连接件是否可靠，钢丝绳扣是否拧紧，有无断股现象，升降是否灵活。凡发现问题，必先作处理后再投入使用。不容许带病作业。

3. 交接班时应交代运行情况，发现来不及处理的问题一定要指出。要接班的人先作处理后，才准投入使用。

4. 暴风雨或停机一段时间后，应先进行空运转检查，然后再带载运行。

5. 禁止超载、偏载运行。运行前必须关好吊笼门。施工升降机工作范围 2m 内若有人，不得操作，要等人离开后再操作。

6. 禁止在 6 级风以上运行作业。

7. 收班时，操作人员离开操作现场前，要求将空中吊笼挂好，以防意外事故。打开吊笼门入内卸货，注意搁置卡板是否搭在横腹杆区内，如未搭上，应先调好小钢丝绳松紧，一定要搭得上再进行其他作业。

8. 已经调好的张力限制器，禁止随意调整和拆除。出了故障修好后要重新调校准确。调整办法是：拆去罩壳，在所要调校的吊笼内装上 1t 或 1.05t 的物品，略提起，调节限位开关的触动螺钉，使其刚好到报警断电位置，并用背帽定好位。放下吊笼，使其落地，钢丝绳略有松弛，调整下行程限位开关，让其刚好断电，以免继续放绳而造成乱绳。

9. 禁止非操作人员启动卷扬机。

10. 收班时要拉闸断电、锁好电源箱。防止无关人员启动卷扬机。

五、拆架

拆架基本步骤与安装步骤相反，具体步骤如下：

1. 先放下没有扒杆一侧的吊笼，将靠扒杆侧的吊笼尽量上提，并与自升平台套架系好。将底下吊笼拆除，脱开该卷筒的齿轮联轴节。将起升钢丝绳绕成顶升状态，用细绳子系住自翻卡板尾部，小心开动卷扬机，使吊笼和套架略提起，再提起自翻卡板尾部，让其卡不住立柱的横腹杆，把绳尾系到平台上，上面的工作人员躲到立柱内至少下一个标准节，慢慢放下吊笼和自升平台，到露出下一个标准节顶面为止，放下自翻卡板，把平台卡在该标准节上。

2. 将扒杆钢丝绳的下端系到吊笼上，扒杆吊钩钩住顶升滑轮架，使吊笼下放，用扒杆拆下顶部之顶升滑轮架。

3. 将扒杆吊钩挂住最上面一个标准节，拆除其下端的连接螺栓。提起标准节，转动扒杆，将标准节放到吊笼内，再松开扒杆绳的下端，用吊笼把标准节放到地面。

4. 用扒杆将顶部之顶升滑轮架再装到立柱顶面。将钢丝绳绕成顶升状态。

5. 重复步骤（1）、（2）、（3）、（4），一个个拆除标准节。如果遇到附着架，先拆附着架，后拆标准节，直到只留下最后一个标准节，先拆除吊笼，再按照安装时的反步骤慢慢把套架放到最低点。

6. 用楔块状物品塞好套架与底节。将扒杆钢丝绳与卷筒上的钢丝绳临时连接好，再拆下最后一个标准节。

7. 用扒杆将平台上的部件一一拆下。

8. 放倒扒杆，从卷筒上解下扒杆钢丝绳。拆除曳引卷扬机。再靠人力抬下平台和套架。最后拆除底架。

9. 整个拆架过程必须遵守安装时的所有注意事项。不得马虎。

六、维护、保养及运输

1. 卷扬机、起升滑轮轴承，要经常加注润滑油。平衡卷扬机按其使用说明书注油。滑轮轴承加注 ZG - 2 润滑油。

2. 一般情况下每个月或暴风雨后，须对施工升降机基础沉陷、螺栓紧固、钢丝绳磨损、立柱是否有倾斜等进行一次全面的检查，发现问题及时维修更换，如有结构件碰损、焊缝开裂，要及时修整、补焊。

3. 每项工程结束，对卸下的标准节、吊笼、平台等结构件要全面清洗、除锈刷漆。电动平衡卷扬机要进行维修保养。

4. 储存、转场运输，禁止杂乱堆放，要注意防止碰撞和挤压。要求有序放置。搬运时要捆扎牢固，储存时应加遮盖物防止生锈。凡储运中引起的结构变形、断裂，必须修复后方可以使用。

5. 安全保护装置的调整方法

张力限制器实际上也就是起重量限制器。在吊笼内装上 1 吨的砝码或称量过的重物，调整张力限制器的限位开关，使起升机构的上升电路断电，并触发报警铃响。然后锁定触发螺栓位置就可。调好后的张力限制器不可随便动，而且要经常检查，防止失灵。

第三节　施工升降机事故案例汇总分析

施工升降机主要事故有立柱导轨倒塌、吊笼和平衡重下坠、提升物品下掉和机械系统伤人。

一、立柱导轨倒塌的主要原因

施工升降机工作时，不像塔机那样有那么大的倾翻力矩，不易发生倒塌，但实际上还是有这种事故发生。其原因是操作人员以为工作倾翻力矩小，没有危险，忽视了安全工作。实际上除了工作倾翻力矩以外，风力矩是一个重要的外来负载，暴风袭击是必须充分估计到的。暴风造成的主柱导轨倒塌可通过下列因素起破坏作用：

1. 不照说明书要求打基础。由工地负责人说了算。

2. 基础太靠近边坡，或立在沉陷不均的地方。

3. 基础混凝土未凝结，就急于使用，又不采取保护加固措施。

4. 底座压重不到份量。

5. 缆风绳太松或地锚不可靠，起不了保护作用。

6. 附墙架安装得不可靠，起不到应有的作用。

7. 立柱导轨标准节在搬运中碰弯，又不及时修复或加强。

8. 井架主弦杆长细比太大，易于局部失稳，也易于摔碰弯曲。或为了省钱，以小代大。

9. 井架迎风面太大，经不起暴风袭击。有些人可能还以为越大越好，这是很不正确的。

10. 不能自升的施工升降机，一次性安装架得太高。

二、吊笼和平衡重下坠的主要因素

1. 天轮安装不稳，或挡绳板间隙太宽，对重钢丝绳跳槽。

2. 传动板与吊笼的连接螺栓没紧固好，背帽松脱，又没及时发现和拧紧。

3. 传动板与吊笼的连接销松脱。

4. 钢丝绳施工升降机的起升绳跳出卷筒外，没及时发现而开机上升，铰断起升绳。

5. 小而长的卷筒，乱绳严重，磨损严重，疲劳损害严重，又不重视及时更换，容易断绳。

6. 没设置起重量限制器，长期超载工作。

7. 没有起升高度限位，容易冲顶断绳。

8. 为了省钱，不用电控设备，而用倒顺开关操作，没有安全保护功能。

9. 吊笼在空中卸货，没有搁架，随便上人，钢丝绳超载也不知道。

10. 钢丝绳长期使用，该报废了也不报废，勉强使用，留下下坠危险。

11. 没有设置防下坠装置，或者所设置的装置不可靠。

12. 驱动机构发生问题。比如制动失效、联轴器断销、轴承座断裂等。

三、其他事故因素

1. 吊笼内物品下掉。这多由于垒得太高太乱，或者护栏太低，或者是没关好栏门引起。

2. 高空检修，物品乱放，事后没清点好，在运行时振动下掉。

3. 有人在检查传动系统，其他人不打招呼就开车，导致伤人。特别是齿轮齿条啮合处，或钢丝绳缠绕手指；

4. 施工升降机底部不围护栏。下面有人，上面人不知道而开机，容易意外伤人。

5. 没有正规的管理制度，非有关人员随便开机，或动了安全保险装置，使操作系统不能正常地工作。

6. 设备长期停放，恢复生产时未认真负责的检查，以至于安全机构失灵还不知道，使操作不正常，埋下事故隐患。

第七章 电气设备和用电安全知识

建筑工地上用电设备多种多样，但以塔机、施工升降机、电焊机和照明为主。电焊机和照明属一般电工知识，因此本章重点介绍塔机和升降机的典型电路和工地上用电的一般安全知识。

第一节 塔机对电控系统的特殊要求

塔机的电路系统，由动力电路和控制电路两大部分组成，这和其他电力拖动系统差不多。但塔机的工作环境、工作条件和需要完成的任务，决定了它与别的电力拖动系统又不一样。

塔机对电气系统的要求具有如下一些特点：

1. 塔机长期在野外工作，日晒雨淋，环境条件不好。冷的时候零下几十度，热的时候零上四五十度。电气元件易于老化、失去绝缘性能或者锈蚀，接触不良。因此，塔机电控系统不能使用一般的室内电路系统元件。

2. 塔机作业是高空作业，危险性大，安全要求高。这就决定了塔机电气系统的元件可靠性要高。如果故障率过高，关键时刻操作失灵的机会增加，容易发生事故。

3. 塔机电控系统很重要的一个功能就是进行交流调速。塔机作业范围大，调速范围宽，高速与低速比值可以达到十几倍，这给交流调速带来很多困难。

交流电动机有它固有的优点，其容量、电压、电流和转速的上限不像直流电动机那样受限制，且结构简单，造价低廉，坚固耐用，容易维护。自 1885 年交流鼠笼电机问世一百多年来，交流调速技术发展得并不快，原因在于优良的交流调速方案成本较高难以推广，简单的交流调速方案的性能指标又不佳。

4. 塔机的起升系统是满载启动，空中提升，既要克服重力，还要克服惯性力，所以启动性能要好，不仅启动力矩要够，而且启动电流冲击又不能太大，加上塔机常常用变极调速，切换速度相当于重新启动，冲击很大，普通电机适应不了这一要求，常规启动方法也不能用。故启动方法也是电控系统中的一个重要环节。

5. 塔机回转机构、行走机构都是惯性力特大的拖动机构，既要平稳启动，又不能快速制动。它的拖动特性要软，变速要柔和，这也给电气系统提出特殊要求。

6. 由于塔机对安全要求很高，正确的操作程序和怎么防止失误就显得特别重要。

7. 为了保障塔机安全运行，安全保护装置设置较多，这些保护装置大多与电控限位开关有关，而且电控系统本身还有自己的安全保护措施。

8. 为了保障塔机的安全，减少事故，怎么样应用现代化电子技术、计算机技术、数码信息技术、图像技术、智能化技术，成了塔机电气系统研究的新课题。

下面针对塔机电气系统调速、启动、制动和电气安全设施分别加以介绍。

第二节　电力拖动调速的主要方式及发展趋向

电力拖动系统的调速可以分直流调速和交流调速两大系统。直流电机调速主要靠改变励磁电流的大小进行调速，因而很容易实现大范围无级调速。但直流电机不容易变压和远距离送电，现场直流电并不容易获得，所以过去直流电机应用范围很小。但现在由于可控硅技术的应用，直流电不一定要发电机组供电了，用可控硅直接整流也可得到直流电，这样直流电机调速用于塔机也就成为了一种可能，只是目前实际应用还很少。在这里，我们主要介绍交流调速的电力拖动系统。

一、塔机调速的主要方式

1. 变极调速

在塔机中，为了满足其较宽的调速范围，经常使用多速电机。所谓多速电机就是把定子绕组按不同接法形成不同极数，从而获得不同的转速。在中、小型塔机中，常用鼠笼式多速电机，这就是所谓 YZTD 系列的塔机专用多速异步起重电机。鼠笼式多速电机型号、规格比较多，双速的有 4/12、4/8 组合，三速的有 4/6/24、4/8/32 组合。变极调速的鼠笼电机，由于受启动电流的限制，功率在 24kW 以下比较适用，功率过高，对电网电压冲击比较大，工作不太稳定。在中等偏大型塔机中，起重量在 8t 以上，起升速度在 100m/min 左右，24kW 电机就不够用了，如果还用鼠笼电机变极调速就不太适用，于是就改为绕线式电机变极调速。因为绕线式电机的转子可以串电阻，降低启动电流，提高启动力矩，减少对电网的冲击，故可以增大功率，现在实际已用到 60kW 左右。不管是鼠笼式还是绕线式，其变极方法基本上是定子绕组采用△—Y 形接线法。其原理如图 7-2-1 所示。

定子绕组有 6 个接线头，即 u_1、v_1、w_1 和 u_2、v_2、w_2。当把三根火线接入 u_2、v_2、w_2 时，就是△接法，每个相串联两个绕组，这时极数多，为低速；当把火线接入 u_1、v_1、w_1，并把 u_2、v_2、w_2 三点短接，就是 Y 形接法，每个相并联两个绕组，最后都通到中线，这时极数少，为高速。当然绕组内阻的匹配都是计算好的。

三速鼠笼式电机，还有一个低速极，比如说 32 极，就不适宜用混合绕组，其工作效率低，应单独搞一个绕组。不过这种绕组功率小，电流也小，还

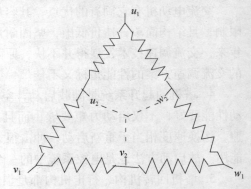

图 7-2-1　△-y 形接线法

好处理。绕线式电机的低速，就不要另搞绕组了，而是在其转子绕组上串电阻，软化其启动特性，同时在转子轴上加一个涡流制动器，强行把转速拉下来。这时电机的负载是很大的，电流也很大，只有串有电阻的转子才能受得了，鼠笼型转子和不串电阻的绕线转子都不得加涡流制动器，不然很容易烧坏电机。这是非常重要的知识，很多相关人员不了解这一点，当

外接电阻损坏时，没及时解除涡流制动器的励磁电流，结果把电机烧坏了。

变极调速的控制电路要满足两方面的要求：一是定子绕组，要及时断掉原来的绕组供电，同时要立即接上另一个极数的绕组。先断后接，时间差很短，只零点几秒。不容许两套接法同时通电，否则就会短路。所以各种接法要互锁，接通这一种必须锁住另一种不能让其接通。时间长了也不行，因为时间长会引起电机失去驱动力，重物会下滑。二是绕线电机的转子电路，要及时串上电阻，又要接通涡流制动器的励磁电流，使其获得低速。随着速度挡数的增加，又要切断涡流制动器的励磁电流，然后一步步切除转子绕组上所串联的电阻。不切断涡流制动器的励磁电流，只减小电阻值是危险的事，容易烧坏电机。建议只有最低挡接涡流制动器，第二挡切除涡流制动的励磁电流，第三挡切除部分电阻，第四挡切除全部电阻，第五挡从 8 极跳到 4 极，这是比较安全的接法。

图 7-2-2 是典型的三速鼠笼电机的电控线路图。（a）是动力电路，（b）是控制电路。从图上可以看出：当按下启动按钮 SB1 时，如果各操作手柄都处于中位，这时总接触器

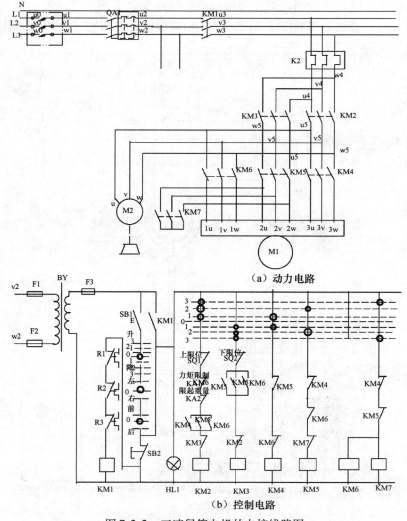

（a）动力电路

（b）控制电路

图 7-2-2　三速鼠笼电机的电控线路图

KM1 合上，控制电路才会有电。当按下停止按钮 SB2 时，总接触器 KM1 断电，控制电路就断电，这就是紧急停止。但是这种操作只有在紧急情况下才用，一般情况不应这样使用，而应先停止各种操作，然后再关总停。当主令控制器打到上升第一挡时，接触器 KM4 和 KM2 相继闭合，起升机构低速上升；当主令控制器打到上升第二挡时，接触器 KM5 和 KM2 相继闭合，电机定子绕组为 △ 形接法，起升机构以中速上升；当主令控制器打到上升第三挡时，接触器 KM6、KM7 和 KM2 相继闭合，电机定子绕组为 Y 形接法，起升机构就以高速上升。如果要停车，也应是先从高速挡打入中速，再打到低速，最后停车。当要下降时，先打到下降一挡，接触器 KM4 和 KM3 相继闭合，起升机构低速下降。当主令控制器打到下降二挡时，接触器 KM5 和 KM3 相继闭合，起升机构以中速下降；当主令控制器打到下降三挡时，接触器 KM6、KM7 和 KM3 相继闭合，起升机构高速下降。控制电路中的常闭触头，都是安全装置的限制器或继电器触头，也就是所谓安全条件保障。当然还有一些常闭触头，是为了防止主电路短路而设置的，实际上还是为了安全。

图 7-2-3 是典型的双速绕线带涡流制动的电控线路图，从图上可以看出：当主令控制器打到上升第一挡时，接触器 KM4、KM5 和 KM2 相继接通，电机定子绕组为 △ 形接法，起升

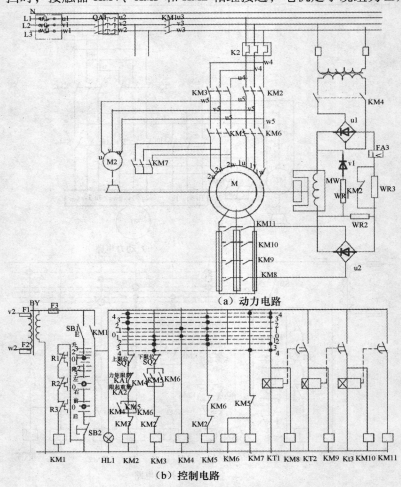

（a）动力电路

（b）控制电路

图 7-2-3　双速绕线带涡流制动的电控线路图

机构本来应以中速上升，但是由于此时，KM4 把涡流制动器的励磁电路也接通了，涡流制动器强行把电机拉到低速，绕线转子的电阻全部串接，以减小工作电流。当主令控制器打到第二挡时，接触器 KM4 断开，电机串电阻运行，速度为次低速，这两挡速度都不可以运行过长，否则发热严重；当主令控制器打到上升第三挡时，接触器 KM8 和时间继电器 KT1、KT2、KT3 相继接通，接着接触器 KM9、KM10 和 KM11 也相继接通，电机转子上的电阻一段段被切除，最后电机真正进入中速，这一变速过程是很柔和的。第三挡可以长时间运行。当主令控制器打到第四挡时，接触器 KM6、KM7 和 KM2 相继接通，电机定子为 Y 形接法，起升机构进入高速运行。在切换过程中，由于电机转子有复合绕组，在高速下阻抗较大，所以切换电流可以降低。停车过程同样要一步步切换到停止。当主令控制器打到下降一挡时，接触器 KM4、KM5 和 KM3 相继接通，电机本应中速反转，但涡流制动器强行拉住它，使其只能低速反转，而且 KM2 的常闭触头短路掉了励磁电路的一段电阻，使励磁电流加大，这对阻止快速下降有好处。当主令控制器打到第二、第三和第四挡时，其调速过程与上升类似，只是以 KM3 取代了 KM2 而已，故不再细述。

2. 电磁滑差调速

电磁滑差调速是电机转子输出转速不直接输入减速机，而是先通过一个电磁滑差离合器，产生一定的转速差，然后再输入减速机。由于这个转速差是无级可调的，所以这种方案是属于无级调速的范畴。

图 7-2-4 是电磁滑差调速电机的构造示意图，工作原理：一台普通的鼠笼型异步电机，带动一个圆筒形电枢，电枢内有一个爪形磁极，磁极内有一不动的励磁线圈。当励磁线圈通入直流电后，工作气隙中产生空间的磁场。电枢运转切割磁力线会产生感应电势，从而使电枢内产生感应电流。由涡流磁场与磁极磁场相互作用，就会产生转矩，拖动爪形磁极旋转，从而带动输出轴旋转，其旋转方向与拖动电机的旋转方向相同。但输出轴的转速，在某一负载下，取决于通入励磁线圈的励磁电流的大小。励磁电流越大，转差越小，输出转速越高，反之减小励磁电流，转差越大，输出转速越低。切断励磁电流，输出轴便没有输出转矩。这种电磁滑差离合器，其原理有点类似涡流制动器，只是涡流制动器里没有旋转的爪形磁极，故只有制动功能，没有输出转速的功能。如果将拖动电机制动，筒形电枢不转，而励磁电

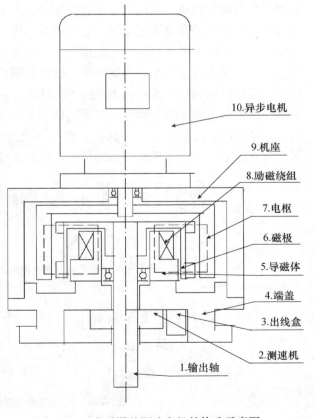

10.异步电机

9.机座

8.励磁绕组

7.电枢

6.磁极

5.导磁体

4.端盖

3.出线盒

2.测速机

1.输出轴

图 7-2-4　电磁滑差调速电机的构造示意图

流延迟切断，实际上对输出轴也构成了一个涡流制动器。但这种制动只是软制动，制而不死。

值得指出：电磁滑差调速虽然是无级调速，但它不适合即时满载启动，所以在塔机起升机构里不适用。但它的这一特性却适合于回转机构的无级调速，通过调整励磁电流把回转力矩和转速一步步加上去，不会有多大冲击。如果拖动电机用锥形转子电机，断电后自行制动，而把励磁电流延迟断开，即可柔和地实现回转制动，这正是塔机回转所需要的。这样作控制线路也很简单，比较容易实现。

3. 调压调速

在起升机构里已经讲过：调压调速是根据异步电机的 $M-n$ 特性曲线，在一定的负载下，改变电压，就会获得某一相应转速的原理而设计的。但是现代的调压不是过去的调压器的概念，现代调压技术，是将六只可控硅串联在三相交流电路中，控制导电角的大小，来调节三相异步电动机定子绕组的供电电压的大小，从而实现电动机转速的无级调速。在整个过程中，电机可能工作在电动机状态、发电机状态和反接制动状态，但必须保证外载荷力矩与电磁力矩的平衡，这是一个不断的调节过程。这个过程完全由电子设备来完成。由于调压调速的范围比较有限，所以有时把调压调速与变极调速结合起来应用。

图 7-2-5 是一个典型的调压调速与变极调速相结合的起升机构的大范围无级调速系统框图。指令控制器为驾驶室的起升机构操作手柄，控制指令由这里发出；CD 为测速发电机，它测出电机实际转速，从而可以输入控制单元与设置值作对比，以决定升压还是降压；MD 为起升机构驱动的交流多速电机，它与测速电机 CD 连轴。操作指令控制器的手柄，将要执行的指令信号输入微机控制单元。指令信号包含了一系列指令内容：启动、正转、反转、升速、降速、是否变极、是否要制动等，微机控制单元接受指令信号，并综合重量信号及速度信号，即根据吊钩的吊重量和电机的工作状态，连续控制电子调压器、电机旋转方向及变极对数，使电机工作在指令信号所要求的状态下，并得到所需的调速外特性。电机在不同的外载荷、不同的速度和方向下，就会工作在不同的状态（也即电动、发电、反接制动）和不同的极对数下，从而实现起升机构所要求的低速恒转矩、中、高速恒功率的调节。

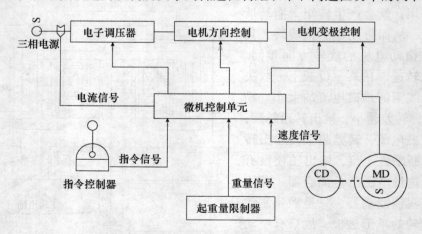

图 7-2-5　调压调速与变极调速系统框图

4. 变频调速

可控硅技术的发展和应用，使我们完全可以改变依靠发电机组去改变频率的办法。现代变频技术是靠可控硅把交流电变为直流，再将直流变成另一频率的交流。整个装置可以装在一个较小的盒内或柜内，形成高度集成化的产品，这就是变频器。

变频调速系统靠用变频器改变输入交流电机的电源频率，从而改变定子绕组中旋转磁场的转速来达到调速的目的。作为变频技术在塔机上的应用，我们无须去追究变频器本身的构造，只要了解变频调速系统的接线回路就可以了。图 7-2-6 是一个典型的变频调速电路系统图。工业频率电源经过输入接触器后，首先进入进线滤波器和进线电抗器，以去除干扰电流，再进入变频器中的整流器，变为直流电。然后又经过逆变器（可控硅堆），变为可改变频率的三相交流电，再经过输出电抗器和正弦波滤波器，才进入输出接触器，最后再进入变频电机的绕组。变频器内，还设有相序控制端子，改变相序，也就改变了电机绕组旋转磁场的方向，从而达到使电机正转或反转的目的。

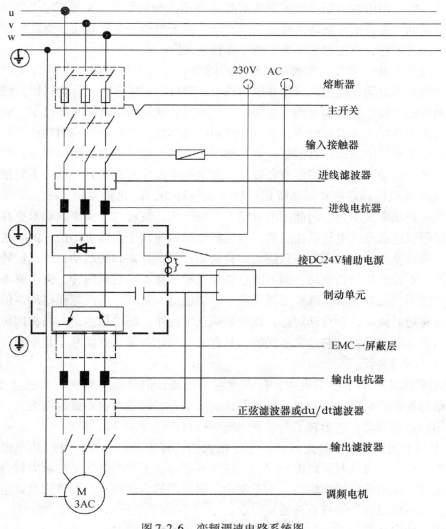

图 7-2-6　变频调速电路系统图

对于能耗式的调频调速，由机械能转变成电能，就在电阻上变成热能而消耗掉。如果增加一个逆变器，它能把发出的电又变成工频电流而反馈到工业电网，这样可以节约能源。但是可逆式变频器的成本较高，一般只有功率很大的起升机构才用这样方案。

上面介绍的各种调速方法，究竟选什么方法好，要根据具体情况而定。我们目前阶段，还是变极调速唱主角，因为它成本低，容易维护管理。但在小功率的回转机构上，用变频调速的越来越多，因为它调速性能好，成本高不了多少。可以预期，随着我们国家经济实力的增强，购买力的提高，变频调速应用会越来越广泛，特别是大功率的起升机构，用变极调速很难克服调速过程中更换绕组的冲击，只有变频调速可以不必切换绕组，所以自然会向这个方向发展。

二、塔机电力拖动系统启动和制动方法

在电力拖动系统中，启动和制动方法也多种多样。例如在启动方面有：降压启动、定子串电阻启动、转子串电阻启动、涡流制动器降速启动、频敏变阻器启动等；在制动方面有：电磁铁抱闸制动、液力推杆制动、盘式制动、锥形转子制动、电磁制动、能耗制动等。在塔机中，选什么方式好，要根据塔机的机构工作特点来定。

1. 塔机起升机构，要保证重物吊在空中能随时启动上升和下降，下降时又要准确制动不溜车。所以降压启动不能用，只能靠增加转子的阻抗。鼠笼电机用合金铸铝，绕线电机外加电阻和涡流制动器。当然如果用了变频器，启动的转速问题也就同时解决了，加速度也不会大，电流冲击和惯性冲击都很小，这也是变频的突出优点。起升机构的制动，只有液力推杆制动方式是最可靠的制动，其他制动方式都不太合适。盘式制动虽然很紧凑，但在起升机构中经不起强力制动的磨损，使用寿命短，常要更换摩擦片，在起升机构中不宜推荐使用。

2. 塔机回转机构。启动和制动特别要防止惯性冲击，因此要柔和，加速度和减速度都要小。回转机构功率又不大，因此用串电阻启动较合适，或者带上涡流制动器更好。小塔机回转，也可用双速鼠笼式电机低速启动。当然将变频调速用于回转也是最好的办法之一。回转制动，一般在操作过程中不容许急剧地回转制动，只容许柔和的制动，所以回转机构常用涡流制动器，不管是启动和制动，都不能过快加速和降速，小塔机回转，由于要考虑降低成本问题，不想用涡流制动器，那就可以用停车时绕组通入直流，实现能耗制动。但这种直流电必须要延时短时间后，再自动切除，以免影响正常使用。还值得指出，塔机回转机构中还有一个盘式的电磁制动器，它是常开式的，只有通电时才制动，这实际上是个定位装置，不是正常运转的制动装置。

3. 变幅机构又称小车牵引机构，行走速度不很高，惯性也不很大，电机功率也不大，启制动问题都好解决。启动时一般不必采取特别的措施，制动时也不必制得太急，太急了摆动大。常用的盘式制动、锥形转子制动和蜗轮蜗杆自锁能耗制动都可以。

4. 大车行走机构。大车行走，惯性力是很大的，行走速度不高，电机功率也不大，所以电流冲击不会大。启动时要解决的问题是特性要柔和，采取的办法是加液力耦合器。在可能条件下也可采取电机软特性启动。大车制动，同样严禁急速制动，可以用盘式电磁制动器降压制动，也可以用蜗轮蜗杆自锁能耗制动。

关于塔机的启动和制动，与机构的调速往往不可分割。调速好的系统，启动和制动也比

较容易实施。因为在低速下启动和制动总好办。反之速度太高，问题就难处理了。机构性能的好坏，仍然是对调速方法的选择，这就只能根据性能与成本去兼顾考虑了。对大塔机，可以选择较高级的办法，但对小塔机，从我国目前的经济实力来看，一定要考虑成本，否则很难大面积普及推广。

第三节　控制指令的主要传递方式

电力拖动系统可以分成动力线路和控制线路两大部分。动力线路指电机怎么与电力系统连接，也称为主回路。而控制线路是控制指令怎么发出，怎么实现对动力线路的控制。

控制电路的指令实际上就是控制系统中各回路的接通和断开，解决各回路在什么条件下该接通，什么条件下该断开，按什么顺序接通断开等问题，这就是操作程序。为了安全起见，塔机的控制回路与主回路常常用隔离变压器隔开。隔离变压器的次级线圈用低压，有24V、36V、48V，这些都是安全电压，即使不小心触一下，也不至于发生大的事故。

一、传统控制电路

传统的控制电路最基本的元件包括接触器、中间继电器、时间继电器、启动或停止按钮、拨动开关、主令控制器等。另外为了电路的保护，还有热继电器、熔断器、断路器、失压保护、过流保护、错断相保护、接地保护、限位开关等，塔机中还有其他非位移量，如起重量、起重力矩等，也都被化为位移量，然后用限位开关去限制保护。在传统控制电路里，这些指令直接控制接触器的线圈的通断，俗称"开关控制"，目前，我国大部分中、小塔机仍然是这种控制电路。尤其是小塔机，由于构造简单、成本低廉、适应基层电工的维护管理，这种传统控制电路还有不小的市场。它的缺点一是中间继电器用得较多，二是一个回路中要串联很多开关，使故障率提高，维修麻烦。

随着建筑业的发展，塔机的产量、质量在不断提高，近十几年来，塔机联动控制台成为主流。联动控制台实际就是把塔机控制的主令控制组合起来，以实现起升、下降、回转、变幅、调速等各种指令的发出和组合。

二、PLC 控制系统

随着电子技术的发展，功能比较单一的计算机芯片不断出现，用这些芯片，可以组合出适合电力拖动控制用的计算机。所谓 PLC，就是程序语言控制系统。它是把操作者希望执行的各种工作以及安全控制，用程序语言编写出来，存储在计算机芯片中。这些语言规定当在什么条件下，就该接通某个回路，当在另一种条件下，又该断开某回路。把操作过程规范化、程序化，可以减少很多失误，减轻驾驶员劳动强度，提高操作质量和效率，俗称"计算机控制"。一个 PLC 控制器，体积并不大，可以适应各种各样的电路系统，它的输入端接主令系统和其他信息系统。应该指出的是它的输入端接入是采取并联的形式，各个端子都有指示灯，指示信号通断情况。它的优点一是中间继电器用得较少，二是并联的回路中，各个端子都有指示灯指示信号通断情况，使故障率减少，出现故障一目了然，维修简单方便。缺点是成本稍高，常用于大中型塔机。

输出端连接各个接触器的线圈，实现对动力线路的控制。PLC 用得好不好，与程序设计编制好坏关系很大，与电路系统设计合理也有很大关系。图 7-3-1 就是用 PLC 控制三速电机的控制线路图。

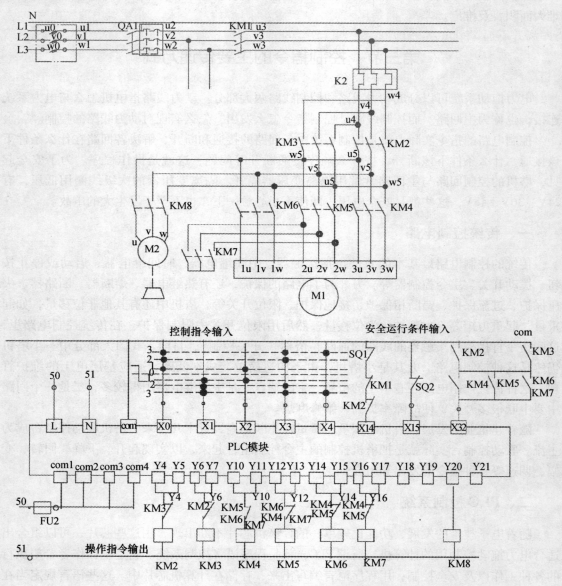

图 7-3-1　用 PLC 控制三速电机的线路图

三、塔机遥控

塔机在某些特殊场合，需要实行遥控。驾驶员带一个遥控器，在他便于观察的地方对塔机进行操作。遥控可以分有线遥控和无线遥控。有线遥控只要把控制电线拉长，前面所述的传统控制和 PLC 控制都可以用，下回转塔机的活动驾驶室实际上就是有线遥控。本小节着重讲无线遥控，这就必然涉及数字信息传送技术。

现在大家已经把手机看得很平常了。一个小小的手机，十几个按钮，居然能传播那么多的信息，这就是数字信息的传送。无线遥控技术也与此类似，当我们按一个遥控器的按钮时，不是简单的开和关，而是代表发出某一个数字信息。这个信息用无线电波发出去，发送距离并不远，200m 左右即可。一个接收器收到后，经过解码器解码，就会知道这个信息的含意，然后送到相应的计算机芯片中去处理，并结合其他状态监测系统送来的信息，进行分析对比，做出判断，最后发出控制指令给电控系统，这就是遥控技术的大体过程。图 7-3-2 是无线遥控系统的方框图。我们作为遥控技术的应用，主要将注意力放在用它来控制什么，要发布一些什么指令信息，而不在于里面的构造。这正像大家都会用手机却并不懂手机构造一样。

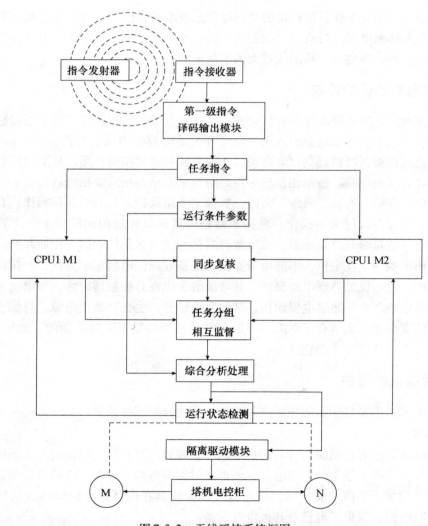

图 7-3-2　无线遥控系统框图

把无线遥控技术用于设备控制叫做工业遥控器。实际上工业遥控器在许多工程机械上早已应用了，比如桥式起重机、混凝土泵车、布料杆、压路机都有应用。在塔式起重机上也已经应用成功，司机可以不用爬塔，就可以开动塔机工作。然而由于塔机高高耸立在人员密集的建筑工地，是国家重点控制的特种设备，不允许半点闪失，否则后果十分严重。塔机要做360度回转，吊钩上下高度差有几百米，操作人员站在任何位置操作，都不如高处司机室内视野好，而且无线遥控要克服无线电波干扰、塔机群的信息窜位、偶然的失灵等带来的误操作。遥控操作塔机固然可以给司机本人生命安全带来保证，但对工地上其他人员安全却带来威胁，就像无人驾驶飞机已经很多，但是无人驾驶的客机还闻所未闻一样，所以不是在非常特殊的场合，一般情况下是不提倡遥控塔机工作的。

第四节　塔机电控系统的安全保护措施

塔机电控系统的安全保护措施指的是对电气系统本身的保护，包括对电机、对电气元件的保护和避免人体触电等。塔机是大型设备，人就在金属结构件上工作，电气系统的保护就显得特别重要，如有忽略，往往潜伏重大的事故危险。

一、主电路的保护设施

塔机的主电路，通常要求设置有铁壳开关、空气开关、错断相保护器和总接触器。铁壳开关常装在塔机底节，作为电源引入用。空气开关是电控柜内或者是驾驶室内的手动开关，但它带有自动脱扣器，可以起到过流自动脱扣或失压自动脱扣的作用，从而保护整个电路不会有过流或者失压的危险。错断相保护主要是防止主电路换相或缺相给后边带来的影响。比如起升、下降、左转、右转、向外、向内，如果主电路换相，就会引起误操作，有了错断相保护，就会先把相序改过来再操作。总接触器是由驾驶员通过按钮控制主电路的接通和断开。通常的急停就是断开总接触器。总接触器的接通受很多条件限制，比如起升、回转、牵引机构的操作手柄一定在中位，不能由于操作未准备好或停电后忘记复位，一按启动按钮塔机就开始动作。对电机的热继电器保护，其常闭触头也在总接触器回路，当电机长时间过载或局部短路而发热严重，热继电器动作，常闭触头跳开，也会切断主电源。有了上面几道保护，主电源的安全送电也就有了保障。一般主电源的开关是不要随便动的，动作次数越多，损耗越大，只有在应急时才动它。

二、对电机的保护

对电机的保护主要目标是防止短路和过热。下面介绍三种装置：

1. 短路保护

一般熔断器和过流自动脱扣开关就是短路保护装置。三相异步电动机发生短路故障或接线错误短路时，将产生很大的短路电流，如不及时切断电源，将会使电动机烧毁，甚至引发重大的事故。加装短路保护装置后，短路电流就会使装在熔断器中的熔体或熔断丝立即熔断，从而切断电源，保护了电机及其他电气设备。

为了不使故障范围扩大，熔断器应逐级安装，使之只切断电路里的故障部分。但熔断器应装在开关的负载侧，以保证更换熔断丝时，只要拉开开关，就可在不带电的情况下操作。常用的熔断器有 RC 型（插入型）、RI 型（螺旋型）、RTO 型（管式）和 RS 型

（快速式）。

2. 过载保护

热继电器就是电动机的过载保护装置。电动机因某种原因发生短路时过载运行并不会马上烧坏电机。但长时间过载运行就会严重过热而烧坏铁芯绕组，或者损坏绝缘而降低使用寿命。因此，在电动机电路中需要装热继电器加以保护。在电动机通过额定电流时，热继电器并不动作，当电流超过额定值20%以上连续运行时，热继电器应在20分钟内动作，切断控制电路并通过联锁装置断开电源。一般热继电器的动作电流，定为电动机额定电流的1.2倍。

值得指出：由于塔机每个工作循环周期较短，大约10分钟以内，因而靠热继电器动作来保护电机作用并不大。因为热继电器的热元件是靠电流值起作用，要发生作用需要时间较长。但塔机电机发热主要在低速运行，低速散热条件差，电流未必大多少，可绕组发热严重，温度很高。特别是带涡流制动器的绕线电机，如果没有强制通风散热，低速运行是烧坏电机的主要原因，这种情况下最好是加强制通风。

3. 欠压保护

电动机的电磁转矩是与电压的平方成正比的，也即 $N = V^2/R$。若电源电压过低，而外加负载仍然是额定负荷，那就将使电动机的转速下降，依靠加大转差率来获得所需要的电磁转矩。这时转子内感应电流大大增加，跟随着定子电流也增加。电动机长时间地在低速大电流下运行，发热严重，由手功率等于电流的平方乘以电阻（ $N = I^2 \cdot R$ ），这将使电机容易烧坏。所以在电压过低时，应及时切断电动机的电源。这就要求有欠压保护。塔机要求电源电压不得低于额定工作电压的90%。但实际上很多工地做不到，这时只能靠欠压保护装置来控制。欠压保护装置一般设在自动脱扣的空气开关内，自耦降压补偿器也设在欠压脱扣装置内。在接触器的电磁线圈控制回路中，对电压也有要求，电压过低线圈磁力保不住，也会跳开。如果工地经常发生这种现象，就应调整电源电压，必要时就要加大变压器的容量。

三、人身安全保护

塔式起重机主要由金属结构件组成，如果电路漏电，对人的威胁是很大的，所以电气系统必需要有这方面的保护。

1. 操作系统安全电压

塔机的控制电路，要求用电源隔离变压器，把380V电压变为48V以下的安全电压，这样人接触动力电压的机会就很少了，可以提高安全保障。

2. 三相五线制与可靠的接地

塔机的电源是三相五线制供电。三相五线制包括三相电的三个相线（A、B、C线）、中性线（N线）以及地线（PE线）。电设备外壳上电位始终处在"地"电位，从而消除了设备产生危险电压的隐患。

三相五线制标准导线颜色为：A线黄色，B线绿色，C线红色，N线淡蓝色，PE线黄绿色

塔机的金属结构、电控柜都要可靠接地，接地电阻不得大于4Ω，要经常加以检查。

电气系统的中线要与电源的中线接好，不可随意接在金属构件上，中线与地线要分开，

以免发生意外漏电事故或三相电压不平衡。

3. 保证电气系统的绝缘良好

要经常检查电路系统对地的绝缘，绝缘电阻应当大于 0.5MΩ。当然越大越好，防止意外接通金属结构件，电线电缆不要与尖锐的金属边缘接触，以防磨破发生漏电事故。

四、信号显示装置

一台塔机立起来后，总是要和周围的人与物发生关系，会影响周围环境条件，因此有必要设置信号显示装置，提醒所有相关人员的注意。

1. 电铃：塔机电气系统应装有电铃或报警器，塔机运行前，司机须用电铃声响通知相关人员，提醒注意：塔机要动作了。当塔机超力矩或超重量时，电铃也会发出响声，表示超负荷了，司机自己也就知道要小心谨慎了。

2. 蜂鸣器及超力矩指示灯：联动操作台内设蜂鸣器，当塔机起重力矩达到额定力矩的85% ~ 90% 时，蜂鸣器和指示灯会发出响声和灯光，预先提醒司机小心操作，快到满负荷了。

3. 障碍指示灯：为避免其他物体与塔机发生碰撞，在塔机顶部和起重臂前端，各应装一个红色障碍灯，以指示塔机的最大轮廓、高耸高度和位置。这些障碍灯，在夜间停机后也应该接通。主要防止飞机或其他物体撞击塔机。障碍灯应接在照明电路内。

4. 电源指示：在塔机的操作台面板上，应该装有电源指示灯和电压表，当合上空气自动开关后，总电源接通，电压表的电压就可显示出来。一般要求电压在 380V ± 10% 的范围内，才可以正常操作。当按下总开关按钮后，电源指示灯亮，表示控制系统已通电，塔机已准备好，可以正常工作。

第五节　施工升降机的典型电路

施工升降机只有垂直提升，没有回转和变幅，因而主电路并不复杂。但齿轮齿条式施工升降机是常用来载人的，所以其涉及的安全保护装置较多；钢丝绳式施工升降机是一种经济实惠型产品，不可能搞那么复杂的设施，否则就很难推广，但必要的安全保护仍然具备，下面介绍典型电路。

一、齿轮齿条式施工升降机的电路系统

齿轮齿条式施工升降机的电路包括主回路（图 7-5-1）和控制回路（图 7-5-2）两大部分。主回路包括：地面护栏电气柜上的空气开关、主接触器、吊笼上的总极限开关、制动电路、超载保护器、电源插座、电机回路、制动器、相序继电器等；控制回路包括：电源变压器、电源指示灯、笼顶手控器、坠落试验手控器、总接触器回路、上升回路、下降回路、故障检测回路、制动线圈通、断控制、时间继电器、开关电源、控制继电器、电笛、热继电器、电源电压表等。在控制系统的总接触器回路中，设有吊笼顶门开关、单门开关、双门开关、断绳开关、限速器开关、上限位开关、下限位开关和超载保护开关，在外围系统中设有护栏门开关、小门开关和层门开关。这些限制开关，配合控制回路中的防接触器黏连措施和平层死区功能，可有效保障施工升降机安全工作。

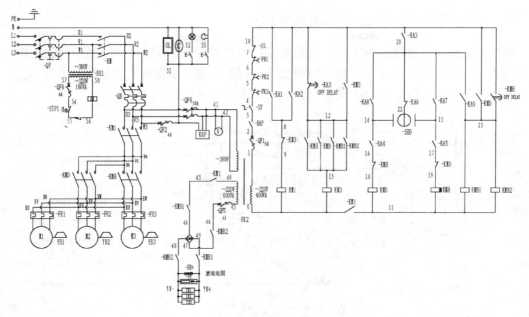

图 7-5-1　齿轮齿条式升降机电路图——主回路

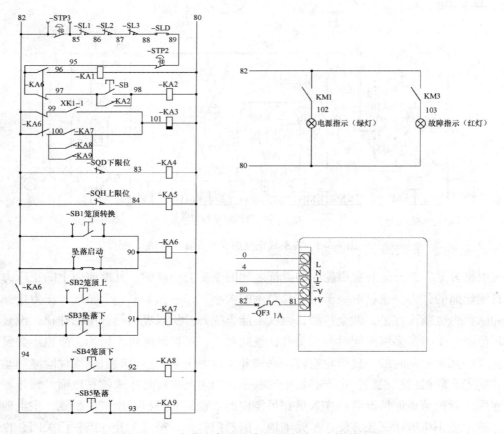

图 7-5-2　齿轮齿条式升降机电路图——控制回路

二、钢丝绳式施工升降机的电路系统

钢丝绳式施工升降机多种多样，最简单是没有电控系统，只用一个倒顺开关操作上下。这虽然省钱，但没有安全保护装置，应当禁止！因为这违反了国家有关标准。

图 7-5-3 代表一种较安全的曳引式钢丝绳式施工升降机的电路。

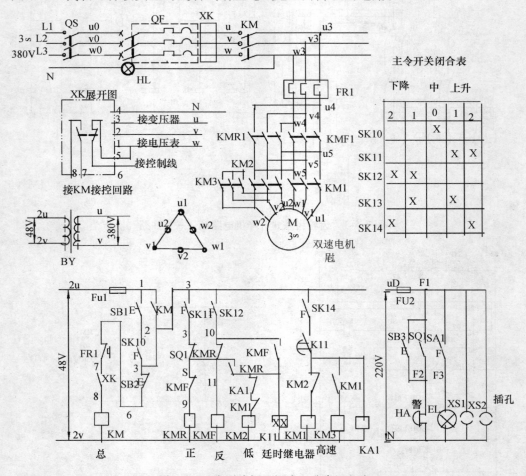

图 7-5-3　曳引式钢丝绳式和升降机电路

曳引提升是靠钢丝绳与曳引轮上的绳槽之间的摩擦力驱动的，其摩擦面上的正压力，正好来自钢丝绳的张力，也就取决于吊重和对重的大小，二者只要有一个坠地，张力松弛，正压力和摩擦力也就没有了，就会打滑，也就不能再提升。所以曳引提升不怕冲顶，没必要加上下限位器。曳引是多根绳同时参与提升，彼此独立，单根断绳也不可怕，故也不必设断绳开关。万一几根绳同时断，曳引轮空转，联锁开关也无关紧要。这时只能靠保险绳制动。钢丝绳式施工升降机的围栏门，也不必设电气联锁，因为其电控柜本来就在地面，操作者一般也在地面，看得清地面情况。操作人员在吊笼内的，也只有一根控制线上吊笼，主电缆仍在地面，故一般用机械联锁较方便，吊笼下地，围栏门打开，吊笼上升，围栏门关闭，也可保安全。当然要用联锁开关也不难，只要增加一条开关控制线就可。通过以上分析，可以看出：钢丝绳式施工升降机的电气线路比齿轮齿条式的电气线路更简单。实际上它就是塔机的起升机构电路，而且还要去掉力矩限制器，所以不难掌握。

第六节　电气系统操作使用注意事项

电气系统故障是塔机和其他用电设备使用中发生故障最多的，当然这与电气元件的质量有关。但正确的操作使用，可以保护电气元件，延长使用寿命，减少故障次数，提高利用率。为此，建议用户要注意以下事项。

一、塔机新装或转移工地后对电气设备的检查

安装新塔机或将塔机转移到一个新工地后，在投入正常使用前，应做如下几个方面的仔细检查。

1. 根据当地的电源电压，对电气设备要进行正确的连接与调整

1）三相电动机、电磁铁、各种控制电器的额定工作电压是否与当地的供电电压相符。如不符，要做出相应的变更调整。一定要使供电电压符合塔机使用要求；或者改变塔机电器的接线，撤换不同额定电压的电器，使之符合当地供电电压的要求。

2）要考虑到改变电机或电器的接线方式或调换电器后对其额定输出功率会带来影响，或者会增大输入电流。于是要重新对供电保护器（如过电流保护器、熔断器、热继电器）进行相应的调整。

2. 用兆欧表（又称摇表）检查电动机三相绕组之间和每相绕组对外壳的绝缘电阻，其值至少应大于 $0.5M\Omega$。还要检查导线、电缆的绝缘情况。对破坏处要包扎好或更换。

3. 查看一遍所有电气设备，如电动机、控制器、接触器、电阻器、集电环及熔断器、过电流继电器等。看其动作、运行情况是否正常，电机的响声是否正常，轴承中有无黄油，还要检查不带电部分的接地情况是否良好。

4. 通电进行控制电路试验

1）将所有操作手柄拨在中位，按动"启动"按钮，查看总接触器的动作情况，再按"停止"按钮，总接触器应跳开。

2）把任一个控制手柄拨到工作位置上，再按"启动"按钮，总接触器应不动作，则说明零位保护已发挥作用。

3）接通总接触器后，再拨动安全保护触头（如高度限位器、重量限制器、力矩限制器），再开动起升机构。此时，应当开不动，说明安全装置及其连接的电路正常。

4）分别接通各个接触器，依次拨通相应的限位开关和过电流继电器常闭触头，查看其切断控制电流的能力。

5. 接通主电路进行试验

1）使各台电机依次运转，查看其启动、运转是否平稳、正常，有无杂音。同时要观察多速电机与滑环电机的调速情况。如发现问题要查明原因，予以解决。

2）分别拨动起升、回转、小车、大车的控制器，查看操作方向与实际运行方向是否一致，如不一致，就要调整过来。

3）分别操纵塔机各机构，观察高度限位、小车行走限位、大车行走限位、回转限位，其限位开关是否与运行方向一致，并能准确动作断电，否则就要调整好。

6. 对整机各部分的电线、电缆及其连接处进行全面检查。尤其在电线的接头处、弯折处和接触高温的地方要加强检查。这些地方最容易折断电线，损坏电源，所以必须重点查看，发现隐患要及时处理或更换新的电线电缆。

二、电气设备的故障、排除和保养

1. 电气设备的常见故障及其排除方法

塔机在工作中可能出现各种故障，这是很自然的，尤其在电气设备方面故障较多。现将一般常见故障及其排除方法列表如下（表7-6-1），供用户参考。

表7-6-1　塔机电气设备常见故障及其排除方法

序号	故障现象	检查办法	故障产生的可能原因	排除办法
1	通电后电机不转	观察	1. 定子回路某处中断 2. 保险丝熔断，或过热保护器、热继电器动作	1. 用万用表查定子回路 2. 检查熔断器、过热保护器、热继电器的整定值
2	电动机不转，并发出嗡嗡响声	听声	1. 电源线断了一相 2. 电动机定子绕阻断相 3. 某处受卡，或负载太重	1. 万用表查各相 2. 万用表量接线端子 3. 检查传动路线 4. 减小负载
3	旋转方向不对	观察	接线相序不对	任意对调两电源线相序
4	电机运转时声音不正常	听声	1. 接线方法错误 2. 轴承摩擦过大 3. 定子硅钢片未压紧	1. 改正接线法 2. 更换轴承 3. 压紧硅钢片
5	电动机发热过快，温度过高	1. 手摸 2. 温度计量 3. 闻到烧焦味	1. 电机超负荷运行 2. 接线方法不对 3. 低速运行太久 4. 通风不好 5. 转子与定子摩擦	1. 减轻负荷 2. 检查接线方法 3. 严格控制低速运行时间 4. 改善通风条件 5. 检查供电电压，调整电压
6	电动机局部发热	同上	1. 断相 2. 绕组局部短路 3. 转子与定子摩擦	1. 查各相电流 2. 查各相电阻 3. 查间隙、更换轴承
7	电机满载时达不到全速	转速表测量	1. 转子回路中接触不良或有断线处 2. 转子绕组焊接不良	1. 检查导线、电刷、控制器、电阻器，排除故障 2. 拆开电机找出断线处，焊好
8	电机转子功率小传动沉重	观察 听声音	1. 制动器调得过紧 2. 机械卡住 3. 转子电路、所串电阻不完全对称 4. 电路电压过低 5. 转子或定子回转中接触不良	1. 适当松开制动器 2. 排除卡的因素 3. 检查各部分的接触情况 4. 查电源电压 5. 查各接触端子
9	操纵停止时，电动机停不了	观察	控制器（或接触器）触点放电或弧焊熔结及其他碍触头跳不动	检查控制器、接触器触头的间隙，清理或更换触头
10	滑环与电刷之间产生电弧火花	观察	1. 电动机超负荷 2. 滑环和电刷表面太脏 3. 电刷未压紧 4. 滑环不正，有偏斜	1. 减少载荷 2. 清除脏物 3. 调节电刷压力 4. 校正滑环

续表

序号	故 障 现 象	检查办法	故障产生的可能原因	排除办法
11	电刷磨损太快	观察	1. 弹簧压力过大 2. 滑环表面摩擦面不良 3. 电刷型号选择不当	1. 调节压力 2. 研磨滑环 3. 更换电刷型号
12	联动台手柄扳不动或扳不到位	扳动联动台手柄	1. 定位机构有毛病 2. 凸轮有卡住现象	1. 修理定位机构 2. 去掉障碍物
13	联动台手柄扳到工作挡电动机不转	观察	1. 联动台触头没接通 2. 联动台接线不良	1. 修理触头 2. 检查各接线头
14	控制器接通时过电流继电器动作	观察	1. 联动台里有脏物，使邻近触点短接 2. 导线绝缘不良，被击穿短路 3. 触头与外壳短接	1. 除尘去脏 2. 加敷绝缘 3. 矫正触头位置
15	电动机只能单方向运转	观察	1. 反向控制器触头接触不良 2. 控制器中转动机构有毛病或反向交流接触器有毛病	1. 修理触头 2. 检查反向交流接触器
16	联动台手柄已拨到最高挡电机还达不到应有速度	观察	1. 联动台与电阻间的配合线串线 2. 联动台转动部分或电阻器有毛病	1. 按图正确接线 2. 检查控制器和电阻器
17	制动电磁铁有很高的噪声，线圈过热	观察	1. 衔铁表面太脏，造成间隙过大 2. 硅钢片未压紧 3. 电压太低	1. 清除脏物 2. 纠正偏差，减小间隙 3. 电压低于5%，应停止工作
18	接触器有噪声	听声	1. 衔铁表面太脏 2. 弹簧系统歪斜	1. 清除工作表面 2. 纠正偏斜，消除间隙
19	通电时，接触器衔铁掉不下来	观察	1. 接触器安放位置不垂直 2. 运动系统卡住	1. 垂直安放接触器 2. 检修运动系统
20	总接触器不吸合	观察	1. 控制器手柄不在中位 2. 线路电压过低 3. 过电流继电器或热继电器动作 4. 控制电路熔断器熔断 5. 接触器线圈烧坏或熔结 6. 接触器机械部分有毛病	逐项查找并排除
21	配电盘刀闸开关合上时，控制电路就烧保险	用摇表或万用表测控制电路	控制电路中某处短路	排除短路故障
22	主接触器一通电，过流继电器就跳闸	同上	电路中有短路的地方	排除短路故障
23	各个机构都不动作	用电压表测量电路电压	1. 线路无电压 2. 引入线折断 3. 保险丝熔断	1. 检修电源 2. 万用表查电路 3. 更换保险丝

续表

序号	故　障　现　象	检查办法	故障产生的可能原因	排除办法
24	限位开关不起作用	观察	1. 限位开关内部或回路短路 2. 限位开关控制器的线接错	1. 排除短路故障 2. 恢复正确接线
25	正常工作时，接触器经常断电		1. 接触器辅助触头压力不足 2. 互锁、限位、控制器接触不良	1. 修复触头 2. 检查有关电器，使回路通畅
26	安全装置失灵		1. 限位开关弹簧日久失效 2. 运输中碰坏限位器 3. 电路接线错误	1. 更换弹簧 2. 更换限位开关 3. 按图纸要求重新接线
27	集电环供电不稳		1. 电刷与滑环接触不良 2. 电刷滑环偏心 3. 电刷过分磨损或弹簧失效	1. 更换或修理电刷 2. 检修集电环 3. 更换或修理电刷弹簧

2. 电气设备的维护保养

电气设备的维护保养分日常维护、一级保养和二级保养、现分别介绍如下：

1）日常维护保养的工作内容：

（1）每日班前、班后要清除设备上的灰尘、油污。

（2）检查电动机的轴承和经常调整电刷机构，使之正常工作。同时，还要观察电动机的运行情况和发热程度，防止温升过高。

（3）检查接触器、控制器等电器的触头，如有烧损的地方，应立即修平，保持触头压力正常、清洁、平整。

（4）检查配电板、控制器和电阻器上的接线端子，发现松动的螺丝要及时拧紧。

（5）起升机构的制动器及液力推杆装置要经常检查电气线路和接头。经常检查油位、油质，根据情况及时加油、换油。

（6）要经常检查供电的电缆的磨损情况及接地保护的搭接处，发现情况及时处理。

2）一级保养作业范围见表 7-6-2

一级保养应每工作 200 小时进行一次。

表 7-6-2　一级保养作业内容

保养对象	作　业　内　容　及　技　术　要　求
电动机	1. 清除电刷滑环上的尘土污垢，检查电刷的压力，要求压力均匀，接触面不少于50% 2. 检查电刷的软线，不得有短接现象 3. 测量定子及转子的绝缘，并检查接线端子的牢固情况 4. 检查集电环，不允许其表面凹凸不平和有变色现象 5. 紧固机座与电动机的连接螺栓 6. 检查轴承，打开轴承座，检查滚珠及润滑油，如发现变质，及时更换
制动器	1. 电磁铁上、下移动衔铁不得与线圈内部的芯子互相摩擦 2. 液力推杆装置要加液压油，保持油量、油质的正常，其他活动机构也要加注润滑油 3. 检查制动瓦的接触情况，接触面不得小于75% 4. 检查各机构的开口销及调整螺栓，不得缺少 5. 调整制动瓦的间隙，要求达到可靠的制动性能

保养对象	作 业 内 容 及 技 术 要 求
控制器	1. 更换磨损过度的触点和接触片 2. 刮净其中的黑灰和铁屑 3. 调整触点的间隙，应使接触可靠，压力均匀 4. 扳手的动作应灵活可靠，不得有卡住和太松的现象 5. 转动部分，应当加注润滑油 6. 拧紧固定压线螺丝，并更换损坏的螺丝
限位开关	1. 打开检查各触点开闭是否可靠 2. 调整顶杆、碰轮的位置，检查外壳的固定和防雨情况
配电箱	1. 检查与磨光各接触器弧坑与触头 2. 刮净灭弧坑内的黑灰与钢屑 3. 清除接触器胶木底盘的污垢与尘土 4. 检查接线端子有无松动 5. 打磨因电弧烧坏的刀口，并在刀口上涂抹适量黄油 6. 清除衔铁的尘土、污垢，检查线圈的绝缘
电阻器	1. 紧固四周的压紧螺栓 2. 紧固各接线端子及底盘螺栓 3. 清除电阻片上的积灰及脏物 4. 检查电阻元件的完整性及其绝缘情况 5. 发现有破裂、断损的电阻片或绝缘垫，应及时更换

3）二级保养作业范围

塔机工作 3000 小时以后，应当进行二级保养。二级保养作业内容见表7-6-3。

表7-6-3　二级保养作业范围

保养项目	作 业 内 容 及 技 术 要 求
电动机	1. 检查机体的完整性 2. 测量转子与定子的间隙 3. 测量定子与转子的绝缘电阻，要求大于 0.5MΩ 以上 4. 检查轴承间隙 5. 调整电刷压力及清洁集电环 6. 更换磨损过度的电刷
制动器	1. 调整和检查液压推杆装置的行程，测量液压推杆电机的绝缘电阻（≥0.5MΩ） 2. 更换磨损过度的闸瓦或制动带 3. 更换杠杆上的连接销和开口销
控制器	1. 测量控制器元件对外壳的绝缘（≥0.5MΩ） 2. 清除尘土和污垢 3. 调整各触头的间隙和压力，调整定位装置的间隙，保证启动调速时分挡的准确性 4. 更换磨损过度的元件
限位开关	1. 清除触头的缺陷，调整弹簧压力 2. 测量触头元件与外壳的绝缘电阻（≥0.5MΩ）
电阻器	1. 紧固各连接螺栓，测量电阻片对外壳的绝缘电阻（≥0.5MΩ） 2. 检查和更换断片，并保证各片之间的良好接触和对壳绝缘 3. 清除灰尘和污垢
配电箱	1. 打磨接触器触点上的弧坑 2. 测量接触器的对壳绝缘、相间绝缘 3. 调整或校正过电流继电器的整定值（包括热继电器），应当在 1.5 倍额定电流下动作 4. 紧固各大、小端子的固定螺栓
电线	检查全部主电缆线、辅助线及照明线等的绝缘和磨损情况，不合格的、老化的要立即更换掉紧固各连接线板的接线端子

第七节　施工场地的安全用电

塔机和施工升降机是工地上主要用电设备，尤其是塔机，功率较大，人员在高空操作。因此，塔机的用电安全要求比其他设备更高，所以对工地上用电也有其特定的要求。

一、一般要求

1. 塔机或升降机应有自己单独的电源开关

建筑工地用电设备较多，往往有自己单独的变压器和供电线路。塔机的电路设计中，都有自己单独的隔离开关，这是必不可少的。当塔机不工作或检修时，应当将隔离开关拉闸。工作时再合上。但有的工地，将其他设备与塔机共用一个隔离开关，这会有危险。因为塔机的非操作人员和检修人员，是不可以动电控系统的。当塔机不工作或检修时，隔离开关已拉下，检修人员认为已拉闸是安全的，而别人不一定知道塔机处于什么状态。如果和其他设备共用一个电源开关，别人就可以去合闸，塔机就有误动作的可能。塔机的误动作往往存在很大的事故危险，所以其他设备不可以与塔机共用一个隔离开关。

2. 要重视保护塔机和升降机的供电电缆。塔机功率往往比较大，电缆也较粗，而且拉的距离较长，经过的地点较多，受到磨损、碾压的可能性也较多，特别是行走式塔机，为此必须更加注意保护。电缆经过人和车的通道处，一定要架空或者套上钢管埋入地下，避免践踏和碾压，避免破坏和触电。电缆接头，要常常检查是否有摩擦或尖锐物品刮破电缆。任何破损都可以引起结构带电和触电，这是用户千万要注意的。

3. 控制电路和动力电路要用电源变压器分开，而且控制电路最好选用安全电压，48V以下，不要用220V或380V。本来，有经验的设计人员在设计电控系统时一般会这么设计，然而，有些塔机生产单位，为了节省成本，减少电气元件，也有直接用220V线圈电压的。塔机、升降机操作人员是在高空作业，直接站在金属结构上，任何漏电对他们都有威胁，这和其他设备不一样。尽管发生触电的事故几率很小，但作为用户，要坚持选用安全电压的设备。

4. 塔机工作区一定要避开高压线，吊钩和钢丝绳不应该跨过电线去作业。

5. 用户要学习和掌握触电解救法及电气灭火方法的一些常识，万一发生事故，能有正确的处理办法。

二、触电解救方法

当发现有人触电时，应当尽快让触电者脱离电源，切断通过人体的电流。但做法要得当，否则还有扩大事态的可能。

1. 在低压设备（对地电压250V以下）上脱离电源的方法：应迅速地拉下电源开关、闸刀或拔下电源插头。当电源开关较远不能立即断开时，救护人员在确保自身安全的前提下，可以使用干的物品（衣服、手套、绳子、木板、木棒或其他不导电物体）做工具，拨开电线或拉动触电人，使触电者与电源分开，但不能用金属或潮湿的物品当工具。

解救时最好是一只手进行，以免双手形成回路。如果触电者因抽筋而紧握导电体，无法松开时，可以用干燥的木柄斧头、木把榔头或胶柄钢丝钳等绝缘工具砍断电线，切断电源。

2. 有人在高压设备上触电，应当立即通知有关部门拉闸断电，并作好各种抢救的准备。如此法不可行时，可采取抛掷裸体金属软线的方法使线路短路接地，迫使保护装置跳闸动作，自动切断电源。注意抛掷金属线前，应将软线的一端可靠地接地，然后抛掷另一端。

3. 如果触电者在塔机上所处位置较高，必须预防断电后触电人从塔机高处摔下来的危险，并采取防止摔伤的安全措施。即使在低处，也要防止断电后，触电人摔倒碰在坚硬的钢架或结构物上的可能性。

4. 如果触电事件发生在夜晚，断电后会影响照明，应当同时准备其他照明设备，以便进行紧急救护工作。

三、触电人紧急救护方法

触电人脱离电源后，应争分夺秒紧急救护，采取各种救护方法。

1. 如果触电人尚未失去知觉，仅因触电时间长，或曾一度昏迷，应必须让其保持安静，并请医生前来诊治或护送去医院。但应严格监视触电者的症状变化，以便急救处理。

2. 如果触电者已经失去知觉，但呼吸尚存，应使其舒适、安静地平卧，解开衣服，使其呼吸通畅。给他闻阿母尼亚水。同时，可用毛巾沾酒精或少量水摩擦全身，使之发热。如天冷，应特别注意保温，尽快请医生诊治。

3. 如果触电者已停止呼吸，但心脏仍在跳动，应立即实施人工呼吸进行急救。即使心跳和呼吸都停止，也不能认为已经死亡，仍要进行各种人工办法抢救，并尽快送医院紧急救治。因为触电人"假死"可以延长较长时间，实现急救法即使休克几小时活过来的可能性也是存在的。

四、电气火灾的扑灭

在工地上，由于过流、短路等种种原因，发生电气火灾的可能性是存在的。特别是夜间工地，不易发现事故苗头，而工地上易燃材料又多，容易引起火灾。当发生电气火灾时，要迅速切断电源，然后组织灭火。电气灭火不能用水和泡沫灭火器灭火，因为水和溶解的化学药品有利于导电，引发触电事故，只能用二氧化碳（CO_2）、四氯化碳（CCL_4）和干粉（即CFCLBV）灭火，还可以用干黄沙灭火。

操作以上各种灭火器，应站在顺风方向。最好能穿戴绝缘劳护用品，并要采取防毒和防窒息的措施。在可能条件下，注意尽量保护好电气设备不受损坏，切断电源时要防止人身触电。